AF277223

Enfermedades de la Vid

Biología y Manejo Integrado

Enfermedades de la Vid

Biología y Manejo Integrado

Carlos Agustí Brisach
Dr. Ingeniero Agrónomo
Profesor Titular de Universidad
Escuela Técnica Superior de Ingenieros
Agrónomos y de Montes. Universidad de Córdoba

© del autor

© MV Phytoma-España SL (Phytoma-España)

Plaza de Almansa, 1, bajo - 46001 - Valencia
mail: editorial@phytoma.com
web: www.phytoma.com

Creatividad y diseño: Estudio Talens y Asociados, S.L.
Maquetación: Estudio Talens y Asociados, S.L.
Impresión: Aeroprint

I.S.B.N. 978-84-123267-4-1
Depósito Legal: V-1270-2026

Impreso sobre papel ecológico

No está permitida la reproducción total o parcial de este libro, su tratamiento
informático, la transición de ninguna otra forma o por cualquier medio,
ya sea electrónico, mecánico, por fotocopia, por registro u otros métodos,
sin el permiso previo y por escrito de los titulares del copyright.

Índice

Prólogo del editor

Este libro nace con el objetivo de divulgar en español el estado actual de las enfermedades de la vid y su manejo integrado, profundizando en los aspectos básicos y aplicados de los diferentes agentes causales que afectan a este cultivo, incluyendo fitopatologías causadas por hongos, oomicetos, bacterias, fitoplasmas, virus y viroides, y nematodos, así como alteraciones causadas por agentes abióticos.

El libro se compone de 12 capítulos. Los dos primeros son introductorios: un primer capítulo sobre la historia del cultivo de la vid y su impacto socio-cultural; y un segundo capítulo que recoge los conceptos básicos de la disciplina Patología Vegetal que el lector debe conocer para un correcto seguimiento del resto del texto. Los diez capítulos restantes compendian las principales enfermedades del cultivo de la vid, atendiendo, prioritariamente, aquellas de mayor impacto económico en España. Estos diez capítulos se distribuyen en cinco capítulos dedicados a micosis, y una serie de capítulos independientes dedicados a bacteriosis, fitoplasmosis, virus y viroides, nematodos fitoparásitos, y alteraciones causadas por agentes abióticos tales como desequilibrios nutricionales, factores meteorológicos, contaminantes y fisiopatías. En estos capítulos se profundiza en los aspectos básicos del agente fitopatógeno, y se revisan las principales enfermedades asociadas a cada uno de ellos, revisando en cada caso la importancia y distribución de la enfermedad, la sintomatología, el o los agentes causales asociados, el ciclo biológico, la epidemiología, y las estrategias de manejo integrado actualmente disponibles.

Avalado por la dilatada experiencia en la investigación y la docencia en la Universidad y Centros de Investigación de reconocido prestigio, el editor y los autores contribuyentes de este libro, enólogos, edafólogos y fitopatólogos especialistas de los diferentes agentes fitopatógenos abordados, han elaborado un texto actualizado que constituirá un referente nacional de gran utilidad tanto para estudiantes de agronomía y enología en los diferentes niveles de formación como para técnicos y profesionales del sector, por lo que pretende ser una herramienta práctica de gran utilidad dirigida a mitigar los efectos negativos de las enfermedades de la vid. Es por ello, que para la redacción del texto se ha tratado de emplear un lenguaje científico-técnico sencillo a la vez que de elevado rigor científico para llegar a todos los públicos interesados en la materia. A su vez, está cuidadosamente ilustrado con tablas, fotos y figuras para facilitar la comprensión y fomentar una lectura amena. En este sentido, deseamos y confiamos que el esfuerzo colectivo realizado satisfaga el interés de todos los lectores relacionados con la Patología Vegetal y la Enología.

Agradecimientos

En la redacción de este libro han participado profesores e investigadores de reconocido prestigio internacional especialistas en las diferentes enfermedades del cultivo de la vid, así como en enología y edafología. Ellos han aportado su amplia experiencia para la redacción y revisión de determinados capítulos del libro, así como la aportación de fotos y figuras. Sin su compromiso y ayuda no habría sido posible alcanzar el rigor científico-técnico de este libro.

El editor quiere mostrar su agradecimiento a:

• El Dr. Josep Armengol Fortí (Catedrático de Universidad; Instituto Agroforestal Mediterráneo, ETSIAMN, Universitat Politècnica de València) por la revisión externa del documento completo y sus valiosas aportaciones.

• A los siguientes investigadores y técnicos por la cesión de fotografías para su ilustración en este libro:
  - Dr. Miguel Ángel Cambra (Centro de Sanidad Vegetal y Certificación del Gobierno de Aragón, Av. de Montañana, 930, 50193 Zaragoza).
  - Dr. Marc Fuchs (Cornell University, Plant Pathology, 15 Castle Creek Drive, Geneva, NY, 14456, USA).
  - Dr. Vladimiro Guarnaccia (Department of Agricultural, Forest and Food Sciences (DISAFA), University of Torino, Largo Braccini 2, 10095 Grugliasco, Italy).
  - Dr. Diego Olmo (LOSVIB-CAIB del Govern Balear, C/ Eusebi Estada, 145, 07009 Palma de Mallorca).
  - Dr. Pasquale Saldarelli (Institute for Sustainable Plant Protection Consiglio Nazionale delle Ricerche. Via Amendola 122/D, 70126 Bari, Italy).
  - Dr. José Ramón Úrbez Torres (Agriculture and Agri-Food Canada, Summerland Research and Development Centre, 4200 Highway 97, Summerland, British Columbia, V0H 1Z0, Canadá).
  - Remedios Santiago (Servicio de Sanidad Vegetal de Badajoz, Avda. Luis Ramallo, s/n 06800 Mérida, Extremadura).

• A todo el personal docente e investigador, doctorandos, alumnado de Trabajos Fin de Grado y Trabajos Fin de Máster, y Colaboradores Honorarios que han contribuido en la docencia del Grupo de Innovación Docente de Protección de Cultivos de la ETSIAM de la Universidad de Córdoba, por sus valiosas aportaciones para la elaboración de este libro.

• A los proyectos:
  - PID2023-147360OR-C32. Mejora del equilibrio simbioma-patobioma en la rizosfera para mitigar el estrés por déficit hídrico en la vid. Financiado por el Ministerio de Ciencia, Innovación y Universidades (MICIU)/ Agencia Estatal de Investigación (AEI).
  - PID2023-147360OR-C33. Caracterización de la respuesta de portainjertos de vid a patógenos del suelo y estrés por sequía. Financiado por MICIU/AEI.
  - HORIZON-CL6-2021-FARM2FORK-01 BeXyl (Grant ID No 101060593); TED2021-130110B-C42, financiado por MICIU/AEI/10.13039/501100011033 y por European Union NextGenerationEU/PRTR.
  - IVIA-GVA 52202D (susceptible de co-financiación por la Unión Europea a través del ERDF Program 2021-2027 Comunitat Valenciana).

• A la Unidad de Excelencia María de Maeztu 2020-24 del Departamento de Agronomía de la Universidad de Córdoba (DAUCO; Ref. CEX2019-000968-M) por su apoyo a la docencia e investigación.

Carlos Agustí Brisach • Profesor Titular de Universidad, Departamento de Agronomía, ETSIAM, Universidad de Córdoba

Josep Armengol Fortí • Catedrático de Universidad, Instituto Agroforestal Mediterráneo, Departamento de Ecosistemas Agroforestales, ETSIAMN, Universitat Politècnica de València

Silvia Barbé Martínez • Técnico Superior de Investigación, Centro de Protección Vegetal y Biotecnología, Instituto Valenciano de Investigaciones Agrarias (IVIA), Moncada, Valencia

Assumpció Batlle Durany • Investigadora Emérita en el programa de Protección Vegetal Sostenible, IRTA, Cabrils

Elisa González Domínguez • Responsable técnica DSS, Horta SRL, Piacenza, Italia

David Gramaje Pérez • Científico Titular, Instituto de Ciencias de la Vid y del Vino (ICVV), CSIC, Universidad de La Rioja, Gobierno de La Rioja, Logroño

Amparo Laviña Gomila • Investigadora Emérita en el programa de Protección Vegetal Sostenible, IRTA, Cabrils

Ana López Moral • Investigadora Postdoctoral EIDIA Junta de Andalucía, Departamento de Agronomía, ETSIAM, Universidad de Córdoba

Ester Marco Noales • Investigadora Principal, Centro de Protección Vegetal y Biotecnología, Instituto Valenciano de Investigaciones Agrarias (IVIA), Moncada, Valencia

Félix Morán Villamizar • Técnico Superior de Investigación, Centro de Protección Vegetal y Biotecnología, Instituto Valenciano de Investigaciones Agrarias (IVIA), Moncada, Valencia

Antonio Olmos Castelló • Investigador Principal, Centro de Protección Vegetal y Biotecnología, Instituto Valenciano de Investigaciones Agrarias (IVIA), Moncada, Valencia

Juan Emilio Palomares Rius • Científico Titular, Departamento de Protección de Cultivos, Instituto de Agricultura Sostenible, CSIC, Córdoba

Alba Nazaret Ruiz Cuenca • Investigadora Postdoctoral 'Margarita Salas', Departamento de Protección de Cultivos, Instituto de Agricultura Sostenible, CSIC, Córdoba; Departamento de Biología Animal, Biología Vegetal y Ecología, Universidad de Jaén

Ana Belén Ruiz García • Científica Titular, Centro de Protección Vegetal y Biotecnología, Instituto Valenciano de Investigaciones Agrarias (IVIA), Moncada, Valencia

Jordi Sabaté Rabella • Investigador Titular en el programa de Protección Vegetal Sostenible, IRTA, Cabrils

Antoni Sánchez Ortiz • Profesor Asociado, Departament de Bioquímica i Biotecnologia, Facultat d'Enologia, Universitat Rovira i Virgili, Tarragona

Antonio Rafael Sánchez Rodríguez • Profesor Titular de Universidad, Departamento de Agronomía, ETSIAM, Universidad de Córdoba

Antonio Trapero Casas • Catedrático Emérito de Universidad, Departamento de Agronomía, ETSIAM, Universidad de Córdoba

Capítulo 1

Introducción (I)

Historia del cultivo de la vid,
hitos clave y evolución
de las variedades de uva
en la actualidad

Antoni Sánchez Ortiz

Historia del cultivo e hitos clave

La historia del cultivo de la vid se remonta a miles de años, con evidencias arqueológicas que sugieren su domesticación en la región del Cáucaso alrededor del 6000 a.C. Desde entonces, este noble cultivo ha evolucionado, expandiéndose por diversas regiones del mundo. El antiguo Egipto y Grecia se destacan como civilizaciones que llevaron el cultivo de la vid a nuevas alturas, adaptando las diferentes variedades de vid a diferentes climas, suelos y tipos de manejo, creando una rica tradición en la elaboración de vino que perdura hasta nuestros días. Tras la conquista de Hispania, los romanos establecieron importantes regiones vitícolas como Tarraconensis (actual Cataluña, Aragón, Rioja y Ribera del Duero) y Baetica (actual Andalucía) que se convirtieron en centros clave de producción de vino. Durante el Imperio Romano, el cultivo de la vid se expandió por toda Europa, y los romanos perfeccionaron técnicas de viticultura, estableciendo viñedos en regiones que hoy son reconocidas por su producción vinícola (elBullifoundation, 2024; Gómez, 2000).

Con la caída del Imperio Romano, el cultivo de la vid se vio afectado, pero nuevamente se recuperó gracias a los monasterios, donde los monjes preservaron y cultivaron variedades de uva para la producción de vino sacramental. Los visigodos implementaron regulaciones sobre el cultivo de la vid, leyes que reflejaban un enfoque sistemático hacia la viticultura, que se convirtió en parte integral de su economía y dieta cotidiana. Posteriormente, tras la invasión musulmana, aunque el consumo de vino estaba prohibido por las leyes islámicas, las vides se cultivaban para producir uvas frescas, y elaborar mostos y vinagres. Además, introdujeron técnicas avanzadas de poda y mejoraron la productividad de los viñedos (Puig i Vayreda, 2016).

A partir del siglo XV, la era de los descubrimientos abrió nuevas fronteras, llevando la viticultura a América, Asia y Oceanía, lo que provocó una explosión en la diversidad de variedades cultivadas y en la creación de nuevas tradiciones vitivinícolas. Durante los siglos XVII y XVIII destacan en el cultivo de la vid y en la fabricación de vinos Jerez, Málaga y La Rioja, aunque pronto se quedarían atrás frente a los países de la Revolución Industrial. En el S. XIX, la filoxera atacó a los viñedos europeos. Antes de que la plaga llegara a España, zonas como La Rioja, Navarra y Cataluña desarrollaron mejores técnicas vitícolas y métodos para la elaboración del vino (Gómez, 2000).

A lo largo de la historia, varios hitos en relación con las plagas y enfermedades de la vid han marcado el desarrollo y el cultivo de las variedades de uva. La filoxera, un parásito devastador que arrasó los viñedos europeos en el siglo XIX, significó un cambio radical. Este desastre llevó a viticultores de todo el mundo a investigar y utilizar portainjertos americanos, inmunes a la plaga, creando un cambio en la forma de cultivar y seleccionar variedades. La diversidad genética de la uva es crucial, no solo para la producción de vinos de alta calidad, sino también para garantizar la resistencia a enfermedades. La introducción de portainjertos de origen americano, inmunes a la filoxera, revolucionó la viticultura, permitiendo que las cepas europeas volvieran a ser cultivadas sin el riesgo de sufrir pérdidas catastróficas. Entre los portainjertos más utilizados en la actualidad destacan las especies *Vitis riparia* y *V. berlandieri*, que son conocidas por su resistencia a enfermedades y su capacidad para adaptarse a suelos diversos, así como los cruces *V. vinifera* × *V. rupestris* y *V. vinifera* × *V. labrusca*, que aportan características específicas de vigor y tolerancia a condiciones de sequía. Actualmente, más del 90% de las vides plantadas en regiones vitivinícolas europeas y americanas utilizan portainjertos para asegurar la supervivencia y salud de las plantas (Galet, 1979).

El siglo XIX trajo dos enfermedades devastadoras a los viñedos de Europa, el mildiu y el oídio, como consecuencia de la importación de plantas de América del Norte, para usarse como portainjertos además de para poblar los jardines de Francia e Inglaterra. Las vides americanas habían desarrollado una resistencia natural hacia ellas, pero no así la *V. vinifera*. El oídio se extendió por la Península Ibérica entre 1851 y 1862. Hasta 1863 no llegó la solución para ponerle freno: la aplicación de azufre empleando técnicas y maquinaria procedentes de Francia, de las comarcas de Burdeos y Montpellier. Por su parte, el mildiu se detecta en Europa en 1878. Llegó en los tallos de vides americanas sobre los que se realizaban los injertos de *V. vinifera* para combatir la filoxera. Tradicionalmente, se ha considerado que las condiciones de desarrollo de una primera contaminación son: brotes de la vid de más de 10 cm, una temperatura media superior a 12°C y una pluviometría de 10 l/m^2 en uno o dos días. Una vez que existe este ataque previo, la incidencia de lluvia o una humectación de las hojas superior a las dos horas bastan para que se produzcan contaminaciones secundarias que provocan daños en hojas y racimos (Gómez, 2000; Johnson y Robinson, 2021).

El mildiu y el oídio son dos de las enfermedades más destructivas que han impactado el cultivo de la vid en Europa, cambiando la forma en que se practica la viticultura. El impacto de estas enfermedades en la producción de vino europeo fue devastador. Viñedos enteros fueron arrasados, resultando en una reducción dramática de la cosecha y, por ende, de la calidad y cantidad de vino producido. Países vitivinícolas como Francia, Italia y España sufrieron pérdidas considerables, lo que llevó a una crisis en la industria del vino y dejó a muchos viticultores en una situación económica precaria. Estas enfermedades no solo afectaron la producción de uva, sino que alteraron toda la tradición vinícola que había estado en pie durante siglos.

En respuesta a esta crisis, la comunidad científica y los viticultores comenzaron a colaborar intensamente para encontrar soluciones efectivas. Uno de los hitos más importantes fue el descubrimiento de que ciertos productos fitosanitarios podían ayudar a combatir estas enfermedades. Alexis Millardet y su colega botánico Jules Émile Planchon son principalmente recordados por sus estudios de fitopatología. Además, Millardet fue responsable de proteger los viñedos del hongo *Peronospora farinosa*, conocido en aquel momento como agente causal del mildiu de la vid, actualmente nombrado como *Plasmopara viticola* -en la actualidad existe un portainjerto con su nombre, 41-B Millardet. Para este fin, utilizó una mezcla de cal hidratada, sulfato de cobre y agua, conocida como caldo bordelés (1855). Este fue el primer fungicida usado universalmente y, aunque se han desarrollado nuevos productos, el caldo bordelés sigue siendo eficiente y se utiliza aún hoy en día. Simultáneamente, se desarrollaron otras estrategias de control que incluían el uso de fungicidas sistémicos y prácticas culturales, como la rotación de cultivos y la mejora del drenaje en los viñedos. Cabe remarcar que tanto oídio como mildiu no matan a la planta; la filoxera, en contraposición, sí aniquila la vid (Millardet, 1987; Vidal, 2018).

A fines del siglo XIX y principios del XX, la investigación en fitopatología comenzó a ganar relevancia. Científicos y viticultores empezaron a estudiar las enfermedades de la vid, lo que condujo a un mejor entendimiento y manejo de plagas y enfermedades, así como a la implementación de prácticas agrícolas más sostenibles. A lo largo del siglo XX, hubo un redescubrimiento de variedades autóctonas, lo que permitió a los viticultores españoles centrar sus esfuerzos en variedades que eran más resistentes a ciertas enfermedades y que estaban mejor adaptadas a las condiciones locales. Esto fortaleció la identidad vitivinícola de regiones como La Rioja, Ribera del Duero y Priorat. La creación de Denominaciones de Origen (DO) en España durante las décadas de 1970 y 1980 promovió la calidad del vino y el control de las prácticas vitivinícolas. Estas leyes ayudaron a establecer un marco regulatorio que incluyó medidas de prevención y control de enfermedades (Nadal y Sánchez-Ortiz, 2013)

En el siglo XXI, ha habido un aumento significativo en el interés por prácticas de viticultura sostenible y ecológica en España. En la actualidad, la industria vitivinícola busca cada vez más alternativas sostenibles y menos dependientes de productos químicos tradicionales para combatir las plagas y enfermedades que afectan a la vid (Gómez, 2000).

El Plan de Acción Nacional para el Uso Sostenible de Productos Fitosanitarios (PAN) de España, para el periodo 2023-2027, establece diversas acciones con el objetivo de reducir el riesgo y los impactos del uso de fitosanitarios en la salud humana y el medio ambiente. Este plan busca fomentar la Gestión Integrada de Plagas (GIP) para conseguir un uso más racional de estos productos. Entre las medidas clave, se incluye la mejora de la formación e información de los usuarios profesionales sobre el uso seguro y sostenible de fitosanitarios, así como campañas de sensibilización dirigidas a la ciudadanía sobre los riesgos asociados a su uso inadecuado (https://ec.europa.eu).

Un aspecto central del PAN es promover la disponibilidad y el registro de productos fitosanitarios que sean más respetuosos con la salud y el medio ambiente. Esto implica favorecer la investigación y el desarrollo de alternativas a los productos químicos convencionales, incluyendo los fitosanitarios ecológicos, que son especialmente relevantes en el sector vitivinícola. Para ello, el plan contempla medidas para agilizar los procesos de autorización y registro de este tipo de productos, así como incentivar su uso a través de ayudas y subvenciones. En la práctica, algunos de los fitosanitarios ecológicos más utilizados en viñedos incluyen productos a base de *Bacillus thuringiensis*

para el control de polillas del racimo, así como soluciones basadas en cobre y azufre para el manejo de enfermedades fúngicas como el mildiu y el oídio. Además, se están investigando y utilizando cada vez más extractos de plantas y aceites esenciales con propiedades insecticidas y fungicidas. Aunque los resultados varían según las condiciones específicas de cada viñedo, muchos productores han reportado buenos resultados con el uso de estos productos en combinación con prácticas de manejo integrado de plagas, como la monitorización constante y la aplicación selectiva de tratamientos. Además, se busca fortalecer las redes de vigilancia de la sanidad vegetal para facilitar la toma de decisiones en la aplicación de la GIP, lo que incluye el seguimiento y la detección temprana de plagas y enfermedades en los viñedos, con el fin de reducir la necesidad de tratamientos fitosanitarios (https://ec.europa.eu).

Los agentes de biocontrol son organismos naturales que combaten plagas, malezas y enfermedades en cultivos, contribuyendo a una agricultura sostenible. Se dividen en cuatro tipos: macrobiológicos (insectos, ácaros y nematodos), microbiológicos (bacterias, hongos y virus), semioquímicos (compuestos que alteran el comportamiento de las plagas) y sustancias naturales (derivadas de plantas, minerales o animales). Algunos ejemplos de los productos fitosanitarios de nueva generación basados en la sostenibilidad incluyen productos biológicos desarrollados a base de microorganismos beneficiosos que actúan como agentes de control biológico (ACBs) contra hongos fitopatógenos causantes de enfermedades endémicas de la vid como el mildiu y el oídio (ACBs: *Ampelomyces quisqualis*; *Saccharomyces cerevisiae*), así como frente a enfermedades del suelo, teniendo además efecto promotor de un desarrollo saludable de la planta (ACBs: especies de *Trichoderma*). También destacan los extractos de plantas utilizados por sus propiedades antifúngicas (*Equisetum arvense* (L.), extracto o purín de

Urtica dioica (L.)) y repelentes de insectos, así como insecticidas naturales que también tienen propiedades fungicidas (aceite esencial de naranja), útiles contra diversas plagas e infecciones; insecticidas a base de *spinosad*, un insecticida de origen natural producido por la fermentación de una bacteria actinomiceto llamada *Saccharopolyspora spinosa*, que actúa específicamente contra plagas como la mosca de la fruta y trips; formulaciones a base de cobre que aunque tradicionales, se han reformulado para ser más eficaces y menos persistentes en el medio ambiente. Por último, hay que destacar los bioestimulantes como los ácidos húmicos y fúlvicos que ayudan a mejorar la salud del suelo y, con ello la resistencia de las plantas a enfermedades (Vidal, 2018).

Producción vitícola en España y en el mundo

Hoy en día, el cultivo de la vid ocupa un lugar central en la agricultura mundial, representando no solo una fuente de ingresos vital para millones de agricultores, sino también un patrimonio cultural que se celebra en todo el planeta. La distribución mundial de las variedades de uva es un testimonio de esta herencia, con cientos de variedades que se cultivan en distintas partes del mundo, cada una con características y perfiles de sabor únicos que reflejan su terruño. La importancia del cultivo de la vid va más allá de la mera producción de vino; afecta los ámbitos socioeconómicos, ambientales e incluso la salud pública.

Según los datos de la Organización Internacional de la Viña y el Vino (OIV, 2023) para 2023, la producción mundial de uva alcanzó los 74,7 millones de toneladas, con un rendimiento de 10,3 toneladas por ha en una superficie total de 7,2 millones de ha. Tras una pérdida de 4,4 millones de toneladas, la producción disponible se distribuyó en 34 millones de toneladas de uva prensada y 36,3 millones de toneladas de uva no prensada. La uva prensada se destinó a la producción de 237 millones de hl de vino y 22 millones de hl de mosto y zumo, mientras que la uva no prensada se utilizó para la producción de 31,7 millones de toneladas de uva de mesa y 1,2 millones de toneladas de uva pasa (Fig. 1.1).

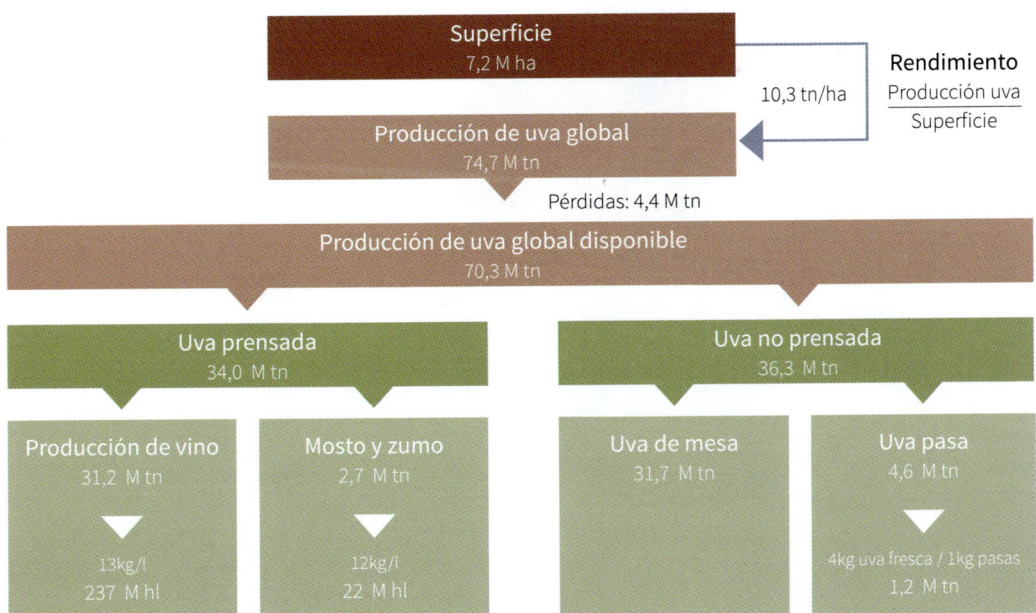

Figura 1.1. Balance global de uva según la Organización Internacional de la Viña y el Vino (OIV) en 2023.

La OIV presentó su estudio titulado "Focus OIV 2017", el cual examina la distribución global de las distintas variedades de uva y su evolución a lo largo del tiempo. Este informe abarca todas las clases de uva, independientemente de su destino final, ya sea para consumo como uva de mesa, para la elaboración de vino o como uva pasa, y representa el 75% de la superficie total de viñedos en el mundo. Se analizan los datos de 44 países desde el año 2000, prestando especial atención a aquellos que tienen más de 65.000 ha de viñedo. A nivel mundial hay alrededor de 10.000 variedades de uva registradas, entre las cuales 13 constituyen más de un tercio de la superficie de viñedo total, mientras que 33 variedades representan el 50% de la superficie cultivada (OIV, 2017).

Algunas de estas variedades son ampliamente cultivadas en distintos países, y se les denomina "variedades internacionales". Un ejemplo notable es la variedad Cabernet Sauvignon, que está entre las más plantadas a nivel mundial, ocupando el 5% de la superficie global con 340.000 ha (representando el 2,1% de la superficie vitivinícola en España). Le siguen la Sultanina (300.000 ha), Merlot (266.000 ha), Tempranillo (231.000 ha) y Airén (218.000 ha). Por otro lado, hay variedades que, aunque tienen una gran extensión y lideran la producción mundial, se cultivan en pocos países, como la Kyoho, que abarca 365.000 ha, principalmente dedicada a la uva de mesa en China (Fig. 1.2) (OIV, 2017).

En España, las variedades Airén y Tempranillo representan el 43,2% de la superficie total dedicada a la viticultura. Según el informe de la OIV, estas dos variedades abarcan casi la mitad de la superficie vitivinícola del país. Desde el año 2000, el área dedicada al cultivo de Tempranillo ha crecido un 41,5%, a pesar de que la superficie total de viñedos en España ha disminuido aproximadamente un 15% en el mismo plazo.

El análisis de la OIV señala que el stock global de viñas ha experimentado cambios

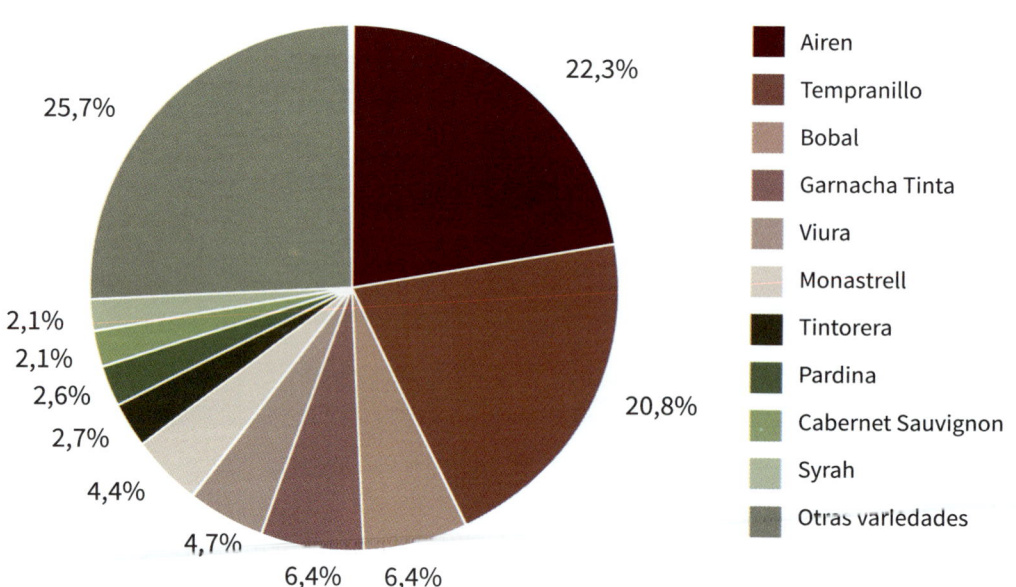

Figura 1.2. Porcentaje de variedades de vid cultivadas a nivel mundial según los últimos estudios de la Organización Internacional de la Viña y el Vino (adaptado de OIV, 2017).

significativos en los últimos 15 años, en gran parte debido al arranque y la reestructuración de viñedos. Se menciona que algunas variedades, que solían ser de alta producción, ya no se alinean con las preferencias de los consumidores o las tendencias del mercado, lo que ha llevado a una reducción notable en su área cultivada. Los cambios en la superficie mundial de viñedo durante la última década se atribuyen principalmente a la reestructuración de los viñedos en la Unión Europea (UE), contrastando con el crecimiento neto de viñedos en otros continentes. En relación con la UE, se hace alusión al Reglamento (CE) n.° 479/2008 del Consejo, que establece un marco para la organización común del mercado vitivinícola, incluyendo un programa para regular la capacidad de producción de viñedos, durante el cual la UE ha implementado incentivos para el abandono definitivo de actividades en viñedos.

De las variedades con alta sensibilidad al mildiu y al oídio tenemos: Tempranillo, Garnacha Tinta, Cayetana Blanca y Cabernet Sauvignon. Sensibilidad media a oídio y alta a mildiu: Airén, Palomino Fino y Bobal. Sensibilidad media a oídio y mildiu: Verdejo y Pedro Ximénez. Sensibilidad baja al oídio y media al mildiu: Monastrell. Poco sensibles al oídio: Albillo Real, Blanquiliña, Carrasquín, Cuatendrá, Doradilla, Eperó de Gall, Fogoneu, Forcallat Tinto, Gorgollasa, Legiruela, Listán Prieto, Loureira, Malvasía Volcánica, Garro, Mansés de Tibbus, Manto Negro, Mondragón, Morrastel-Bouschet, Ondarrabi Beltza, Pampolat de Sagunto, Pampolat Girat, Parduca, Parellada, Pedral, Perruno, Petit Bouschet, Quigat, Sabaté, Santa Magdalena, Señá, Trobat, Verués de Huarte y Vinaté. Poco sensibles al mildiu: Batista, Caíño Tinto, Carrasquín, Folle Blanch/Ondarrabi Zuri, Loureiro Blanco, Maturana Blanca, Merseguera, Ondarrabi Beltza, Pampolat Girat, Parellada y Sousón. Poco sensibles al oídio y al mildiu: Carrasquín, Loureira, Hondarrabi Beltza, Pampolat Girat, Parellada, Quigat y Pedrol (Bouquet, 2005; INRAE, 2025).

El movimiento PIWI, que significa en alemán ("Pflanzenschutz und Integrierte Weinbau"), se refiere a una iniciativa y red de viticultores, investigadores y entusiastas del vino que promueven el uso y cultivo de variedades de uva híbridas resistentes a enfermedades, especialmente aquellas que son menos susceptibles a plagas y hongos como mildiu, oídio y podredumbre gris. A modo de ejemplo, en 2007, se autorizaron nuevos híbridos interespecíficos para el cultivo de la vid en Alemania, Austria y Suiza, como *regent*, *prior*, *johanniter*, *cabernet cortis* y *solaris*. Italia inscribió en su Catálogo Nacional algunas variedades entre 2009 y 2013, y en Francia, Alain Bouquet realizó investigaciones entre 1974 y 2009 en el INRA de Montpellier, mediante retrocruzamientos de *V. vinifera* y *Muscadinia rotundifolia*, aprovechando la resistencia de esta última a las enfermedades. Las variedades resistentes a enfermedades, ya sea gracias a su genética natural o a hibridaciones propiciadas por el hombre, serán una prioridad en la viticultura del futuro. Solo en la Península Ibérica el cambio del clima ha dado lugar a una serie de fenómenos (subida de la temperatura, descenso de lluvias, reducción de las heladas y aumento de los episodios de granizo y nieblas en zonas de influencia costera) cuyas consecuencias más inmediatas son la maduración más rápida de la uva (la mayor acumulación de azúcares se traduce en vinos más alcohólicos, con menos acidez y frescura) y, más preocupante a largo plazo, la creciente incidencia de plagas y enfermedades (PIWI, 2024).

Además, en países como Polonia, las principales variedades de uva cultivadas reflejan una combinación de híbridos resistentes al frío y variedades clásicas europeas adaptadas a las condiciones climáticas locales. Entre las más destacadas se encuentran los híbridos como *solaris*, *seyval blanc*, *johanniter*, *hibernal*, *regent* y *rondo*, que son ampliamente utilizados debido a su resistencia a bajas temperaturas y enfermedades. Estas variedades son ideales para el clima frío de

Polonia, ya que pueden soportar temperaturas extremas de hasta -35°C y tienen una maduración temprana. Por otro lado, también se cultivan variedades tradicionales de *V. vinifera*, aunque en menor medida debido a su mayor sensibilidad a las condiciones climáticas adversas. Entre estas destacan Riesling, Chardonnay, Gewürztraminer, Pinot noir, Pinot gris y Traminer. Por lo tanto, el desarrollo de los PIWIs (variedades interespecíficas resistentes) está ganando terreno como una solución sostenible para enfrentar el cambio climático y reducir el uso de fitosanitarios en los viñedos del norte de Europa (INRAE, 2025).

España, líder mundial en producción de uva ecológica

En 2023, España consolidó su liderazgo en viñedo ecológico a nivel mundial, destinando 166.286 ha a este tipo de cultivo (Fig. 1.3), lo que representa un aumento del 10,9% respecto al año anterior y el 18% de la superficie total de viñedos del país. Castilla-La Mancha lideró en extensión con 73.122 ha

(+13,7%), seguida de Cataluña y la Comunidad Valenciana. El número de bodegas y embotelladoras dedicadas al vino ecológico también creció un 7%, alcanzando las 1.419 industrias. Este crecimiento refleja una tendencia hacia la sostenibilidad y una mayor aceptación en mercados internacionales, aunque el consumo interno de vino ecológico sigue siendo limitado (MAPA, 2023).

El informe de la OIV sobre el sector mundial del vino en 2023 ofrece un panorama exhaustivo sobre la superficie (Fig. 1.4), producción, consumo y comercio internacional de uvas y vino. La producción global de vino alcanzó los 237 millones de hl, una disminución del 10% respecto a 2022, siendo los principales productores Francia, Italia y España (Fig. 1.5). Por otro lado, el consumo mundial se situó en 220 millones de hl, un 4% menos que el año anterior, con EE.UU. liderando como el mayor consumidor (Fig. 1.6), seguido de Francia e Italia.

En cuanto al comercio internacional, se registraron 101 millones de hl exportados, lo

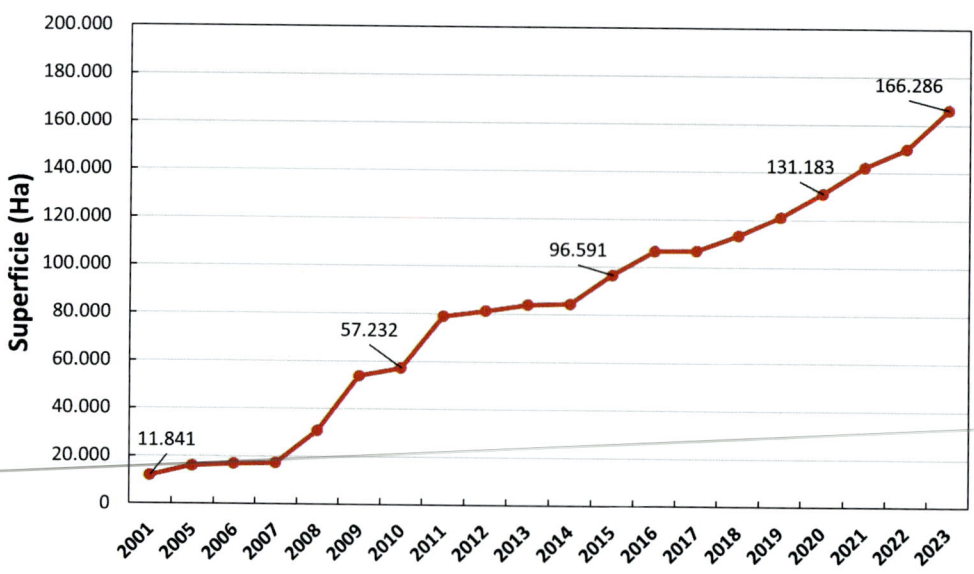

Figura 1.3. Evolución de la superficie plantada de viñedo ecológico en España durante el periodo 2001-2023 (adaptado de MAPA, Observatorio Español del Mercado del Vino, OeMv).

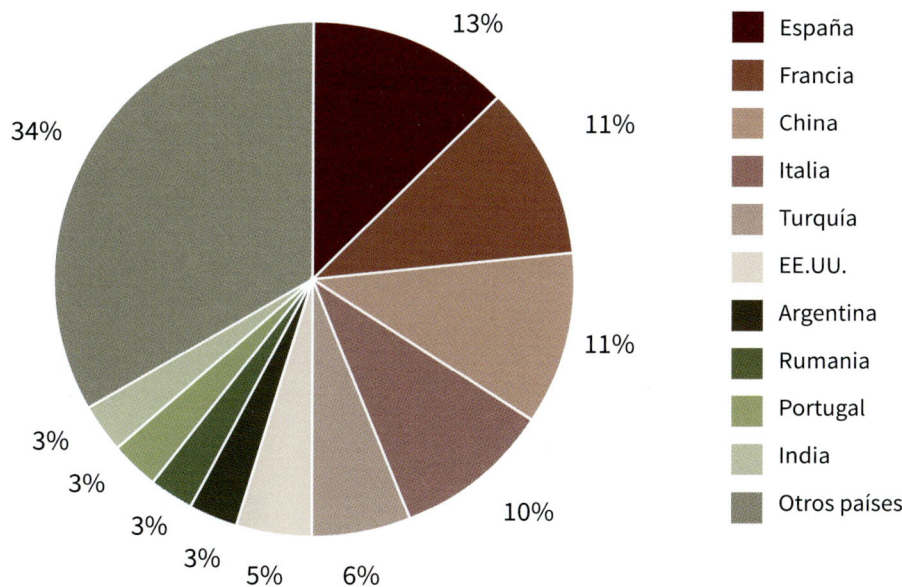

Figura 1.4. Porcentaje de superficie plantada de viñedo en 2023 (adaptado de 'Annual assessment of the world vine and wine sector in 2023', OIV).

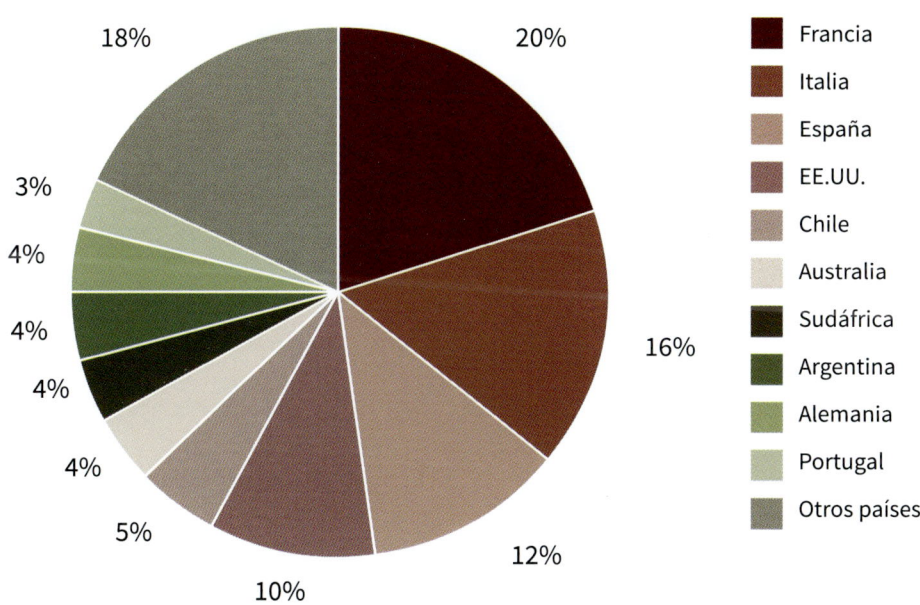

Figura 1.5. Porcentaje de países productores de vino en 2023 (adaptado de 'Annual assessment of the world vine and wine sector in 2023', OIV).

que representa una caída del 5% en volumen y valor respecto a 2022. Los principales exportadores fueron Italia, España y Francia, mientras que Alemania, Reino Unido y Estados Unidos (EE.UU.) encabezaron las importaciones. Además, el informe destaca la evolución histórica de la superficie dedicada a viñedos, que en 2023 alcanzó los 7,2 millones de ha, con España liderando en extensión.

En 2023, la producción mundial de vino alcanzó los 237 millones de hl, lo que representa una disminución del 10% respecto al año anterior. Los principales productores fueron Francia (48 M hl), Italia (38 M hl) y España (28 M hl). En cuanto al consumo, se registraron 220 millones de hl, un 4% menos que en 2022, con EE.UU.' liderando (33 M hl), seguido de Francia (24 M hl) e Italia (22 M hl). El comercio internacional de vino también mostró una caída del 5% en volumen (101 M hl) y valor (36.000 M de euros). Los mayores exportadores fueron Italia, España y Francia, mientras que los principales importadores incluyeron a Alemania, Reino Unido y EE.UU.'

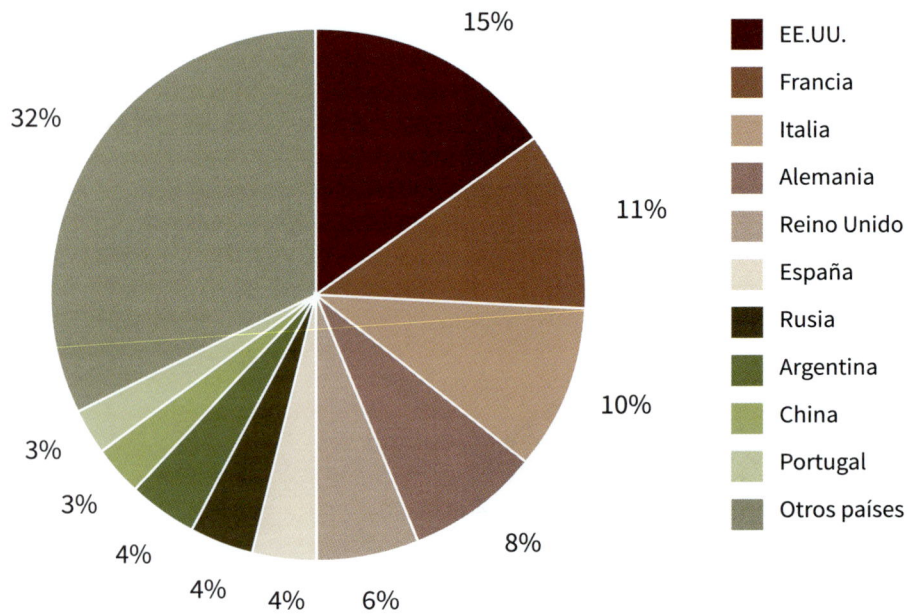

Figura 1.6. Porcentaje de países consumidores de vino en 2023 (adaptado de 'Annual assessment of the world vine and wine sector in 2023', OIV).

Capítulo 2

Introducción (II)

Conceptos básicos de fitopatología

Carlos Agustí Brisach, Ana López Moral y
Antonio Trapero Casas

Concepto de enfermedad

La enfermedad en las plantas se define como la 'serie de procesos fisiológicos perjudiciales, originados por la interacción continua de una planta con un agente causal (patógeno), que se manifiesta en sus tejidos y órganos mediante respuestas características llamadas síntomas' (Agrios, 2005).

En sentido general, para el desarrollo de una enfermedad es necesaria la interacción de tres factores: patógeno, huésped susceptible y condiciones ambientales favorables, dando lugar al clásico triángulo de la enfermedad. A su vez, ciertas enfermedades necesitan de la presencia de vectores para ser transmitidas, por lo que en estos casos el vector es un factor adicional influyente en el desarrollo de estas. Considerando esta cuarta interacción, da lugar a la pirámide de la enfermedad, donde en cada vértice encontramos cada uno de estos cuatro factores que entran en interacción para el desarrollo de esta. El patógeno se entiende como el agente causal de la enfermedad, y la materia que estudia la relación de la enfermedad con su agente causal y su caracterización, considerando su interacción con la planta y el ambiente, es la etiología. El ambiente, tanto el natural como el inducido por el ser humano, afecta al desarrollo de la enfermedad. En este caso, es la epidemiología la materia que estudia específicamente cómo las condiciones ambientales influyen en la interacción planta-patógeno y, en consecuencia, en el desarrollo y progreso de la enfermedad. Hay que considerar que, aunque exista la presencia de un patógeno y una planta susceptible, es necesario que se den las condiciones ambientales favorables para el desarrollo de la enfermedad. Además, en el caso de enfermedades trasmitidas por vectores se requiere de la presencia de poblaciones activas de éstos con capacidad infectiva (Fig. 2.1) (Llácer et al., 1996; Jiménez-Díaz y Montesinos, 2010).

La mayoría de las enfermedades de las plantas se consideran de etiología simple, de manera que queda clara la relación entre la enfermedad y su agente causal, quedando bien representadas por el triángulo o pirámide de la enfermedad. Sin embargo, hay ciertas enfermedades que no quedan del todo representadas por dicho triángulo o pirámide, como es el caso de las enfermedades de etiología compleja, ya que en estos casos actúan varios agentes causales de forma concatenada. Un ejemplo de enfermedades de etiología compleja son los decaimientos de plantas leñosas, como es el caso de las enfermedades de la madera de la vid (EMVs). Cuando se da una enfermedad de etiología compleja se distinguen tres grupos secuenciales de agentes: 1) predisponentes, agentes que predisponen a la planta a sufrir enfermedad, actuando en primer lugar y a largo plazo, degenerando la planta, pero sin causar síntomas (p.ej.,

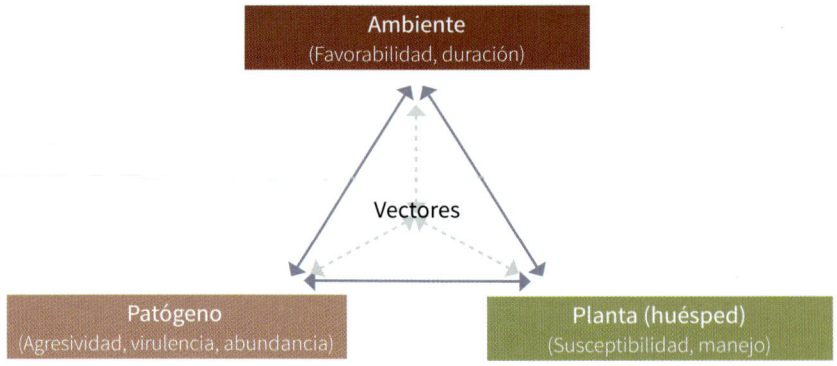

Figura 2.1. Pirámide de la enfermedad (Fuente: adaptado de Agustí-Brisach et al., 2023).

potencial genético, edad, infecciones víricas leves, clima, factores edáficos, contaminación atmosférica, etc.); 2) incitantes, agentes que actúan a corto plazo y provocan la aparición de algunos síntomas (p.ej., insectos defoliadores, heladas, sequía, contaminantes atmosféricos, daños mecánicos, etc.), y; 3) contribuyentes, agentes que determinan la aparición de síntomas, causando la muerte de la planta y que actúan a largo plazo (p.ej., insectos barrenadores, agentes causales de chancros, necrosis de madera y podredumbres radiculares, etc.) (Agrios, 2005).

Tipos de agentes fitopatógenos y su clasificación

Desde antiguo, los seres vivos eran considerados o bien vegetales (Reino vegetal) o bien animales (Reino animal), y los organismos microscópicos se iban asignando a uno de los dos Reinos conforme se descubrían. Los hongos se consideraban vegetales, presumiblemente debido a que la mayoría de ellos no se movían, ya que su forma de crecimiento es vagamente más similar a la de las plantas verdes comunes que a la de los animales. Sin embargo, muchos organismos vivos no podían ser clasificados fácilmente ni como vegetales ni como animales, y desde hace ya varias décadas la división de los seres vivos únicamente en los dos Reinos mencionados se ha convertido en curiosidad histórica.

La división más significativa que puede establecerse en el mundo de los seres vivos es la que se presenta a nivel celular entre procariotas, seres en cuyas células el ADN no se encuentra rodeado por una envoltura membranosa (por tanto, carecen de núcleo); y eucariotas, seres en cuyas células el ADN está organizado en cromosomas, y éstos se encuentran dentro de los límites del núcleo gracias a una doble membrana denominada envoltura nuclear (con núcleo). A continuación, se explican diversas clasificaciones de los agentes fitopatógenos aceptadas por la comunidad científica.

Clasificación de los agentes fitopatógenos por Reinos

Actualmente, la mayoría de los autores siguen la clasificación de los seres vivos por Reinos propuesta por Margulis y Schwartz (1985), revisada posteriormente por Cavalier-Smith (1998) y más recientemente por Ruggiero et al. (2015). Según esta clasificación, desde el punto de vista de la fitopatología, las bacterias y los fitoplasmas se encuentran en el Reino Monera o Súper Reino Procariota (procariotas). En cuanto a los organismos eucariotas, Súper Reino Eucariota, podemos encontrar: organismos unicelulares en el Reino Protozoa (mixomicetos) y en el Reino Chromista, supergrupo Stramenopila (oomicetos); y organismos pluricelulares en el Reino Plantae (plantas parásitas); el Reino Fungi (hongos); y el Reino Animalia (nematodos). Por su parte, los virus y viroides, atendiendo al esquema de la clasificación de los agentes fitopatógenos, quedan fuera del conjunto de Reinos que recogen a todos los organismos vivos cuya unidad estructural es la célula. Por lo tanto, según este esquema, los virus se encuentran en las fronteras de la vida y su condición de seres vivos bajo discusión (Fig. 2.2).

Clasificación de los agentes fitopatógenos según su modo de vida

Según el modo de vida los organismos patógenos de plantas se pueden clasificar en: 1) parásitos, aquellos que se alimentan de los tejidos de la planta, causando infección (existe penetración en los tejidos vegetales por parte del patógeno y alimentación de dichos tejidos); y, 2) no parásitos o exopatógenos, aquellos que obtienen los nutrientes externamente de la planta, causando infestación (no existe penetración en los tejidos de la planta por el patógeno y éste no se alimenta de ella). Los parásitos, a su vez, pueden ser endoparásitos, es decir, que infectan, colonizan y se alimentan del interior de la planta (estrictamente causan infección), o ectoparásitos, que se caracterizan porque una parte del patógeno se encuentra dentro y otra fuera de la planta. Estos últimos son capaces tanto de causar infección como infestación.

Clasificación de los agentes fitopatógenos según la relación planta-patógeno

Según la relación planta-patógeno encontramos tres tipos de relaciones: 1) mutualismo (líquenes, micorrizas, mesófilos), 2) comensalismo (filosfera, rizosfera) y, 3) parasitismo (agentes fitopatógenos estrictos que causan daños en hojas, frutos, ramas, raíces, etc.). Cuando ocurre el mutualismo, tanto el patógeno como la planta se favorecen de la relación mutua (+/+); en el comensalismo, se beneficia el patógeno sin que a la planta le cause ningún efecto negativo (+/0); y en el parasitismo se beneficia el patógeno mientras que la planta se perjudica (+/-). En sentido estricto, solo la relación de parasitismo da lugar a la enfermedad. Sin embargo, cuando las relaciones de mutualismo o comensalismo, que *a priori* no perjudican a la planta, dan lugar a situaciones de estrés para esta, algunos microorganismos que actúan como endófitos evolucionan a patógenos desarrollando enfermedad y, por tanto, acaban por establecer una relación de patogenicidad. A los microorganismos que actúan como patógenos en plantas debilitadas se les denomina oportunistas, y dan lugar a lo que se conoce como enfermedades de etiología compleja (Fig. 2.3).

Clasificación de los agentes fitopatógenos según su modo de nutrición y parasitismo

Según los hábitos de nutrición, los organismos fitopatógenos pueden clasificarse como biotrofos, necrotrofos y saprotrofos. Los biotrofos necesitan de tejido vivo para desarrollarse, y el organismo patógeno mantiene las células vivas, no las mata; los necrotrofos tienen capacidad de matar

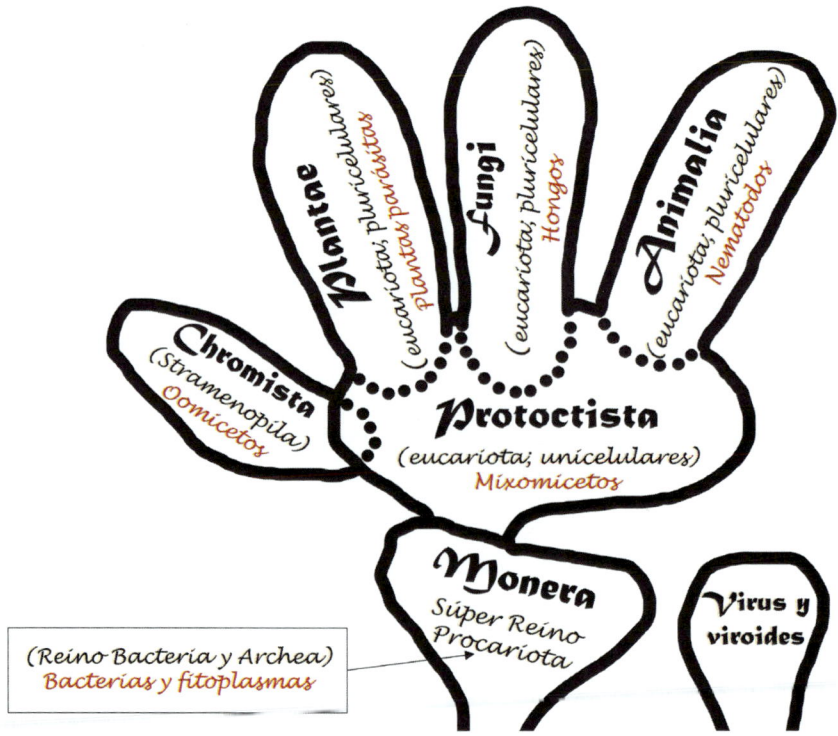

Figura 2.2. Clasificación de los organismos vivos por Reinos (Fuente: adaptado de Ruggiero et al., 2015).

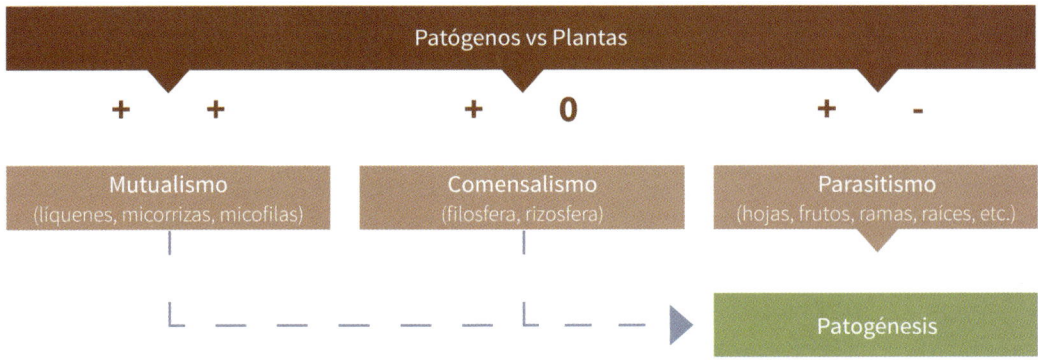

Figura 2.3. Tipos de patógenos según la interacción planta-patógeno (Fuente: Agustí-Brisach et al., 2023).

células, pero luego tienen mayor capacidad de colonizar y desarrollarse en tejidos muertos; por último, los saprotrofos solo pueden alimentarse de células muertas, esto es, obtienen sus nutrientes a partir de materia orgánica muerta. Podemos describir un grupo adicional, los hemibiotrofos, los cuáles necesitan células vivas para causar infección, pero actúan secretando toxinas degradadoras de pared celular, y finalmente se alimentan de las células muertas.

Atributos: patógeno, planta, favorabilidad del ambiente y vectores

A continuación, definimos algunos atributos, tanto del patógeno como de la planta, el ambiente o los vectores, que deben tenerse en cuenta en la pirámide de la enfermedad.

Respecto a los atributos del patógeno, las escuelas de fitopatología clásica distinguen entre los términos agresividad y virulencia. La agresividad se define como la habilidad del patógeno para infectar y colonizar la planta; mientras que la virulencia se entiende como la capacidad de un patógeno de causar daño a su huésped, es decir, la intensidad con la que el patógeno puede causar enfermedad. La agresividad y virulencia de un patógeno dan lugar a su patogenicidad, que se define como la capacidad de un microorganismo de causar enfermedad. No obstante, hoy en día no hay consenso entre los autores sobre estas definiciones,

si bien es cierto que la patogenicidad debe definirse como la capacidad de un microorganismo para infectar un huésped y causar enfermedad, algunos autores consideran que los términos agresividad y virulencia son asimilables, con carácter cuantitativo, haciendo ambos referencia a la intensidad de la enfermedad producida.

En cuanto a la planta, su principal atributo es la susceptibilidad. Este término se refiere a la capacidad de la planta de ser receptora, infectada, colonizada por el patógeno, y de desarrollar la enfermedad con mayor o menor intensidad. Los ataques del patógeno y la intensidad con la que la enfermedad se desarrolle varían desde bajos niveles de infección hasta desarrollos severos de la enfermedad que causen pérdidas importantes de cosecha. Estas variaciones dependen de múltiples factores relacionados con la interacción planta-patógeno, incluyendo el efecto variedad o genotipo de la planta, o el efecto cepa, raza o formas especiales de los patógenos, entre muchos otros como la edad de la planta, o los factores ambientales.

Por su parte, las condiciones ambientales también afectan considerablemente al desarrollo de las enfermedades en las plantas. Entre regiones geográficas puede haber importantes cambios en el desarrollo de una enfermedad en función de las condiciones medioambientales. A su vez, dentro de una misma región puede variar el tipo o el desarrollo de una enfermedad en función de las precipitaciones (variabilidad anual). Entre los factores ambientales más importantes que pueden ser determinantes en el desarrollo de la enfermedad, debemos destacar factores como encharcamientos, altas o bajas temperaturas (heladas), o sequía. Así mismo, debemos considerar otros factores de carácter agronómico derivados de prácticas culturales como la diversidad de sistemas de plantación y la mecanización de los cultivos, los sistemas de poda empleados, el riego o la fertilización, o el empleo de polinizadores, entre otros, los cuáles también pueden influir en gran medida en el desarrollo de enfermedades.

Por último, los vectores juegan un papel esencial en la transmisión de enfermedades entre plantas. Estos organismos incluyen especies de insectos, ácaros o nematodos capaces de transmitir todo tipo de agentes fitopatógenos (hongos, bacterias, fitoplasmas, virus y viroides, y nematodos). Los vectores adquieren al patógeno al alimentarse de plantas enfermas y los transmiten a otras plantas sanas al alimentarse de ellas. Por tanto, factores como la presencia o no presencia del vector en un área geográfica determinada influirán en que una enfermedad pueda o no transmitirse bajo determinadas circunstancias ambientales. A su vez, los niveles de población activa del vector influyen en la rapidez con la que pueda dispersarse la enfermedad y el alcance de ésta en una zona geográfica. Finalmente, el material de propagación vegetal infectado como consecuencia de un bajo control fitosanitario se considera una fuente de inóculo y de dispersión de fitopatógenos de alto impacto a nivel global.

Emergencia de enfermedades

Una enfermedad emergente tiene lugar por la aparición de un nuevo patógeno o una nueva cepa de un patógeno de mayor virulencia. Son varios los ejemplos de enfermedades que afectan al cultivo de la vid y

que no son originarias de España, habiendo sido introducidas en un momento determinado. La filoxera, por ejemplo, fue una plaga devastadora que surgió en la década de 1870 y que obligó a una reestructuración de la viticultura en España, al producir la muerte de gran parte de cepas francas de *Vitis vinifera*, introduciéndose patrones de vid americana resistentes a esta plaga. Sin embargo, la introducción de este material vegetal procedente del continente americano supuso la entrada de nuevas enfermedades como el mildiu y el oídio. En este caso, la introducción de estas nuevas enfermedades en una zona geográfica donde previamente los patógenos causantes de éstas no han convivido con el cultivo (*V. vinifera*) produjo graves epidemias que fueron devastadoras para el cultivo de la vid en Europa en la segunda mitad del siglo XIX.

Considerando de modo aislado la planta, el principal factor en la emergencia de una enfermedad es la susceptibilidad varietal del huésped. También hay que tener en cuenta los cambios en las prácticas de cultivo, ya que la vid ha sufrido un cambio importante pasando de cultivo tradicional en vaso a espaldera. Esta práctica cultural proporciona menor humedad en la parte aérea y, sin embargo, la mecanización de la cosecha y la poda producen un mayor número de heridas favoreciendo la infección de patógenos. Un ejemplo de enfermedades emergentes en el cultivo de la vid asociado con el cambio de sistema de cultivo son las EMVs.

Por último, el clima puede afectar en gran medida a la emergencia de enfermedades. Entre regiones geográficas, incluso dentro de una misma región, puede haber importantes cambios en el desarrollo de la enfermedad en función de las condiciones medioambientales. En el caso del cultivo de la vid, la emergencia o el aumento de la severidad de enfermedades secundarias ha sido propiciado no solo por el cambio en el sistema de cultivo, sino también por el desplazamiento del cultivo de zonas tradicionales o típicas del cultivo a otras con humedades más o menos altas de lo habitual, y diferentes condiciones edafoclimáticas en busca de aumentar los rendimientos productivos. El cambio climático también ha jugado un papel importante en la emergencia de enfermedades en determinadas zonas geográficas.

Un ejemplo claro de enfermedad emergente es la Enfermedad de Pierce (PD por su terminología en inglés, '*Pierce's Disease*') causada por la bacteria *Xylella fastidiosa*. Esta bacteria se caracteriza por desarrollar un síntoma común de chamuscado y decaimiento de árboles en una amplia gama de huéspedes. En Europa, *X. fastidiosa* se detectó por primera vez en 2013 en Italia, en la región de Apulia, afectando principalmente a olivo, cultivo en el que ha causado graves pérdidas por la muerte masiva de árboles (Landa et al., 2017). Desde entonces, *X. fastidiosa* se ha detectado en varias regiones mediterráneas: en Francia en 2015; en otras zonas de Italia, en concreto en la Toscana y en el Lacio, en 2018 y 2021, respectivamente; y en Portugal en 2019. En España se detectó en 2016 en Baleares, en 2017 en Alicante y en 2024 en Cáceres. Se han detectado diferentes subespecies de *X. fastidiosa* en múltiples huéspedes; sin embargo, la subespecie *fastidiosa* tipo genético 1 (ST1, *sequence* type) en vid solo se ha encontrado en Baleares (muy extendida), Italia (en el norte de Apulia) y Cáceres. De hecho, el primer brote de PD en Europa se detectó en Mallorca en 2017, y aunque se han encontrado muestras positivas en todas las zonas de cultivo de vid de Mallorca, el impacto económico en la producción de vino y el daño en las plantas no son, hoy por hoy, elevados. Aunque se han observado diferencias en la incidencia y la gravedad de la PD entre variedades de vid, casi todas desarrollaron síntomas en algún grado. La epidemia de PD en Mallorca está causada por cepas filogenéticamente muy próximas a las poblaciones que afectan a los viñedos en Estados Unidos, con poca divergencia genética, y todo apunta al probable origen californiano de la introducción de ST1 en Mallorca. Este mismo ST afecta al almendro, causando la enfermedad *Almond Leaf Scorch* (ALSD). De hecho, en California existen evidencias de infecciones cruzadas de cepas de *X. fastidiosa* entre almendro y vid, por lo que la epidemia de PD en Mallorca probablemente derive de un brote original de *X. fastidiosa* en almendro, tras la introducción, hacia 1995, de la cepa ST1 con vástagos de almendro infectados procedentes de California (Moralejo et al., 2019).

Diagnóstico de enfermedades

El diagnóstico de una enfermedad se define como el conjunto de acciones que permiten reconocer una patología y establecer las causas que la producen, determinando la naturaleza e identidad del agente causal primario. Realizar un diagnóstico correcto, preciso y rápido es fundamental para poder establecer medidas de control adecuadas. Para ello, es fundamental, no solo la experiencia y habilidad del operador, sino que además éste no tenga una opinión preestablecida del problema, ya que podría sesgar el diagnóstico.

Entre las premisas mencionadas, es importante matizar que la rapidez en el diagnóstico depende del tipo de enfermedad a la que nos enfrentemos. Las enfermedades foliares o de fruto de desarrollo epidémico explosivo, como mildius, oídios o royas, son relativamente fáciles de diagnosticar observando los síntomas y signos característicos de cada enfermedad. Sin embargo, las enfermedades de etiología compleja, como pueden ser las EMVs, presentan un diagnóstico más complejo, ya que podemos encontrar gran diversidad de agentes relacionados con los síntomas y signos observados. En este caso, la experiencia y pericia del operador es fundamental para llegar a determinar el agente causal primario de la enfermedad.

Por tanto, con carácter general, el diagnóstico de una enfermedad, cuando ésta no es evidente por la sintomatología y distribución de las plantas afectadas, se basa fundamentalmente en las siguientes acciones, que deben realizarse de forma rigurosa y progresiva: 1) recopilar información básica de campo; 2) realizar un muestreo adecuado de plantas enfermas (material vegetal, suelo, agua, etc.); 3) determinar los síntomas y signos de la enfermedad; 4) examinar la literatura sobre enfermedades del huésped; 5) identificar la enfermedad en comparación con las descripciones publicadas; 6) procesar las muestras en laboratorio: incubación, aislamiento, detección e identificación morfológica y molecular y; 7) hacer los pertinentes ensayos para cumplir los postulados de Koch, en este caso, cuando se trate de una nueva enfermedad. Cabe mencionar que la secuencia del punto 6 encaja con la mayoría de hongos y bacterias fitopatógenos, pero hay que considerar que existen diversidad de agentes fitopatógenos, incluyendo hongos, bacterias, fitoplasmas y virus, que son biotrofos obligados y no pueden aislarse en medios de cultivo artificiales, por lo que deben emplearse técnicas específicas mediante la obtención de extractos purificados del material vegetal afectado a partir del que se podrá determinar la presencia e identificación del patógeno mediante técnicas serológicas y/o moleculares.

Clasificación de enfermedades

Las enfermedades de las plantas pueden clasificarse según: 1) la función fisiológica de la planta que se ve afectada; 2) el órgano de la planta que se ve afectado y; 3) el tipo de patógeno. Pero no todas estas clasificaciones pueden ser prácticas desde un punto de vista fitopatológico. Si las clasificamos por la función fisiológica afectada, nos encontramos que hay pocas funciones afectadas relacionadas con la acción de enfermedades, siete en total: 1) almacenamiento de reservas, 2) digestión enzimática de reservas y utilización de las mismas para formación de tejidos, 3) absorción y acumulación de agua y nutrientes minerales, 4) crecimiento, actividad meristemática, 5) transporte de agua, 6) fotosíntesis y, 7) redistribución de asimilados. Por su parte, si consideramos únicamente el órgano afectado, aún disponemos de menos tipos de enfermedades. Así mismo, si clasificamos por el tipo de enfermedad o patógeno asociado tendríamos seis tipos: 1) micosis (hongos), 2) bacteriosis (bacterias), 3) fitoplasmosis (fitoplasmas), 4) virosis (virus y viroides), 5) nematodos y, 6) plantas parásitas. Esto dificulta, por tanto, poder englobar de forma clara los distintos tipos

Tabla 2.1. Clasificación de las principales enfermedades del cultivo de la vid en España.

Enfermedad	Agente causal	Importancia [1]
Micosis de hojas, sarmientos y frutos		
Mildiu	*Plasmopara viticola*	A
Oídio	*Erysiphe necator* (=*Uncinula necator*)	A
Podredumbre gris	*Botrytis cinerea*	A
Excoriosis	*Diaporthe ampelina* (=*Phomopsis viticola*)	B
Podredumbre de uvas	*Alternaria, Aspergillus, Cladosporium, Rhizopus, Colletotrichum, Coniella, Sacharomycopsis* y bacterias (*Acetobacter*)	B
Antracnosis	*Elsinoë ampelina* (=*Gloesporium ampelophagum*)	B
Podredumbre negra	*Guignardia bidwelli* (=*Phyllosticta ampecilina*)	B
'Rotbrenner'	*Pseudopezicula tracheiphila*	S
Manchas foliares	*Mycosphaerella, Cladosporium, Cercospora, Septoria,* etc.	S
Negrilla	*Capnodium salicinum*	S

Enfermedad	Agente causal	Importancia [1]
Micosis de madera y raíces		
Yesca	*Fomitiporia mediterranea, Stereum hirsutum,* etc.	M
Eutipiosis	*Eutypa lata, Cryptovalsa ampelina, Eutypella* spp., etc.	M
Decaimiento por Botryosphaeria	*Botryosphaeria, Diplodia, Dothiorella, Neofusicoccum,* etc.	A
Enfermedad de Petri	*Phaeoacremonium, Phaeomoniella, Cadophora,* etc.	A
Pie negro	*'Cylindrocarpon', Campylocarpon, Dactylonectria, Ilyonectria,* etc.	M
Podredumbre blanca de raíces	*Armillaria mellea*	B
Podredumbre lanosa de raíces	*Rosellinia necatrix*	B
Verticilosis	*Verticillium dahliae*	S
Bacteriosis		
Necrosis bacteriana	*Xylophilus ampelinus*	B
Tumores de la vid	*Allorhizobium vitis*	B
Enfermedad de Pierce	*Xylella fastidiosa*	(A)
Fitoplasmosis		
Flavescencia dorada	*'Candidatus Phytoplasma vitis'*	(A)
Madera negra	*'Candidatus Phytoplasma solani'*	M
Virosis y viroides		
Degeneración infecciosa y decaimiento	*Nepovirus, Stralarivirus*	M
Enrollado de la hoja	*Closterovirus, Ampelovirus, Velarivirus*	A
Jaspeado	*Maculavirus, Marafivirus*	B
Madera rizada	*Vitivirus, Foveavirus*	M
Amarilleos, enanismos, decaimientos, deformaciones en hoja	*Foveavirus, Trichovirus, Pospiviroidae*	B
Nematodos		
Noduladores de la raíz	*Meloidogyne* spp.	M
Longidóridos (algunos son vectores de virus)	*Xiphinema* spp., *Longidorus* spp. y *Paralongidorus* spp.	(M)
Lesionadores de la raíz	*Pratylenchus* spp.	B
Nematodo de los cítricos	*Tylenchulus semipenetrans*	S
Anillados	*Criconemoides xenoplax*	B
Alteraciones causadas por agentes abióticos		
Alteraciones nutricionales	N, P, K, Mg, Ca, Fe, Mn, Zn, B	M
Accidentes meteorológicos	Heladas, calor, sequía, granizo, encharcamiento	A-B
Contaminantes atmosféricos	Ozono, Fl, SO_2	B
Alteraciones fisiológicas	Quimeras, corrimientos de racimos	B
Toxicidad por fitosanitarios	Herbicidas, fungicidas	S

[1] A = Alta; M = Moderada; B = Baja; S = Sin importancia práctica general, aunque ocasionalmente se han observado ataques graves. Entre paréntesis se indican enfermedades con regulaciones de cuarentena en España.

de enfermedades en tan solo siete grupos o menos. Por tanto, lo más adecuado es clasificar las enfermedades combinando el tipo de enfermedad y el órgano afectado (Llácer et al., 1996; Jiménez-Díaz y Montesinos, 2010). En este sentido, en la Tabla 2.1 se clasifican las principales enfermedades del cultivo de la vid que se abordan en este libro, clasificadas primero por tipo de agente causal y, en segundo término, por órgano vegetal afectado.

Ciclo de patogénesis

El ciclo de la enfermedad o ciclo de patogénesis se define como la serie de eventos sucesivos, más o menos distintos, que propician el desarrollo y la prevalencia de la enfermedad y del patógeno. Cabe destacar que, al igual que las plantas, los organismos patógenos tienen su propio ciclo de vida. Por tanto, la sincronización de ambos ciclos de vida es fundamental para el desarrollo de la enfermedad. En este sentido, conocer

las distintas etapas de una enfermedad es esencial para establecer las estrategias y medidas de control oportunas.

En la Figura 2.4 se ilustra el ciclo genérico de patogénesis, que consta de cuatro etapas principales: 0) supervivencia, 1) multiplicación, 2) dispersión e, 3) infección. Por tanto, en el ciclo vital de un patógeno se alternan una fase interactiva con la planta (patogénesis) y otra de supervivencia impuesta por la ausencia del huésped o por las condiciones ambientales. De esta manera, el patógeno tiene diversos mecanismos de supervivencia que le permiten sobrevivir en el medio hasta que lleguen las condiciones óptimas para poder multiplicarse, dispersarse y producir la primera infección, dando lugar al desarrollo de los primeros síntomas. Con ello se completa el ciclo primario. A su vez, en el caso de algunos patógenos, si las condiciones siguen siendo favorables para su desarrollo, se siguen multiplicando de forma rápida y sucesiva volviendo a producir

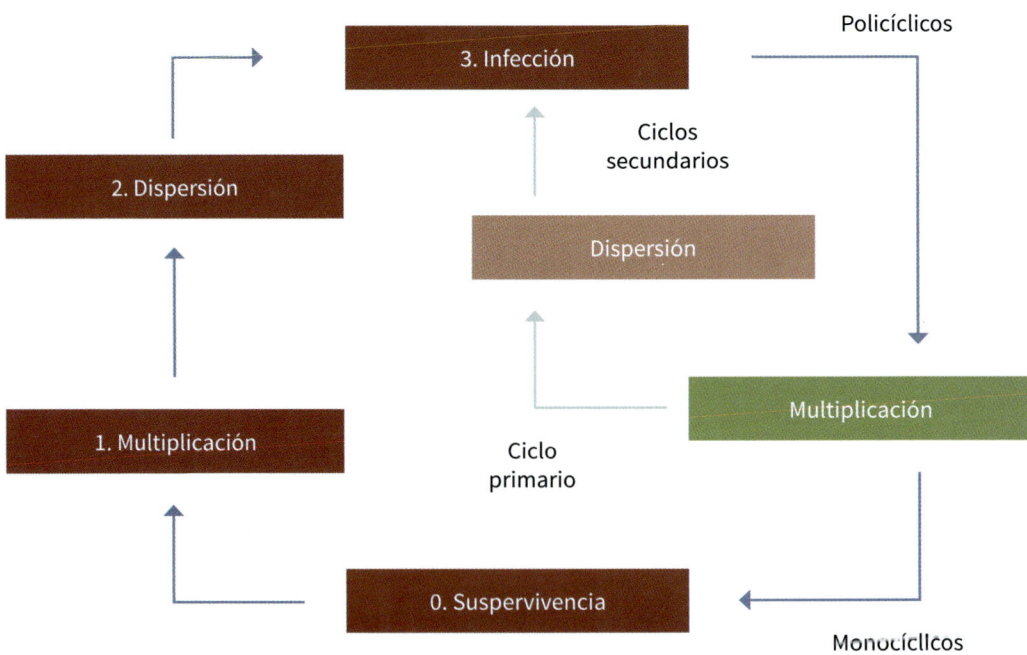

Figura 2.4. Ciclo genérico de patogénesis (adaptado de Agustí-Brisach et al., 2023).

infecciones, en este caso secundarias. Estos segundos ciclos de infección se conocen como ciclos secundarios. Un patógeno puede desarrollar varios ciclos secundarios en muy poco tiempo en función de las condiciones ambientales.

Atendiendo al número de ciclos de patogénesis que originan los agentes fitopatógenos, éstos pueden clasificarse en monocíclicos (un solo ciclo de infección por temporada de cultivo) y policíclicos (un ciclo primario y uno o varios ciclos secundarios, es decir, varios ciclos de infección). Estos mismos términos se usan a su vez para describir las epidemias o los patógenos. Para algunas enfermedades es importante considerar una epidemia durante un periodo de varias temporadas. En estas situaciones, el inóculo producido en una temporada se conserva hasta la próxima y puede producir una acumulación progresiva de inóculo durante un periodo de años. Por su parte, podemos encontrarnos con lo que se conocen como epidemias poliéticas, aquellas cuyo ciclo se completa en varios años o estaciones de crecimiento, ya que no existe una estacionalidad clara. Finalmente, podemos encontrar situaciones intermedias, enfermedades bicíclicas u oligocíclicas, y policíclicas, que presentan uno o varios ciclos secundarios en función de las condiciones climáticas.

Estrategias y métodos de control

Las estrategias de control se agrupan según el objetivo que persigue la medida, o bien, por la naturaleza de la medida de control.

Desde el punto de vista del objetivo que persiga la medida, podemos pretender disminuir el inóculo, o bien disminuir la tasa de infección del patógeno. En el primer caso, podemos aplicar técnicas de exclusión, que van en busca de evitar la entrada del patógeno en una región determinada; o bien, técnicas de erradicación, que se llevan a cabo cuando el patógeno ya ha entrado en una región y se pretende eliminar. Estas últimas pueden tomarse a cualquier nivel: local, regional, nacional, continental, o global, y están sujetas a la legislación vigente. Por su parte, si pretendemos usar una estrategia que persiga disminuir la tasa de crecimiento del patógeno, debemos considerar las siguientes cuatro técnicas: 1) escape (evitar condiciones favorables para la aparición de la enfermedad); 2) protección (prevención mediante tratamientos químicos para evitar la penetración del patógeno en la planta), 3) resistencia genética (resistencia varietal) y, 4) terapia (solo es funcional en vivero, no en campo).

Por su parte, si consideramos la naturaleza de la medida de control empleada, los métodos de control se clasifican en cinco en función de su aplicación: 1) legislativos, 2) físicos y culturales, 3) biológicos, 4) resistencia genética y, 5) químicos, debiendo hacer uso de uno o varios de ellos simultáneamente para una gestión integrada de la enfermedad. Este orden de prelación de los cinco métodos de control es el que debe seguirse en el marco de una gestión integrada de Plagas y Enfermedades, dejando siempre como último recurso el control químico. Por ello, en cada uno de los capítulos de este libro, el control de cada una de las enfermedades aquí tratadas se aborda siguiendo este mismo orden.

Capítulo 3

Micosis de parte aérea (I)

Mildiu

Elisa González Domínguez y
Carlos Agustí Brisach

Introducción

El mildiu de la vid ('downy mildew') se describió por primera vez en 1834 en el suroeste de EE.UU. afectando a la especie *Vitis aestivalis*. En ese momento fue considerada una enfermedad poco importante debido a la tolerancia de esta y otras especies de vides americanas al patógeno, con el que habían coevolucionado (Wilcox et al., 2015). Sin embargo, la llegada de esta enfermedad a Europa en 1878, probablemente en cepas de vides americanas traídas para combatir la filoxera, tuvo consecuencias nefastas, invadiendo en pocos años la totalidad de las zonas vitivinícolas europeas y extendiéndose desde aquí al resto del mundo (Gessler et al., 2011; Fontaine et al., 2021).

Sintomatología

La enfermedad se manifiesta tanto en las hojas como en inflorescencias y racimos jóvenes de las vides afectadas. Los primeros síntomas se observan en el haz de las hojas, donde se desarrolla la característica mancha amarillenta o mancha de 'aceite' (Fig. 3.1A). Bajo condiciones de alta humedad y temperatura suave en el envés de estas manchas de aceite se produce la esporulación del patógeno en forma de esporangios que confieren un aspecto algodonoso y blanquecino (Fig. 3.1B). Con el tiempo, estas manchas se van necrosando comenzando por el margen de la lesión. En ataques severos se produce desecación parcial o total de la hoja, pudiéndose ocasionar una defoliación prematura, repercutiendo principalmente en el rendimiento de las cosechas. Generalmente, la susceptibilidad de las hojas a la infección disminuye a medida que avanza la estación, produciéndose necrosis de menor tamaño restringida por las venas del tejido vegetal, dando lugar a las llamadas manchas en mosaico (Fig. 3.1C) (Wilcox et al., 2015).

Por su parte, las infecciones sobre las inflorescencias toman formas con una doble curvatura en 'S', y el raquis se oscurece para acabar cubriéndose de una pelusilla blanquecina si el tiempo persiste húmedo (Fig. 3.1D-E). Los racimos afectados por mildiu acaban secándose por completo, desprendiéndose las bayas recién cuajadas y quedando únicamente el raquis totalmente seco. Las bayas recién cuajadas son altamente susceptibles al patógeno (estados fenológicos J-K; *véase en Tabla 3.1 la definición de los diferentes estados fenológicos del ciclo de la vid sirviendo de referencia para el resto de los capítulos*), pero a medida que maduran se hacen más resistentes a la infección, impidiendo que el patógeno esporule sobre ella cuando los estomas se convierten en lenticelas. Aunque suele ocurrir unas tres semanas después de la floración (grano tamaño guisante), esta resistencia es variable y se ha observado ligada a la variedad de vid, las condiciones ambientales o la presión del patógeno (Kennelly et al., 2007). En los casos en los que las bayas son infectadas

Tabla 3.1. Estados fenológicos de la vid según la escala BBCH y Baggiolini (Baillod y Baggiolini, 1993; Lorenz et al., 1995).

BBCH	Baggiolini	Fase del ciclo de la vid
00	A	Yema de invierno
01	B1	Lloro
05	B2	Yema hinchada
09	C	Punta verde
10	D	Brotación
11	E	1° Hoja extendida
53	F	Racimos visibles
55	G	Racimos separados
57	H	Botones florales separados
61	I1	Inicio de la floración
65	I2	Plena floración
71	J	Cuajado
75	K	Grano del tamaño de un guisante
77	L	Cierre del racimo
81	M1	Inicio del envero
85	M2	Pleno Envero
89	N	Maduración de cosecha
91	O1	Inicio de la caída de las hojas
97	O2	Plena caída de las hojas

Figura 3.1. Síntomas típicos de mildiu de la vid en hojas (A-C) y racimos (D-F). A, Manchas de 'aceite' en el haz de la hoja; B, micelio y esporas del patógeno mostrando una mancha blanca y algodonosa en el envés de la hoja, correspondiente a la parte posterior de las manchas de 'aceite'; C, amarillez y necrosis en hojas adultas afectadas por mildiu o mildiu en mosaico; D-E, racimos de vid infectados por mildiu en los que se aprecia micelio y esporas del patógeno; F, síndrome de *mildiu larvado* (Fuente: A, C, D: J. Armengol; E: C. Agustí-Brisach; B, F: E. González-Domínguez).

poco antes de este cierre estomático, tras el período de incubación, el patógeno ya no tiene capacidad de esporular, por lo que las bayas se arrugan y desecan, dando lugar a lo que se conoce con el nombre de 'mildiu larvado'; estas infecciones pueden ocasionar una pérdida total o parcial del racimo, dando lugar a importantes pérdidas de producción (Fig. 3.1F).

Agente Causal

Tal como hemos indicado anteriormente, las primeras observaciones de esta enfermedad tuvieron lugar en 1834 en el suroeste de EE.UU. afectando a *V. aestivalis*. En ese momento, los investigadores de la época atribuyeron la enfermedad a la especie fúngica *Botrytis cana*. Unos años más tarde, en 1848, Berkley y Curtis reclasificaron esta especie como *B. viticola*. No obstante, no se tenía claro cuál era el agente causal de esta enfermedad e incluso se barajaba la hipótesis de que este síndrome estuviese causado por el ozono como agente abiótico, que provocaba lesiones en los tejidos heridos (Gessler et al., 2011). En 1876, Farlow describió correctamente la enfermedad en EE.UU. atribuyéndola a *Peronospora viticola*. Este género había sido previamente clasificado en 1863, pero en 1986 el género *Peronospora* se reclasificó separándose en dos géneros, por un lado, se mantuvo el género *Peronospora*, y por otro, se describió un nuevo género, *Plasmopara*, para acomodar especies con diferentes características morfológicas. Dentro de este último se incluye actualmente el agente causal del mildiu de la vid, *Plasmopara viticola* (Gessler et al., 2011; Koledenkova et al., 2022).

Plasmopara viticola es un oomiceto bio-trofo obligado, es decir, que requiere de la presencia de tejido vegetal vivo para causar infección en la planta. Presenta alta especifi-cidad de huésped, ya que ataca únicamente a plantas del género *Vitis*, entre las cuales *V. vinifera* es altamente susceptible. Como hemos indicado, este patógeno se clasifica como un oomiceto, dentro del Reino Chro-mista o Stramenopila; pertenece al orden Peronosporales, familia *Peronosporaceae*, la cual se caracteriza por contener patógenos que son biotrofos obligados y que esporulan en forma de esporangiosporas (Koledonkova et al., 2022). *Plasmopara viticola* se caracteri-za por desarrollar zoosporas biflageladas que se forman en el interior de esporangios, hifas cenocíticas (no tabicadas), con paredes de glucano y celulosa más parecidas a la pared de las células vegetales. La reproducción se-xual es mediante oosporas que proceden de la fusión de un anteridio y un oogonio. Se tra-ta de organismos adaptados a condiciones de lluvia, alta humedad y horas prolongadas de agua libre (Wilcox et al., 2015).

Epidemiología: ciclo biológico y estrategias de infección

Plasmopara viticola tiene un ciclo de vida complejo con dos fases diferenciadas: una fase sexual (ciclo primario), que asegura la supervivencia del patógeno durante el in-vierno y la producción de inóculo primario que dará lugar a los primeros ciclos infecti-vos durante la primavera; y una fase asexual (ciclo secundario), responsable de las infec-ciones secundarias que se producen a lo largo de la estación de cultivo. En la Figura 3.2 se ilustra el ciclo biológico de la enfer-medad (González-Domínguez et al., 2019).

La fase sexual comienza con la formación de las oosporas, que se forman en las lesio-nes en hojas al final de la estación, desde la maduración de las uvas hasta la caída de las hojas. Estas oosporas son altamen-te resistentes a condiciones desfavorables de temperatura y humedad, pudiendo llegar a sobrevivir varios años en el suelo (Laviola et al., 2006). Durante el invierno,

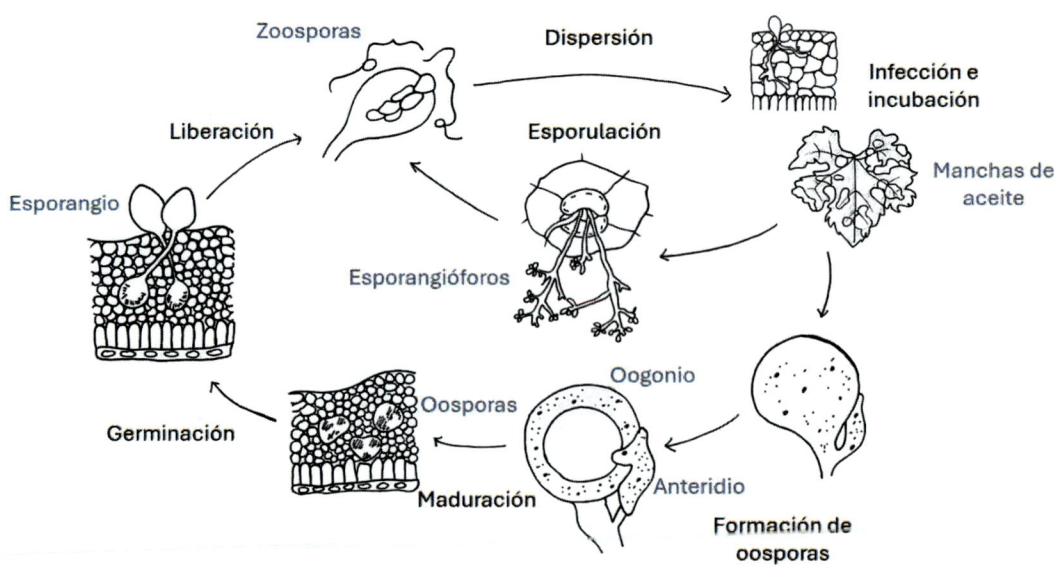

Figura 3.2. Ciclo biológico de *Plasmopara viticola*, agente causal del mildiu de la vid (Fuente: adaptado de González-Do-mínguez et al., 2019 por V. Wilford).

se produce la maduración morfológica de las oosporas pero no es hasta el inicio de la primavera cuando suelen salir de la fase de hibernación (Vercesi et al., 1999). Hoy en día sabemos que, aunque las oosporas estén maduras morfológicamente y se den las condiciones ambientales idóneas para su germinación, el proceso de latencia previene esta germinación. Este período de latencia está regulado por condiciones ambientales e inhibidores endógenos (Rossi et al., 2008). Al inicio de la primavera, una vez que se rompe la latencia, las oosporas salen del período de hibernación y comienza el proceso de germinación si las condiciones ambientales son favorables. Todo este proceso de maduración y salida de hibernación de las oosporas está regulado por la temperatura y la humedad en el suelo, mientras que la germinación de las oosporas necesita una lluvia seguida de condiciones de alta humedad (Rossi y Caffi, 2007).

A su vez, es importante destacar que la maduración de las oosporas dentro de un viñedo o incluso de una región no es homogénea, como se creía hace algunos años, pensando que todas las oosporas salían en el mismo momento del periodo de hibernación, germinaban y, daban lugar a las primeras infecciones cuando las condiciones ambientales eran favorables. Esta percepción hacía suponer que las oosporas solo eran las causantes de producir las primeras manchas de aceite en hojas, mientras que el progreso de la enfermedad durante el resto de la estación de cultivo dependía de las infecciones secundarias (asexuales) a partir de las lesiones que ya había en las hojas. Sin embargo, diversos trabajos han demostrado que la salida de latencia de las oosporas es un proceso complejo que se extiende durante varios meses, dando lugar a infecciones sexuales (infecciones primarias) durante gran parte de la campaña de cultivo (Gobbin et al., 2005; Rossi et al., 2013).

Volviendo a la descripción del ciclo biológico, una vez que las oosporas han germina-

do en el suelo liberan los esporangios, los cuales pueden sobrevivir desde unas pocas horas hasta unos días dependiendo de las condiciones de humedad y temperatura (Rossi et al., 2008). Estos esporangios son dispersados del suelo a las hojas a través de las gotas de lluvia. Hoy sabemos que incluso pequeñas precipitaciones ($\geq 0,2$ mm/h) pueden dispersar los esporangios, los cuales, si las condiciones son adecuadas, liberan las zoosporas, que nadan en la película de agua hacia el envés de la hoja donde, si las condiciones ambientales son favorables, germinan y penetran a través de los estomas. Finalmente, se produce micelio que va colonizando el tejido vegetal y, tras un periodo de incubación, los síntomas aparecen en forma de las conocidas manchas de 'aceite' sobre el haz de las hojas (Rossi et al., 2013; Wilcox et al., 2015).

Sobre las lesiones en hojas, entre 5 y 18 días después de la infección, *P. viticola* produce esporangiosporas que contienen zoosporas, el inóculo responsable de las infecciones secundarias (asexuales). La luz solar inhibe la esporulación de *P. viticola*, por lo que ésta ocurre por la noche, donde además las condiciones de humedad son más favorables, ya que necesita entre 65 y 100% de humedad relativa. La temperatura no se considera un factor limitante, ya que *P. viticola* puede esporular con temperaturas entre 10 y 30°C siendo el óptimo 20°C (Rossi et al., 2013). Las zoosporas asexuales que se producen a partir de esporulaciones en las hojas de estas infecciones primarias no son capaces de migrar grandes distancias, por lo que a partir de ellas solo se producen nuevas infecciones a menos de 20 metros del foco de infección.

Métodos de control

Aunque los métodos físicos y culturales basados en fomentar la aireación entre líneas de cultivo y la retirada de hojarasca en busca de reducir el inóculo en campo son recomendables para el control del mildiu de la vid, los principales métodos de control son la resistencia genética y el control químico (Gessler et al., 2011).

Resistencia genética

A pesar de los beneficios del uso de variedades resistentes en el control de las enfermedades en planta, el impacto en la viticultura europea todavía es limitado. Probablemente el tiempo y coste han sido factores limitantes, ya que la introgresión de loci de resistencia dentro de las variedades existentes suele tardar 15 años y es altamente costosa (Koledenkova et al., 2022).

Como hemos indicado anteriormente, la mayoría de las variedades europeas de *V. vinifera* son altamente susceptibles a *P. viticola*, mientras que especies americanas (*V. cinerea, V. labrusca, V. riparia, V. rotundifolia, V. rupestris*) y asiáticas (*V. amurensis, V. coignetiae, V. piasezkii*) exhiben grados de resistencia parciales o totales. En las últimas décadas, el análisis genético de la resistencia a mildiu ha permitido identificar 31 locis de resistencia genética, así como los mecanismos de resistencia que desarrollan (Bove et al., 2019; Koledenkova et al., 2022). Desde el descubrimiento de estas fuentes de resistencia a inicios del siglo XX, se han desarrollado distintos programas de mejora para el desarrollo de especies de interés agronómico y enológico.

Un estudio reciente en el que se evalúa la resistencia al mildiu y oídio de algunas de estas variedades en condiciones de infección natural en campo establece cuatro categorías de susceptibilidad agrupando las variedades evaluadas en las siguientes categorías: 1) baja resistencia a mildiu y oídio ('Merlot'); 2) alta resistencia a mildiu y resistencia media a oídio ('Merlot Khorus', 'Merlot Kanthus'); 3) resistencia media a mildiu y baja resistencia a oídio ('Rkatsitelii'); y 4) alta resistencia a mildiu y oídio ('Bronner', 'Felicia', 'Solaris', 'Calardis blanc', 'Regent', 'Reberger', 'Johanniter', 'Villaris', 'Calandro',

'Cabernet volos', 'Palava', 'Fleurtai') (Salotti et al., 2022).

La resistencia genética en España se encuentra todavía en fase de desarrollo. Desde 2012, existe un programa de mejora en el Instituto Murciano de Investigación y Desarrollo Agrario y Medioambiental (IMIDA, Murcia) cuyo objetivo es la obtención de variedades resistentes al mildiu y oídio de la vid mediante hibridaciones de 'Monastrell' (DOP Bullas, Jumilla y Yecla), con las variedades 'Regent', 'Kishmis vatkana' y 'Solaris'. Actualmente, estos híbridos seleccionados se encuentran en fase de producción, a la espera de completar su caracterización fenotípica en campo y en laboratorio de la tolerancia de estos híbridos frente a ataques de oídio y mildiu, siguiendo los códigos OIV 455 y OIV 452. Esta caracterización permitirá confirmar la correlación entre los marcadores de resistencia identificados y la tolerancia de estos híbridos a ambas enfermedades fúngicas (Martínez-Mora et al, 2024; Martínez-Cutillas y Ruíz-García, 2009).

Control químico

El control químico ha sido y sigue siendo hoy en día la estrategia más efectiva de control frente al mildiu de la vid. Si consideramos el control clásico de esta enfermedad, debemos remontarnos al año 1882, cuando Alexis Millardet descubrió la eficacia del caldo bordelés en su control, considerándose además este hito histórico como el inicio del control químico en la agricultura (Gessler et al., 2011). Tras este descubrimiento, su uso se extendió por toda Europa, llegando a principios de la década de 1920 a Australia y EE.UU. Desde ese momento, diversos formulados y mezclas de productos a base de cobre han sido ampliamente utilizados en el control de la enfermedad en campo. En la actualidad, el uso de cobre sigue siendo fundamental en el manejo del mildiu en la mayoría de los viñedos europeos, principalmente a través del uso de formulados a base de óxido de cobre y oxicloruro de cobre. Pero a nivel europeo se prevé que en los próximos años se fuerce una reducción en el uso permitido de cobre en agricultura, asunto de especial importancia para la viticultura, por lo que surge la necesidad urgente de buscar estrategias efectivas de control que puedan sustituir al cobre (La Torre et al., 2018).

A partir de los años 50 del siglo XX se fue extendiendo el uso de otras materias activas de síntesis química distintas al cobre para el control del mildiu. En un primer momento, se mostraron eficaces fungicidas de contacto a base de ditiocarbamatos (maneb, metiram, mancozeb, etc.) o captan, aunque la mayoría de ellos ya no están autorizados para su uso en la Unión Europea. Éstos son fungicidas preventivos con un riesgo bajo de inducir resistencia en el patógeno; en cambio, su eficacia se ve reducida por el crecimiento de la planta (los tejidos que se formen después de su aplicación no estarán protegidos) y por el lavado debido principalmente a la lluvia (Wilcox et al., 2015). A partir de los años 80 se fueron introduciendo y popularizando nuevas materias activas, muchas de ellas con un efecto sistémico o penetrante. Actualmente, se pueden usar distintos productos penetrantes como: mandipropamida (amidas del ácido carboxílico), fluopicolida, zomaxida (benzamizidas), o cimoxanilo (cianoacetamidaoxima). Estos productos, al ser translaminares, tienen la ventaja de no ser lavados por la lluvia, lo que les confiere una mayor eficacia post-infección, aunque difiere mucho su persistencia en el tiempo. Dentro de los productos sistémicos, es decir, aquellos que son capaces de ser absorbidos y translocados por la planta, se han mostrado eficaces frente a mildiu el benalaxil, metalaxil (fenilamidas), fosetil-Al y fosfonato potásico (fosfonatos) (Gessler et al., 2011; Wilcox et al., 2015). Estos dos últimos, además de su efectividad preventiva en la inhibición de la germinación de los esporangios, también se caracterizan por actuar como inductores de mecanismos de defensa natural de la planta (Bleyer et

al., 2020). Ambos tipos de fungicidas, penetrantes y sistémicos, tienen la desventaja de actuar en sitios específicos del metabolismo del patógeno, aumentando el riesgo de aparición de resistencias. Por tanto, se recomienda reducir al máximo el uso de cada grupo de materias activas aplicándolos únicamente en los momentos iniciales de mayor riesgo de infección, y usarlo en combinación con fungicidas de contacto (Brent y Hollomon, 2007).

El registro de productos fitosanitarios del Ministerio de Agricultura, Pesca y Alimentación (MAPA, 2025; https://servicio.mapa.gob.es/regfiweb#) recoge las materias activas y mezclas comerciales autorizadas para el control del mildiu de la vid. No obstante, se recomienda encarecidamente comprobar constantemente el registro de materias activas autorizadas antes de seleccionar el producto a aplicar, ya que esta información es cambiante en el corto-medio plazo.

Control biológico

En el caso del mildiu de la vid, podemos encontrarnos cada vez más productos a base de extractos de plantas o microorganismos. En ambos casos, a pesar de la amplia gama de productos, su uso en la agricultura comercial está limitado por el alto coste, la baja persistencia y el bajo nivel de resistencia a la lluvia. En las revisiones de Gessler et al. (2011) y Koledenkova et al. (2022) se indican muchos de los trabajos en laboratorio y campo donde se han evaluado estos agentes. Actualmente en el MAPA están registrados como fungicidas frente a mildiu de la vid únicamente el aceite de naranja y laminarin.

Estrategias de manejo integrado: hacia una viticultura sostenible

Desde que los tratamientos frente a mildiu empezaron a popularizarse en la viticultura europea, un aspecto clave ha sido decidir los momentos de aplicación. De hecho, se considera que en la mayoría de los casos en los que las estrategias de control no funcionan, se debe sobre todo a un mal posicionamiento de los tratamientos anti–mildiu durante la campaña. Dentro de la viticultura española, la puesta en marcha de las distintas estaciones fitopatológicas supuso un primer paso en la ayuda al proceso de toma de decisión, es decir, cuándo tratar. Como ejemplo, en el año 1934, el Servicio Agronómico Nacional, a través de la Estación de Patología Vegetal de Levante, publicaba un documento acerca del mildiu de la vid en el que ya indicaba que los tratamientos con compuestos cúpricos debían ser preventivos, y que el número de tratamientos debía variar en función de lo lluviosa que fuera la estación; además, recomendaba el uso de un termómetro–higrómetro para identificar los momentos de rocío, y por tanto de riesgo de infección (González-Domínguez et al., 2019).

A partir de los años 1950–1960, se popularizó el uso de la regla de los 3–10s en la viticultura mediterránea (principalmente en Italia y España). La regla de los 3–10s fue propuesta por el investigador italiano E. Baldacci en 1947 en base a las observaciones realizadas durante 5 años en 13 localidades en relación con la aparición de la primera mancha de mildiu. Mediante estas observaciones propuso una regla nemotécnica a la que denominó regla de los 3–10s, y que sugiere que la primera infección de mildiu se producirá cuando se den simultáneamente las siguientes condiciones: 1) una temperatura mínima diaria superior a 10°C; 2) una lluvia de al menos 10 mm en las últimas 48 horas y; 3) presencia de brotes de al menos 10 cm de longitud. Esta regla se utilizaba junto con las tablas de incubación de Goidànich para identificar los momentos de aparición de los primeros síntomas (manchas de aceite en hojas) (Baldacci, 1947). A pesar de su popularidad, esta regla ha sido fuertemente criticada por investigadores posteriores, fundamentalmente por los postulados 2 y 3. En relación con la necesidad de lluvia para causar infección, se ha demostrado

que, si las oosporas están maduras, 0,2 mm de lluvia son suficientes para dispersar los esporangios y, por tanto, comenzar un ciclo infectivo que se completará si las condiciones ambientales son favorables (al menos 6 horas de hoja mojada con una Tª > 10°C) (Rossi y Caffi 2007; De Prado-Ordás, 2020). En cuanto a la longitud del brote, hoy en día sabemos que las hojas se pueden infectar desde el momento en que están completamente abiertas, y no hay ningún aspecto ligado a la biología del patógeno, o a la fisiología de la vid, que justifique tener en cuenta la longitud del brote (Kennelly et al., 2005). Con lluvia y temperaturas superiores a 10°C, el momento en el que se produzca la primera infección dependerá del inóculo que haya en la parcela (en la hojarasca con síntomas del año anterior), y de que se haya completado el proceso de germinación de las oosporas. Por tanto, a pesar de su popularidad, la regla de los 3–10s no tiene fundamento biológico, sus validaciones en diversas áreas vitivinícolas europeas no han funcionado, y no debería considerarse válida para predecir el riesgo de infecciones primarias de mildiu (Caffi et al., 2007; González-Domínguez et al., 2022). Probablemente, debido a la baja tasa de acierto de la regla de los 3–10s, la estrategia más común en la viticultura española suele ser esperar a la aparición de las primeras manchas en hojas para aplicar los tratamientos. De hecho, algunos servicios fitosanitarios (como el de la Rioja, el Penedés o Montilla-Moriles) siguen manteniendo un premio económico al viticultor que observe la primera mancha de mildiu en la zona y lo notifique oficialmente.

En este sentido, las Agrupaciones para Tratamientos Integrados en la Agricultura, conocidas como las ATRIAs y creadas en 1983s, juegan un papel esencial en la transferencia de conocimiento y asesoramiento a viticultores y técnicos para la correcta gestión integrada de plagas y enfermedades. Las funciones básicas de las ATRIAS son: 1) puesta a punto de lucha integrada; 2) uso racional de productos y medios fitosanitarios; 3) incorporación de métodos y tecnologías respetuosos con el medio ambiente (prácticas culturales y control biológico) para el control de problemas fitosanitarios y; 4) formación de personal técnico y especializado en la dirección y aplicación.

Con todo lo expuesto, no cabe duda de que el mildiu de la vid es una enfermedad que requiere de la realización de un seguimiento del ciclo de vida del patógeno para identificar los momentos críticos de infección, determinando así el momento óptimo de aplicación de tratamientos fungicidas.

En las últimas décadas, debido a la popularización del uso de herramientas informáticas y a un mejor conocimiento del agente causal del mildiu se han desarrollado distintos modelos epidemiológicos para predecir el desarrollo de la enfermedad y los momentos de riesgo en función de las condiciones ambientales; estos modelos han intentado avanzar en las limitaciones que presentan los modelos previos como la regla de los 3-10s para determinar el momento exacto de la infección. Aunque se ha desarrollado una gran cantidad de modelos predictivos por grupos de investigación tanto europeos como de EE.UU. y Australia, solo unos pocos han tenido un impacto real en la viticultura al haberse incorporado a sistemas de aviso. Dentro de este grupo están los modelos Vitimeteo, desarrollado en Suiza, y EPI–model, desarrollado en la zona de Burdeos (Francia) (Strizyk, 1983; Dubuis et al., 2012). Ambos modelos tienen un fuerte componente empírico, es decir, se han construido con datos de campo y climáticos de cada zona y, por tanto, han funcionado bien en esas condiciones específicas, aunque en un contexto de cambio climático su capacidad predictiva puede disminuir incluso en las regiones donde se desarrollaron. Eso hace que para poder utilizarlos en zonas con condiciones climáticas distintas deban ser calibrados y validados previamente, el cual es un proceso lento y complejo.

Frente a estos modelos empíricos, se han elaborado otros con una estructura mecanística, los cuales se basan en el conocimiento científico del ciclo del patógeno, e incorporan las condiciones climáticas y del cultivo favorables para que las diferentes fases del mismo se vayan produciendo de forma secuencial. Una de las principales ventajas de los modelos mecanísticos es que no han sido desarrollados para unas condiciones ambientales y agronómicas concretas, con lo que son precisos en ambientes diferentes (Rossi et al., 2019). Dentro de este grupo están los modelos desarrollados en la 'Università Cattolica del Sacro Cuore' (UCSC; Piacenza, Italia) por el equipo de investigación de Vittorio Rossi; éstos son modelos dinámicos, ya que predicen el desarrollo de la epidemia en el tiempo en función de las diferentes condiciones ambientales (Rossi et al., 2008).

En las últimas décadas, con un mayor acceso a herramientas digitales, muchos de estos modelos se han incorporado en sistemas de ayuda a la toma de decisiones (González-Domínguez y Legler, 2024). Estos sistemas suelen ser aplicaciones web que incorporan estructuras multi modelo, pudiendo predecir por tanto el desarrollo de la planta, los riesgos de infección y la eficacia fungicida de los distintos tratamientos efectuados. Aunque el número de herramientas está en constante evolución, a nivel práctico en España destacan aquellas desarrolladas por Horta SRL (empresa nacida como spin-off de la UCSC), Rimpro, Monet o Cesens.

Una estrategia de lucha integrada con el soporte de sistemas de ayuda a la toma de decisiones debe tener las siguientes consideraciones:

1) Es necesario disponer de una red de estaciones meteorológicas, suficientemente extensa, que permita recoger las diferencias climáticas de las diversas subzonas de una determinada comarca vitivinícola. Estas redes meteorológicas han ido creciendo en las distintas regiones en los últimos años, muchas de las cuales se

engloban en la red SIAR del Ministerio de Agricultura (https://servicio.mapa.gob.es/websiar/). Además, es altamente recomendable utilizar modelos de predicción climática para poder dar avisos de riesgo de forma preventiva.

2) La localización de las primeras manchas de mildiu (infecciones primarias) es un factor básico para identificar el inicio de la campaña en cada región. En este aspecto es imprescindible, también, la colaboración de los viticultores de cada zona.

3) Excepto en el período más sensible de la floración, momento en el cual se aconseja un tratamiento en muchas zonas vitivinícolas, los avisos deben ser preferiblemente preventivos, es decir, antes de que se produzca la infección impidiendo la germinación de las zoosporas. Por eso, el uso de modelos epidemiológicos y sistemas de ayuda a la toma de decisiones es fundamental para predecir con antelación los riesgos de infección.

4) Actualmente existe una gran variedad de productos antimildiu, que pueden agruparse, según su modo de acción, en productos de contacto, penetrantes y sistémicos. Esta amplia gama de productos permite superar todas las dificultades en el control de la enfermedad, siempre que sean utilizados adecuadamente. En este sentido, los penetrantes y sistémicos, que presentan una buena eficacia curativa o de parada de las infecciones, sólo deberían usarse en los momentos estrictamente necesarios, basando la estrategia antimildiu en la lucha preventiva, evitando también de esta manera la aparición de resistencias.

5) La capacidad actual de informar con rapidez a los agricultores sobre los avisos ha mejorado de forma significativa. Los correos electrónicos, así como los avisos SMS o WhatsApp por telefonía móvil permiten actualmente a las Estaciones de Avisos Agrícolas una agilidad extraordinaria en su asesoramiento a los productores.

Capítulo 4

Micosis de parte aérea (II)

Oídio

Elisa González Domínguez y
Carlos Agustí Brisach

Introducción

El oídio de la vid ('powdery mildew') fue descrito por primera vez en 1834 en Norte América, de donde es nativo. En ese momento y zona geográfica, se consideraba una enfermedad secundaria, de importancia menor, de las especies nativas de *Vitis*. Sin embargo, en 1845 se describió por primera vez en Europa afectando a un invernadero de Inglaterra, y no tardó más de 5 años en extenderse por la mayor parte del continente europeo, produciendo la pérdida total de la cosecha en muchos casos. Actualmente el oídio es la principal enfermedad de la vid a nivel mundial, especialmente en aquellas zonas con clima mediterráneo, ya que el patógeno no necesita lluvia para completar su ciclo asexual; en España este hecho se ve agravado por la alta sensibilidad de las principales variedades cultivadas (Wilcox et al., 2015).

Sintomatología

Los síntomas más reconocidos de la enfermedad se asocian al ciclo asexual del patógeno y a la infección de los conidios, los cuales pueden atacar todos los tejidos verdes de la planta.

Al inicio de la estación de cultivo, las estructuras sexuales del patógeno (ascosporas) infectan a las hojas, produciendo unas manchas que recuerdan a las manchas de 'aceite' del mildiu, pero que se distinguen porque las del oídio no desarrollan la típica pelusilla blanquecina del mildiu en el envés de las hojas (Fig. 4.1A) (Wilcox et al., 2015). Al inicio de la estación de cultivo también se pueden observar síntomas sobre los brotes, los llamados brotes banderas; estos síntomas se asocian al ciclo asexual del patógeno (conidios) y producen el encorvamiento del brote en forma de gancho, así como la esporulación del patógeno sobre los mismos si las condiciones son favorables. En la viticultura española los brotes bandera son poco comunes, asociándose a variedades muy sensibles y zonas con alta presión de la enfermedad, como el cultivo de la variedad mazuelo en La Rioja (Sáez de Ojer, 2014).

Asociado a las estructuras asexuales del patógeno (conidios) aparece en la hoja un polvillo blanquecino ceniciento, formado por masas de conidios del patógeno; su presencia es más evidente en el haz, aunque también puede aparecer en el envés (Fig. 4.1B). Con el tiempo, estas manchas evolucionan a color negro debido a la senescencia de las propias estructuras del patógeno (Fig. 4.1C). Las hojas aparecen crispadas con los bordes hacia el haz cuando ocurren ataques severos.

En los pámpanos y sarmientos, en principio se observa también la aparición de un polvillo blanquecino ceniciento, y se terminan desarrollando manchas de color verde oscuro que van creciendo, y pasan a tonos achocolatados y después negruzcos. Cuando se dan ataques severos se produce un mal agostado de los sarmientos. En los racimos, los ataques de oídio entre los estados fenológicos de cuajado y cierre del racimo pueden resultar muy graves porque la piel de las bayas queda recubierta en su totalidad por el micelio del patógeno generando una especie de retícula que impide el desarrollo de la piel mientras que la pulpa del grano continúa su desarrollo (Fig. 4.1D-F) (Wilcox et la., 2015; Gadoury et al., 2012). Esto provoca resquebrajaduras del grano (Fig. 4.1E), secándose o en otros casos, siendo entrada de otros patógenos que causan enfermedades como la podredumbre gris, que abordaremos en el siguiente capítulo. Los granos de uva son susceptibles al ataque del patógeno entre la fructificación y el envero; en ese período se observan manchas de color gris plomizo, recubriéndose después del típico polvillo ceniciento, que si se elimina con la mano deja ver puntitos negros sobre la piel.

A partir del envero, las bayas de uva adquieren resistencia ontogénica al ataque del patógeno, pero las hojas siguen siendo sensibles

Figura 4.1. Síntomas típicos de oídio de la vid en hojas (A-C) y racimos (D-F). A, síntoma de mancha de 'aceite' en el envés de la hoja debido a infecciones ascospóricas (flecha roja); B, Manchas con aspecto de polvillo blanquecino ceniciento formado por masas de conidios del patógeno en el haz de la hoja; C, evolución de los síntomas a manchas negras en el haz de la hoja; D-F, síntomas en racimos en los que se observa la piel de las bayas recubiertas en su totalidad por el micelio del patógeno generando una especie de retícula, causando resquebrajamientos de la uva (E; flecha azul) (Fotos A, C: C. Agustí-Brisach; B: A. Trapero; D-F: E. González-Domínguez).

al mismo (Gadoury et al., 2003). Sobre estas lesiones se desarrollan los chasmotecios, estructuras de resistencia que se forman en postcosecha; inicialmente, estas estructuras tienen un color amarillo, pero conforme van madurando pasan a naranja, marrón y finalmente negro (Legler et al., 2012).

Agente causal

El agente causal de la enfermedad es el hongo *Erysiphe necator* (sinónimo *Uncinula necator*), patógeno biotrofo obligado, que necesita tejido vegetal vivo para causar infección. Presenta alta especificidad de huésped pudiendo infectar distintas especies del género *Vitis*, siendo *V. vinifera* la más susceptible (Wilcox et al., 2015). Es un hongo epifítico, es decir, su cuerpo vegetativo re-

side casi por completo sobre la superficie de los tejidos infectados, parasitando las células epidérmicas a través de estructuras especializadas llamadas haustorios (Gadoury et al., 2012).

Este patógeno pertenece a la división Ascomicota (ascomiceto) y orden *Erysiphales*. Sus esporas sexuales, denominadas ascas, se forman en las ascosporas; y éstas se producen en el interior de cuerpos fructíferos denominados chasmotecios (sinónimos: cleistotecios o cleistotecas). A su vez, los chasmotecios son estructuras de resistencia que permiten la supervivencia del hongo durante el invierno en ausencia de tejidos vivos. Las hifas del micelio son tabicadas (septadas) y la pared celular está formada principalmente por quitina. Las conidias del patógeno son hialinas, ovoides, y se forman en conidióforos, sobre cadenas muy densas, ya que el patógeno en condiciones favorables tiene una alta capacidad de esporulación (Gadoury et al., 2012).

Epidemiología: ciclo biológico y estrategias de infección

La forma principal de supervivencia del patógeno en invierno es en forma de chasmotecios, los cuales se forman al final del verano (asociados a la caída de temperaturas, especialmente las nocturnas) sobre las lesiones en hojas y racimos; inicialmente, estas estructuras están fijas (tomando colores que van del amarillo al marrón), pero cuando maduran (color negro) se sueltan y son dispersadas por la lluvia, hibernando embebidas principalmente en el tronco de la planta (Legler et al., 2012). Como hemos visto anteriormente, en algunos climas y en el caso de variedades muy específicas, el hongo también puede sobrevivir en forma de micelio o conidios sobre las yemas infectadas. En la estación de cultivo siguiente, la brotación de las yemas da lugar a los brotes bandera, que crecen ya colonizados por el patógeno (Wilcox et al., 2015).

Durante la primavera, principalmente entre la brotación y la floración y si las condiciones ambientales son adecuadas (precipitación > 2 mm; Tª > 10°C), los chasmotecios maduros se abren y dispersan las ascosporas hacia las hojas (Rossi et al., 2010). Estas primeras infecciones ascospóricas dan lugar a los primeros síntomas sobre hoja descritos anteriormente; a partir de esas primeras lesiones, o de los brotes bandera colonizados, tiene lugar la reproducción asexual, es decir, la formación de conidios. Las infecciones producidas a partir de estos conidios dan lugar a los síntomas más comunes de oídio en hojas, racimos y nuevos brotes. La producción de conidios y las infecciones a partir de éstos no necesitan condiciones ambientales muy específicas, por lo que con temperaturas suaves (15–25°C) y humedades

relativas superiores al 40% (humedad óptima en torno al 85%) se completan los ciclos secundarios que dan lugar a la explosión epidémica de la enfermedad en campo (Gadoury et al., 2012). Como hemos indicado anteriormente, las bayas se vuelven resistentes a las infecciones conídicas después del envero, pero no las hojas, que permanecen susceptibles todo el ciclo de cultivo; sobre estas hojas se puede reproducir el patógeno, sobre todo en condiciones ambientales favorables de final del verano-inicio del otoño (con temperaturas más suaves y mayor humedad relativa) y a partir de este micelio en postcosecha se formarán los chasmotecios. Como veremos posteriormente el control de este inóculo es fundamental para romper la herencia entre distintas estaciones de cultivo (Taibi et al., 2025). En la Figura 4.2 se ilustra el ciclo biológico de la enfermedad.

Es importante destacar que tradicionalmente se ha considerado que los brotes bandera, procedentes de yemas infectadas, constituían la principal forma de inóculo primario de oídio. Sin embargo, a inicios del siglo XXI los avances científicos en las principales regiones vitivinícolas del mundo han demostrado que las ascosporas producidas en los chasmotecios son la principal fuente de inóculo al inicio de la estación, siendo por tanto las infecciones ascospóricas las que causan las primeras infecciones (Hallen y Holz, 2000; Magarey et al., 1997). En un estudio reciente se observó una alta correlación entre la severidad de oídio en hojas al final del cultivo, la formación de chasmotecios, su permanencia durante el invierno en el tronco de las vides, y las infecciones ascopóricas en la próxima campaña (Taibi et al., 2025).

La formación de pequeñas manchas necróticas, con una distribución al azar, en hojas cercanas al tronco, es característica de infecciones ascospóricas. A día de hoy sabemos que las infecciones ascospóricas juegan un papel fundamental en las epidemias de oídio de las principales zonas vitivinícolas mediterráneas ya que sobre ellas se produce una gran cantidad de inóculo secundario que da lugar a las infecciones conídicas y al desarrollo explosivo de la enfermedad (González-Domínguez et al., 2020; Lucas-Espadas et al., 2015; Val et al., 2014).

Métodos de control

Al igual que para el control del mildiu, los mismos métodos físicos y culturales en busca de la reducción de inóculo en campo son necesarios para el control del oídio. Por su parte, los principales métodos de control son también el control químico y la resistencia genética. Respecto a la resistencia genética, la misma explicación indicada en el capítulo anterior sobre mildiu sirve para el caso del oídio, ya que los programas de mejora tanto internacionales como de variedades de vid españoles, como el del IMIDA, van destinados a conseguir selecciones con dos genes resistentes a cada una de estas dos enfermedades.

Control químico

Tradicionalmente, los compuestos a base de azufre han sido y siguen siendo los fungicidas más ampliamente utilizados frente al oídio, especialmente en la viticultura española. Su eficacia, bajo coste, y ausencia de aparición de resistencia ha hecho que sigan siendo la base de los programas de manejo desde hace más de 160 años. Sin embargo, el principal problema asociado al uso del azufre es su fitotoxicidad cuando se aplica en condiciones de alta temperatura (Tª > 30°C) y humedad relativa (HR > 70%) (Wilcox et al., 2015). La fase conídica de *E. necator* se caracteriza por crecer superficialmente sobre los tejidos vegetales de la planta y esto hace que un gran número de materias activas de síntesis química den muy buenos resultados en su control, ya que no necesitan penetrar en los tejidos vegetales para poder atacarlo. En general, materias activas de los grupos DMIs (difenoconazol, miclobutanil, tebuconazol), QOIs (trifloxistrobin), o SDHI (boscalida), se han mostrado

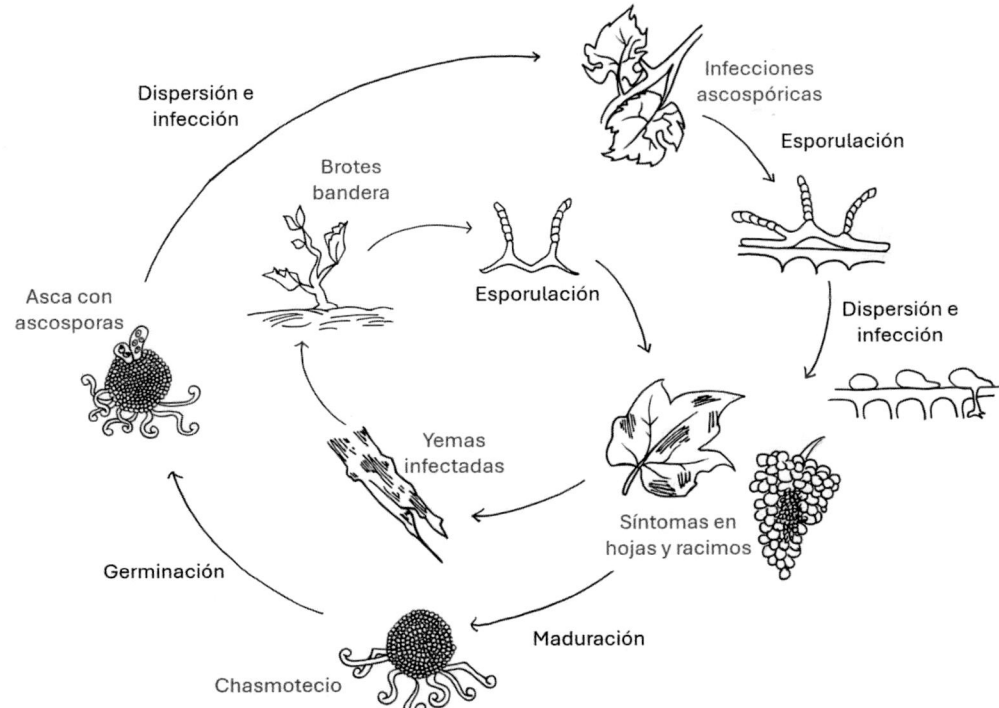

Figura 4.2. Ciclo biológico de *Erysiphe necator,* agente causal del oídio de la vid (Fuente: adaptado de González-Domínguez et al., 2019 por V. Wilford).

eficaces tanto contra infecciones ascospóricas como conídicas. En los últimos años han aparecido nuevos ingredientes activos que incluyen quinoxifen, proquinazid, metrafenona y cyflufenamid (FRAC, 2024). Al igual que con el mildiu, se debe restringir el uso de las materias activas de cada grupo y combinarlas con otras para reducir el riesgo de aparición de cepas del patógeno resistentes al fungicida.

Control biológico

En el caso del oídio, el uso de sales inorgánicas o de aceites minerales han demostrado ser eficaces a la hora de reducir el inóculo de una campaña a otra; es decir, reduciendo la viabilidad de los chasmotecios que hibernan sobre la madera (Caffi et al., 2013). La eficacia de estos productos depende en gran medida del momento y de la forma de aplicación, ya que al ser productos que actúan por contacto se debe cubrir muy bien la superficie a tratar. Otro producto que ha dado muy buenos resultados en ensayos tanto en invernadero como en campo para reducir la viabilidad de los chasmotecios es el agente de biocontrol *Ampelomyces quisqualis* (Kiss et al., 2004; Caffi et al., 2013). En este caso, el momento de aplicación es fundamental, ya que las especies de *Ampelomyces* son capaces de parasitar los chasmotecios únicamente al inicio de su desarrollo, es decir, antes de que pasen de un color amarillento a marrón. Por tanto, para decidir el momento de aplicación de *A. quisqualis* se deben muestrear las hojas al final del verano, buscando el momento de formación de los chasmotecios y aplicarlo antes de que estos maduren completamente; aunque también se puede utilizar un modelo epidemiológico que sea capaz de predecir este momento en función de las condiciones climáticas (González-Domínguez et al., 2020).

El registro de productos fitosanitarios del Ministerio de Agricultura, Pesca y Alimentación (MAPA, 2025; https://servicio.mapa.gob.es/regtiweb#) recoge las materias activas y mezclas comerciales autorizadas para el control del oídio de la vid. No obstante, se recomienda encarecidamente comprobar constantemente el registro de materias activas autorizadas antes de seleccionar el producto a aplicar, ya que esta información es cambiante en el corto-medio plazo.

Reducción del inóculo al inicio de la estación: esencial para el control del oídio

Al igual que en el caso del mildiu, un aspecto clave en el control del oídio es el momento de aplicación de los fungicidas. La estrategia que se propone habitualmente es la de seguir un calendario de tratamientos basado en la fenología del cultivo, con cuatro aplicaciones principales en los estadios: 1) racimos visibles; 2) comienzo de la floración; 3) grano tamaño guisante e; 4) inicio del envero (Sáez de Ojer, 2014). Estos cuatro tratamientos no son suficientes en las zonas con una fuerte presión de la enfermedad, por lo que se suelen dar tratamientos complementarios en el período de mayor susceptibilidad de la viña, con el objetivo de no dejarla descubierta. El oídio se considera una enfermedad de difícil manejo en la mayoría de las regiones vitivinícolas españolas, ya que las condiciones ambientales son muy propicias para el desarrollo de la enfermedad, especialmente durante su fase asexual (reproducción por conidios). Un error común en el control del oídio suele ser esperar a ver los síntomas típicos de la enfermedad en el viñedo para comenzar a dar los tratamientos. Los síntomas de oídio no son evidentes hasta varias semanas después de que la epidemia se haya iniciado, es decir, cuando ya se ha completado su ciclo sexual, y en ese momento la cantidad de inóculo en campo suele ser muy alta y su control es mucho más difícil (González-Domínguez et al., 2019).

En los últimos años, diversos estudios han demostrado una mejora en el manejo de la enfermedad cuando se reduce el inóculo del patógeno al inicio de la estación (Caffi et al., 2013, 2019; Val et al., 2014). De esta forma la epidemia se frena antes de llegar a su fase explosiva, es decir, antes de que aparezcan los síntomas más comunes. En este sentido, cuando la principal fuente de inóculo son los chasmotecios que se forman el año anterior, se pueden seguir dos estrategias: 1) reducir la población de chasmotecios al final del verano o durante el invierno o, 2) controlar las infecciones ascospóricas en la primavera siguiente (González-Domínguez et al., 2020).

Para el primer caso, se pueden dar tratamientos en postcosecha, antes de la formación de los chasmotecios con cualquier producto antioídio, o una vez éstos se han formado, utilizar productos erradicantes como por ejemplo el agente de biocontrol *A. quisquallis* descrito anteriormente (Caffi et al., 2013). Para el control de las infecciones ascospóricas al inicio de la primavera, es fundamental identificar los momentos en los que éstas se van a producir. Para ello, al igual que en el caso del mildiu, se pueden utilizar modelos epidemiológicos. Hasta ahora, el único disponible es el desarrollado en la 'Università Cattolica del Sacro Cuore' (Piacenza; Italia), con un enfoque mecanístico, el cual es capaz de predecir el desarrollo de las infecciones ascospóricas en función de las condiciones climáticas (Caffi et al., 2011). El uso de este modelo permite, a partir de la brotación, posicionar los tratamientos en los momentos en los que hay un riesgo de infección.

En el caso de la fase asexual del patógeno, diversos grupos de investigación a nivel mundial han desarrollado modelos epidemiológicos para predecir las infecciones por conidios. Uno de los más conocidos es el desarrollado en la Universidad de California-Davis en EE.UU. por Gubler et al. (1999). Este modelo no predice momentos concretos de infección, sino que genera un índice de riesgo diario con valores entre 0 y 100 a partir del cual se definen los periodos de alta, media, o baja presión de la enfermedad. Esta información se utiliza para posicionar los tratamientos en el momento óptimo para erradicar la epidemia. Sin embargo, este modelo ha sido criticado por considerar únicamente la temperatura como parámetro ambiental que condiciona el ciclo secundario del oídio, obviando el efecto fundamental de la humedad relativa; esto ha hecho que en validaciones en campo se sobreestime en algunos casos el desarrollo de la enfermedad.

Capítulo 5

Micosis de parte aérea (III)

Podredumbre gris y otras micosis foliares

Ana López Moral y
Carlos Agustí Brisach

PODREDUMBRE GRIS
('*Grey mold disease*')

Importancia y distribución

La podredumbre gris es una enfermedad conocida desde antiguo, ampliamente distribuida en todos los viñedos del mundo. Es más severa en regiones con temperaturas moderadas y periodos prolongados de lluvia o altas humedades. La enfermedad puede causar importantes pérdidas reduciendo tanto la cantidad como la calidad de las cosechas. La disminución del rendimiento de la cosecha está asociada con la infección de flores al principio de la floración, o ya en pre- y postcosecha causando podredumbre de frutos.

En uva de mesa, el daño más importante es la podredumbre de frutos en los últimos estadios de madurez en campo, durante el transporte o una vez ya almacenada. Las pérdidas en postcosecha pueden llegar a ser importantes y difíciles de controlar, ya que el patógeno permanece latente en las bayas infectadas desarrollando síntomas en almacén, por su capacidad además de desarrollarse en frío.

En la producción de uva para vinificación produce también importantes pérdidas sobre todo por la depreciación de la calidad de la uva, ya que el patógeno convierte los azúcares simples (glucosa y fructosa) en glicerol y ácido glucónico, y secreta polisacáridos como β-glucano, impidiendo la clarificación del vino. Durante este proceso también se producen enzimas catalizadores de la oxidación de compuestos fenólicos, responsables de la obtención de vinos amarronados en el caso de uva blanca, y de colores inestables en el caso de uva tinta.

Por el contrario, en algunas variedades y regiones geográficas, la podredumbre gris da lugar a lo que se conocen como vinos de 'Podredumbre noble' ('*Noble Rot*'). Una de las características más destacables de estos vinos es su elaboración, en la que las cepas con las que posteriormente se elabora el vino son inoculadas de forma controlada por el hongo causante de la enfermedad. Posteriormente, deben darse unas condiciones ambientales adecuadas con un descenso brusco de la humedad y leves toques de calor para que la severidad de la enfermedad sea leve y su avance se vea ralentizado dándose sobre todo dentro de la misma baya. De esta manera el grano se va deshidratando, pasificando la uva, y concentrándose todos los compuestos, dando un mosto muy rico en sólidos solubles. Este proceso da lugar a los vinos de 'Podredumbre Noble'. Pero hay que tener en cuenta que, debido a los cambios químicos descritos anteriormente, estos vinos son muy sensibles a la oxidación, lo que les hace sensibles a contaminaciones bacterianas. El proceso de obtención de estas uvas pasificadas bajo estas condiciones especiales, no será sencillo, ya que en una misma planta podremos encontrar uvas completamente infectadas, otras empezando a ser infectadas, e incluso algunas completamente sanas. Por ello, la cosecha de estos granos tiene que ser manual y en varias pasadas para seleccionar siempre solo las uvas pasificadas. Existen algunos vinos de 'Podredumbre Noble' conocidos como Tokays (Hungría), Sauternes (Francia) o Auslese (Alemania). Estos son vinos que se producen en zonas de climas fríos o moderados, en centro Europa, donde puedan darse las condiciones ambientales indicadas anteriormente para la producción exitosa de estos vinos (Wilcox et al., 2015).

Sintomatología

Aunque los síntomas más importantes se producen en las bayas, los tejidos verdes de la cepa también pueden verse afectados mostrando marchitez, necrosis y podredumbre. Las infecciones a principio de la fase vegetativa de la planta resultan en la infección de yemas y brotes jóvenes que terminan necrosándose y muriendo. Al final del periodo de prefloración, especialmente cuando a éste le sigue un periodo de lluvias prolongado, se producen mayores lesiones necróticas en hojas, normalmente localizadas en la base o en el borde de estas.

Los ataques a las bayas se dan tras el enverado o cuando empiezan a acumular azúcares. El hongo penetra a través de las heridas y grietas de las bayas extendiéndose a los granos vecinos. Las bayas infectadas por el patógeno en estadios iniciales de madurez pueden deshidratarse, se arrugan, y por efecto de la humedad muestran un aspecto podrido con abundante micelio gris del patógeno, que cubre las bayas, marchitándolas y desecándolas (Fig. 5.1).

Debemos saber distinguir los ataques de oídio y de podredumbre gris, que ambos afectan al racimo. Los ataques por podredumbre gris se caracterizan por el desarrollo de micelio denso y gris oscuro, con tonos verdosos en ocasiones; mientras que un micelio gris-claro y menos denso es más característico del oídio. Infecciones previas de oídio dan lugar a la aparición posterior de podredumbre gris, ya que las heridas producidas por el resquebrajamiento de la baya infectada por oídio suponen una de las principales vías de entrada para el patógeno. En este sentido, la prevención de infecciones

de oídio es fundamental para el control de la podredumbre gris (Barrios et al., 2004; Pérez-Marín, 2012; Wilcox et al., 2015).

Agente causal

El patógeno causante de la podredumbre gris es el hongo *Botrytis cinerea*. Se trata de un hongo ascomiceto (familia *Sclerotiniaceae*), necrotrofo, que afecta a otros muchos cultivos y es capaz de sobrevivir e infectar bajo un amplio rango de condiciones ambientales. Su estado sexual fue denominado como *Botryotinia fuckeliana*, con ascas dispuestas en apotecios, como los géneros *Sclerotinia* o *Monilinia*, pero dicho estado es desconocido o poco importante en el ciclo de infección en vid. Por ello, de aquí en adelante nos referiremos siempre al estado asexual, que ha dado el nombre a este patógeno, y que se caracteriza por producir conidios en conidióforos libres muy característicos en forma de racimo. El hongo se mantiene en las partes verdes de la planta que son infectadas por los conidios, pero también puede sobrevivir sobre restos en descomposición de poda, hojas, o racimos momificados o flores. Además, puede crear estructuras de resistencia en forma de clamidosporas o de esclerocios, y producir infecciones latentes en los tejidos arriba mencionados. Estas características

Figura 5.1. A, B, Síntomas de podredumbre gris en racimos con bayas mostrando aspecto podrido con abundante micelio gris y conidios del patógeno (Fuente: J. Armengol).

del patógeno, junto con su enorme diversidad de nichos, conllevan por tanto un ciclo de vida complejo dentro del viñedo (Wilcox et al., 2015; Rahman et al., 2024).

Ciclo biológico

En la Figura 5.2 se ilustra el ciclo biológico de la enfermedad. El patógeno sobrevive durante el invierno en forma de estructuras de resistencia (clamidosporas o esclerocios) formadas durante el otoño en las hojas, los sarmientos y los racimos momificados o bien; como micelio en la corteza de las plantas afectadas en climas suaves. Durante la primavera, si las condiciones de temperatura y humedad son favorables, el hongo produce nuevo micelio y conidióforos que dan lugar a conidios, siendo ésta la principal fuente de inóculo primario. Los conidios maduros son transportados fácilmente por el aire de un viñedo a otro. La concentración máxima de inóculo en el aire se alcanza alrededor del mediodía, lo que se correlaciona positivamente con los cambios de temperatura y velocidad del viento, y negativamente con los cambios de humedad relativa y la presencia de rocío. Durante el periodo de floración, el inóculo primario en el ambiente es abundante, y las flores son altamente sensibles a la infección por conidios. Las primeras infecciones afectan al tejido en desarrollo de la planta (inflorescencias y bayas jóvenes). Las infecciones en flores permanecen latentes hasta que las bayas alcanzan el envero, momento en el que se desarrolla la podredumbre del fruto. Durante el periodo de floración, una vez el racimo ya ha iniciado su desarrollo, el patógeno coloniza extensamente los restos florales (flores abortadas, caliptras y estambres estériles) que permanecen en el racimo, generando micelio saprofito durante el verano. Este micelio supone una fuente de inóculo importante dentro de los racimos, el cuál en condiciones favorables da lugar a la producción de conidios provocando la inoculación de las bayas en maduración. Éstas son mucho más susceptibles si presentan heridas. Si tras el envero se dan condiciones climáticas favorables se desencadena una epidemia policíclica, desarrollándose

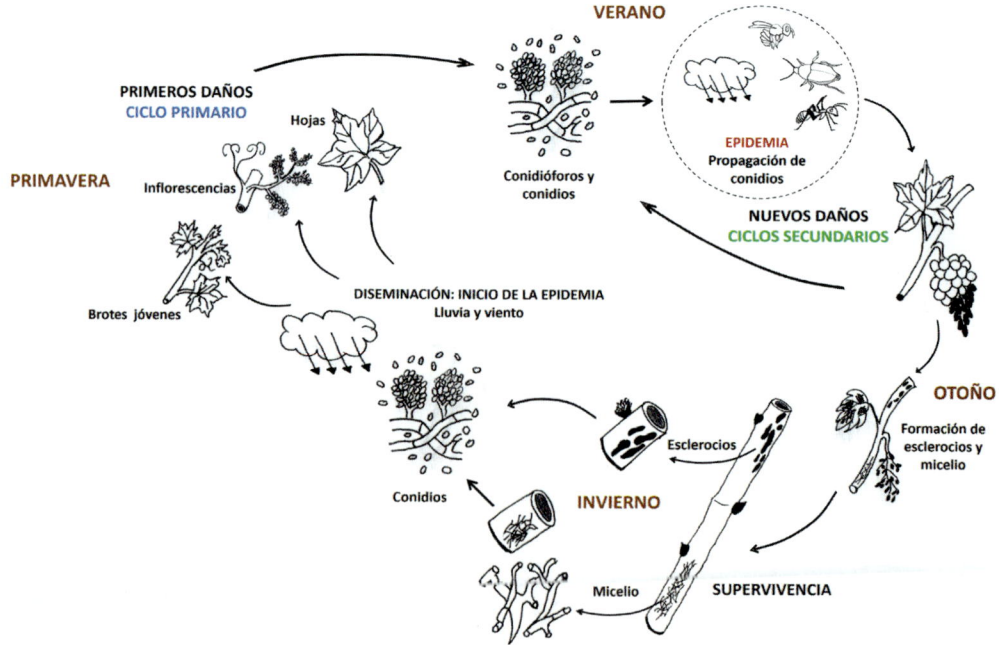

Figura 5.2. Ciclo biológico de la podredumbre gris en vid causada por *Botrytis cinerea* (Fuente: adaptado de Hidalgo, 2002).

nuevas podredumbres de frutos y en consecuencia una nueva atapa de producción de conidios que se dispersa a nuevos focos de infección, generando ciclos secundarios de la enfermedad. Además de la infección conidial, las bayas en maduración pueden infectarse por contacto con el micelio aéreo producido en bayas infectadas adyacentes, dando lugar a la infección baya a baya. El papel del estado sexual es desconocido o poco importante en el ciclo biológico (Hidalgo, 2002; Elmer y Michailides, 2007; González-Domínguez et al., 2015; Rahman et al., 2024).

Métodos de control

Métodos físicos y culturales

El establecimiento de los viñedos en marcos de plantación amplios y una orientación de las líneas de cultivo en el sentido que más favorezcan la aireación del viñedo son medidas fundamentales para el control de la enfermedad, ya que favorecen la reducción de humedad ambiental prolongada. En las regiones de climas húmedos favorables para su desarrollo se recomienda no utilizar portainjertos muy vigorosos para que resulte más fácil el manejo de la copa. En este sentido, el manejo de la copa es un factor clave en la prevención de esta enfermedad, por lo que se requieren labores de poda específicas, entutorado de los sarmientos y eliminación del follaje para favorecer la aireación, la entrada de luz y unas temperaturas moderadas en el entorno de la copa. Todo ello ayudará a disminuir la humedad relativa en la superficie foliar y en los racimos, evitando el desarrollo de la enfermedad. El desarrollo de la copa también debe controlarse evitando el exceso de fertilización nitrogenada, ya que esta favorece el rápido crecimiento y desarrollo de tejidos verdes. Todo esto, además de favorecer las condiciones ambientales para que no se desarrolle la enfermedad, garantiza que los tratamientos fitosanitarios que se apliquen puedan llegar a toda la superficie de los tejidos susceptibles a la infección. En este mismo sentido, la arquitectura del racimo juega un papel relevante en el desarrollo de la enfermedad, ya que el micelio del hongo prolifera más en racimos muy compactados tanto por la mayor humedad en el centro del racimo como por la mayor dificultad de penetración de los fungicidas en su interior, disminuyendo por tanto la eficacia de los tratamientos fungicidas en su control (Wilcox et al., 2015).

Control biológico

Existen diversos microorganismos antagonistas registrados como cepas de *Aureobasidium*, *Bacillus*, *Trichoderma* y *Ulocladium* que han resultado ser eficaces en condiciones controladas de laboratorio. No obstante, su eficacia en el control de la enfermedad es muy variable en función de las condiciones ambientales y de la presión de inóculo, por lo que se requiere de una mejora y optimización de su formulación y aplicación en campo (Wilcox et al., 2015; Rahman et al., 2024).

Resistencia genética

La susceptibilidad de variedades de *Vitis* spp. a la podredumbre gris es muy variable en función del estado de madurez y la composición química de la uva en el momento de la infección, así como las prácticas culturales que se estén llevando a cabo en el viñedo. La mayoría de estudios que encontramos en la literatura sobre la clasificación de variedades de vid por su susceptibilidad a *B. cinerea* se basan principalmente en la experiencia profesional y no en datos experimentales, sin tener en consideración en muchos casos las condiciones climáticas y de cultivo contrastantes entre regiones geográficas. Es por ello que las diferentes clasificaciones de cultivares de vid existentes según su susceptibilidad al patógeno difieren considerablemente entre sí (Panitrur-De La Fuente et al., 2018). Considerando estas limitaciones, la elección del material vegetal como estrategia de manejo integrado para la prevención de la enfermedad debe enfocarse en seleccionar portainjertos poco vigorosos en las regiones geográficas especialmente húmedas (Wilcox et al., 2015).

Por su parte, cabe destacar que las tecnologías emergentes como la selección asistida por marcadores moleculares y la ingeniería genética están facilitando el desarrollo de variedades resistentes a *B. cinerea*. Un método prometedor consiste en utilizar el sistema CRISPR/Cas9 para inducir mutagénesis dirigida y desarrollar cultivos modificados genéticamente no transgénicos. Por lo que actualmente se está investigando en la búsqueda activa de genes asociados con la susceptibilidad y la resistencia a la enfermedad (Rahman et al., 2024).

Control químico

Se recomienda el uso de compuestos de los siguientes grupos de materias activas: triazoles, carboximidas o estrobilurinas. El registro de productos fitosanitarios del Ministerio de Agricultura, Pesca y Alimentación (MAPA, 2025; https://servicio.mapa.gob.es/regfiweb#) recoge las materias activas y mezclas comerciales autorizadas para el control de la podredumbre gris de la vid. No obstante, se recomienda encarecidamente comprobar constantemente el registro de materias activas autorizadas antes de seleccionar el producto a aplicar, ya que esta información es cambiante en el corto-medio plazo.

El momento y el número de aplicaciones varía notablemente en cada zona vitivinícola, en función de las condiciones climáticas y de cultivo. En condiciones favorables para el desarrollo de la enfermedad es habitual realizar aplicaciones fungicidas en cuatro estados fenológicos: 1) mediados de la floración, desde el comienzo del cuajado del fruto para prevenir el establecimiento de infecciones latentes; 2) cuando la baya alcanza su máximo tamaño, justo antes del envero; 3) al comienzo del envero para

proteger los tejidos sanos frente a nuevas infecciones, así como suprimir la activación de las infecciones latentes y; 4) una o dos aplicaciones de dos a cuatro semanas tras la aplicación de envero para controlar las infecciones secundarias. Cabe destacar que *B. cinerea* desarrolla con facilidad resistencia a fungicidas debido a que las poblaciones del patógeno presentan una alta diversidad genotípica, diferentes frecuencias de elementos transponibles y un modo de reproducción mixto. Por tanto, se recomienda encarecidamente la alternancia de materias activas para evitar la resistencia a fungicidas. A nivel regional, las poblaciones de *B. cinerea* pertenecen a una población de cepas del patógeno extensa e interconectada que incluye las principales zonas vitivinícolas. Para la uva de consumo en fresco, los tratamientos de postcosecha o la exposición de la uva a compuestos volátiles que inhiban el desarrollo del hongo como el dióxido de azufre, son altamente recomendables para evitar la podredumbre de frutos durante el periodo de transporte y almacenado (Barrios et al., 2004; Pérez-Marín, 2012; Wilcox et al., 2015; Campia et al., 2017).

En los últimos 20 años, debido a la popularización del uso de herramientas informáticas y a un mejor conocimiento del ciclo biológico de la enfermedad, se han desarrollado distintos modelos epidemiológicos para predecir su desarrollo y los momentos de riesgo de infección en función de las variables climáticas fundamentales. Estas herramientas permiten ajustar el momento óptimo de los tratamientos según los momentos críticos de infección, optimizando el uso de productos fitosanitarios, y reduciendo por tanto los costes del agricultor y la contaminación ambiental. En este sentido, el modelo más reciente y que representa una mejora de los modelos anteriores de *B. cinerea* en viticultura para la toma de decisiones sobre su control es el modelo mecanístico desarrollado por Horta SRL (empresa nacida como spin-off de la 'Università Cattolica del Sacro Cuore'). Este modelo considera la producción de conidios en diversas fuentes de inóculo y múltiples vías de infección, y dos períodos de infección. El modelo asume que el primer período de infección comprende desde que las inflorescencias son claramente visibles hasta que las bayas alcanzan un tamaño considerable, y considera que las infecciones en inflorescencias y racimos jóvenes están causadas por conidios. Por su parte, el modelo asume que el segundo período de infección comprende desde que la mayoría de las bayas están en contacto hasta que las bayas alcanzan el grado de madurez óptimo para ser cosechadas, considerando que la gravedad de la infección baya a baya está causada por micelio del patógeno (González-Domínguez et al., 2015).

OTRAS MICOSIS FOLIARES DE MENOR IMPORTANCIA EN ESPAÑA

La antracnosis ('*Anthracnose*' o '*Bird's-eye rot*')

La antracnosis de la vid es una enfermedad de origen europeo que actualmente se encuentra distribuida por todas las regiones vitivinícolas del mundo. En Europa se ha considerado una de las enfermedades más importantes antes de la entrada del mildiu y del oídio. Cuando se producen epidemias poco controladas de la enfermedad puede causar una reducción importante de la cosecha y de la calidad de la uva, debilitando la cepa por la destrucción de brotes jóvenes y hojas. Actualmente, se considera una enfermedad controlada en Europa con poca importancia en el viñedo debido a que se han logrado eliminar prácticamente los niveles de inóculo del patógeno por la sensibilidad de este a los fungicidas normalmente utilizados para el control del mildiu y otras micosis foliares. Cabe destacar, que la comunidad científica ha aceptado darle el nombre de antracnosis a esta enfermedad en la vid por la compatibilidad de los síntomas y signos desarrollados y su ciclo biológico con este término, que comúnmente se asocia con

podredumbres de frutos causadas por especies de *Colletotrichum*, un género de hongos ascomicetos totalmente diferente al agente causal de la antracnosis de la vid.

La antracnosis de la vid puede afectar a todos los órganos verdes de la planta produciendo en ellos lesiones que se caracterizan por mostrar un halo oscuro rodeando a una zona central blanca. En las hojas aparecen inicialmente pequeñas manchas negras que aumentan de tamaño y adquieren un color blanco grisáceo. Más tarde se desecan y coalescen, dejando en el limbo orificios irregulares bordeados de color negro violáceo. En los sarmientos, cuando inicialmente son brotes herbáceos, aparece un punteado de color pardo claro, que posteriormente aumenta de tamaño, alargándose y oscureciéndose. Estas manchas evolucionan a color blanco grisáceo con bordes negros, que se desorganizan y deprimen formando los chancros más o menos profundos que caracterizan a la enfermedad. La planta queda profundamente afectada, con los sarmientos retorcidos, aparentemente quemados, con numerosas ramificaciones que le da una apariencia de matorral. Ataques severos prolongados durante dos o tres años pueden acabar con la cepa. Las inflorescencias se desecan completamente cuando los ataques son severos. Si no lo hacen por ser el ataque más tardío o menos intenso, en las bayas formadas aparece un punteado negro que posteriormente aumenta de tamaño, pasando a blanco grisáceo, pudiéndose desprender la piel.

El agente causal es el hongo ascomiceto *Elsinoë ampelina*. Se caracteriza por desarrollar conidios en el interior de acérvulos (fase asexual); y ascas y ascosporas (fase sexual) en esclerocios o pseudotecios. El patógeno pasa la fase invernante en esclerocios o pseudotecios formados sobre el tejido afectado de la planta. Cuando las condiciones ambientales son favorables los esclerocios dan lugar a la formación de abundantes ascosporas (fase sexual) que se liberan con ayuda de las gotas de lluvia, produciendo las infecciones primarias. A partir de las infecciones primarias, se desarrollan acérvulos en los tejidos infectados, en cuyo interior se producen gran cantidad de conidios (fase asexual) dispersándose por el viento y la lluvia, y dando lugar a varios ciclos secundarios de infección (Gubler y Sutton, 2014; Wilcox et al., 2015).

Podredumbre negra o podredumbre seca ('*Black rot*')

La podredumbre negra o podredumbre seca es una enfermedad importante en todas las zonas vitivinícolas del mundo en las que se dan altas humedades durante la estación de cultivo. Es especialmente severa en zonas con temperaturas moderadas acompañadas de lluvias al final de primavera y durante el verano, típica en centro Europa. Al igual que ocurre con la antracnosis de la vid, esta enfermedad se considera prácticamente controlada con el uso de fungicidas utilizados para el control de otras micosis foliares como el mildiu o el oídio.

La enfermedad se manifiesta en todos los órganos de la planta, principalmente en hojas y racimos. La sintomatología en hojas corresponde a manchas blanco-grisáceas que con el tiempo evolucionan a tonalidades rojo ladrillo (Fig. 5.3A) con abundantes y pequeños puntos negros, que corresponden a cuerpos fructíferos (picnidios) desarrollados por el patógeno (Fig. 5.3B). En los pedúnculos y en el raspón de los racimos se desarrollan chancros oscuros, sobre los que también se observan picnidios en forma de puntos negros (Fig. 5.3C). Sobre las bayas pequeñas, después del cuajado, se forman manchas grises que evolucionan a negras con un punteado también negro, desecándose el fruto rápidamente. Si las bayas están más desarrolladas adquieren un color violáceo que evoluciona a negro, recubriéndose de picnidios, acabando por arrugarse y desecarse.

El agente causal es el hongo ascomiceto *Guignardia bidwellii*. Se caracteriza por

Figura 5.3. Síntomas de podredumbre negra en vid. A, manchas necróticas en hojas; B, desarrollo de picnidios del patógeno (flechas azules) sobre las áreas foliares necrosadas; C, chancros oscuros desarrollados en el pedúnculo y el raspón (Fuente: Fotos A, C: D. Gramaje; Foto B: J. Armengol).

desarrollar conidios en el interior de picnidios (fase asexual), los cuales se dispersan por salpicaduras de gotas de lluvia; y ascosporas en ascas en el interior de peritecios (fase sexual), las cuales se dispersan por el viento.

En cuanto a su ciclo biológico, al final del periodo vegetativo se forman los peritecios invernantes en las hojas, sarmientos y bayas, conservándose en el suelo con los restos vegetales. Los peritecios maduran progresivamente durante el invierno, llegando a estarlo completamente antes de la brotación, desarrollando en su interior las ascas y ascosporas (fase sexual). Al producirse la brotación en primavera, la lluvia y el viento dispersan a larga distancia las ascosporas, que llegan hasta las hojas más bajas del viñedo donde germinan, produciendo las infecciones primarias que consisten en unas manchas de color blanco grisáceo que con el tiempo evolucionan a tonalidades rojo ladrillo, y que muy pronto se cubrirán de puntos negros. Estos puntos, como hemos mencionado anteriormente, son cuerpos fructíferos desarrollados por el hongo, que en este caso son globosos y se denominan picnidios, en cuyo interior se forman los conidios o picnidiosporas. Cuando éstos maduran se dispersan a corta distancia mediante las salpicaduras de las gotas de lluvia y el viento causando las infecciones secundarias (fase asexual). Éstas podrán sucederse varias veces mientras dure la estación de cultivo, causando varios ciclos secundarios de infección. La maduración de los peritecios, la proyección de las ascosporas, la diseminación de conidios y su germinación necesitan lluvias abundantes y prolongadas. La evolución del hongo puede comenzar a 9°C, siendo más activa con temperaturas próximas a 15°C, y la luz favorece la maduración de los peritecios. El arranque de viñas abandonadas, la quema de sarmientos de poda y enterrado de restos de la misma son convenientes para evitar la propagación de la enfermedad (Gubler y Sutton, 2014; Wilcox et al., 2015).

La roya de la hoja ('*Grapevine leaf rust*')

Las royas se encuentran entre las enfermedades más antiguas y estudiadas, como en el caso del trigo, cultivo en el que además sus ataques han causado importantes hambrunas en nuestras civilizaciones pasadas. En la vid, esta enfermedad se conoce desde antiguo, describiéndose el agente causal en 1890 con el nombre de *Uredo vialae*, aunque posteriormente ha sufrido diversos cambios taxonómicos hasta la nomenclatura actual (*Phakopsora euvitis*). Hoy en día se ha convertido en una enfermedad endémica en regiones tropicales y subtropicales, y se encuentra extendida en Asia, Norte y Centro América, y Venezuela, aunque con una importancia menor. En Australia también se detectó en 2001, donde se estableció un programa de cuarentena muy efectivo que permitió declarar la enfermedad como erradicada en 2007. Por el contrario, a día de hoy, esta enfermedad no ha sido descrita en vid en el continente europeo.

El signo principal de la enfermedad es la presencia de numerosas pústulas pequeñas a modo de manchas naranjas-amarillas que rompen la epidermis de los tejidos, y que corresponden a los uredinios formados por el patógeno (Fig. 5.4). Estas pústulas pueden aparecer de forma dispersa, o abundante en una misma hoja, siempre en el envés; y que se corresponden con los síntomas de manchas cloróticas observados en el haz. En ataques severos, las hojas se vuelven necróticas, formándose pequeñas lesiones negras, y se produce una defoliación prematura. Al final de la estación de cultivo se desarrollan un nuevo tipo de esporas denominadas teliosporas, de color marrón oscuro, cuya función es la supervivencia del patógeno, y que carecen de capacidad infectiva (Fig. 5.4).

Las royas están causadas por hongos basidiomicetos del orden Uredinales. Hay descritas aproximadamente 5.000 especies de royas. En el caso de la vid, la especie asociado con esta enfermedad es *Phakopsora*

Figura 5.4. Síntomas de roya de la hoja en vid. A,B, Pústulas naranja-amarillas (uredinios) en el envés de la hoja, y manchas necróticas en hojas como consecuencia de ataques severos del patógeno donde se desarrollan teliosporas de color marrón oscuro (Fuente: J. Armengol).

euvitis (Gubler y Sutton, 2014; Wilcox et al., 2015).

'Rotbrenner'

La enfermedad denominada con el término inglés 'Rotbrenner' es conocida desde principios del Siglo XIX en Europa, típica en las regiones del norte del continente europeo. Antes de que se describiera el agente causal en 1903, se consideraba que esta enfermedad estaba asociada a condiciones ambientales desfavorables, déficit hídrico o exceso de humedad en el suelo. Aunque esta enfermedad se puede encontrar en todo el continente europeo, está confinada a regiones frías del norte de Europa.

La enfermedad está causada por *Pseudopezicula tracheiphila*, un hongo discomiceto con apotecios pequeños sésiles, y que se caracteriza por tener dos grupos de apareamiento ('*Mating Types*'). La enfermedad afecta principalmente a las hojas, causando lesiones amarillas en los cultivares blancos; y pardo-rojizas en los cultivares de uva tinta. Las lesiones suelen estar confinadas en el nervio de la hoja y pueden tener una extensión relativamente grande ocupando gran parte de ésta. Las inflorescencias también pueden verse afectadas, antes o durante la floración, causando posteriormente podredumbre y secado de bayas (Wilcox et al., 2015).

Manchas foliares causadas por *Mycosphaerella*

Algunas especies del género fúngico *Mycosphaerella* causan lesiones foliares, las cuales suelen aparecer como pequeñas manchas cloróticas que posteriormente se necrosan. El patógeno forma picnidios en el centro de la lesión necrosada, que es una característica distintiva para el diagnóstico de la enfermedad. Su importancia es baja.

Fumaginas o negrillas

Se trata de un polvillo de color negro que se desarrolla sobre la superficie de las hojas, tallos y frutos, constituido por esporas y micelio de diversos hongos que, en tiempo húmedo, crecen de forma epifita aprovechándose de los nutrientes existentes en la superficie de los tejidos. Estos nutrientes provienen de los exudados de insectos succionadores que se alimentan del floema de la planta, o bien pueden ser exudados secretados por la propia planta en situaciones de estrés. Los hongos causantes de estas enfermedades no se consideran parásitos, ya que no causan infección ni se alimentan de la planta, si no que se desarrollan superficialmente. Su ciclo biológico depende totalmente del insecto que exuda la melaza en los tejidos, o de si existen condiciones adversas para la planta que induzcan la producción de exudados (Wilcox et al., 2015).

PODREDUMBRES DE FRUTOS

Podredumbre blanca ('*White rot*')

La podredumbre blanca, causada por *Coniella diplodiella*, es una enfermedad frecuente en todas aquellas regiones de veranos calurosos y húmedos. La enfermedad puede afectar a los tejidos verdes, pero los síntomas más importantes se producen en los racimos. Para que tenga lugar la infección, se requiere de la presencia de heridas en los frutos. La enfermedad es especialmente severa cuando se producen tormentas de granizo en verano, infectando los frutos a través de las heridas ocasionadas por el granizo. Los síntomas de la enfermedad varían en función del órgano de la planta afectado. Principalmente afecta a los racimos antes del envero. Las lesiones pueden producirse en el raquis del racimo o directamente en las bayas. En el raquis se desarrollan pequeñas lesiones marrones, apuntadas, que acaban siendo alargadas y deprimidas. Cuando la infección se produce en uvas verdes, éstas adquieren un color verde pálido, que evoluciona a rosado y finalmente a marrón. Sobre los tejidos infectados se producen abundantes masas de picnidios, y los tejidos muestran tonalidades marrón-morado (Wilcox et al., 2015).

'Bitter rot'

La enfermedad conocida con el término inglés '*Bitter rot*', causada por el hongo *Greeneria uvicola*, se encuentra distribuida por las principales regiones vitivinícolas del mundo, especialmente en aquellas sometidas a intensas lluvias durante la estación de fructificación. En Europa no se ha descrito todavía. Los principales daños se producen

en el fruto. El patógeno comienza la infección a partir del pedicelo, invadiendo progresivamente el fruto. Inicialmente, causa un reblandecimiento de los tejidos, que empiezan a descomponerse confiriéndole un sabor amargo a la pulpa de las uvas infectadas. A medida que el hongo coloniza los tejidos del fruto, éstos se vuelven marrones y se forman cuerpos fructíferos (acérvulos) prominentes y abundantes. Los acérvulos se disponen en forma de anillos concéntricos a medida que avanza la podredumbre en el fruto. Esta enfermedad podría confundirse con el '*Ripe rot*', que se explica a continuación, ya que ambas enfermedades se ven favorecidas por las mismas condiciones medioambientales, y los síntomas en fruto son similares (Wilcox et al., 2015).

'Ripe rot'

El '*Ripe rot*' causa podredumbre de frutos cuando estos se encuentran en estadios cercanos a la madurez. Es importante en regiones vitivinícolas con altas temperaturas y humedades. Está causada por especies de *Colletotrichum*, hongo ascomiceto clásicamente asociado al término 'antracnosis' para referirse a podredumbres de frutos, excepto en vid, cultivo en el que el término antracnosis hace referencia a otra enfermedad muy distinta causada por *Elsinoë ampelina*, explicada anteriormente en este mismo capítulo. El patógeno infecta los frutos maduros, desarrollando lesiones circulares marrón-rojizas. Estas lesiones progresan aumentando de tamaño hasta cubrir todo el fruto, que se termina cubriendo de una masa jabonosa de conidios del patógeno, y que supone una fuente de dispersión para causar sucesivas infecciones (Wilcox et al., 2015).

'Macrophoma rot'

'*Macrophoma rot*' es una enfermedad especialmente importante en *V. rotundifolia*, especie de *Vitis* cultivada en EE.UU. El agente causal de esta enfermedad, *Botryosphaeria dothidea*, se asocia también con enfermedades de la madera de la vid, siendo unos de los agentes asociados con el decaimiento por Botryosphaeria. Cuando este patógeno afecta a los racimos, el raquis se reblandece desarrollando lesiones oscuras y alargadas. Los síntomas en frutos normalmente no son visibles hasta que el fruto empieza a madurar, desarrollándose éstos repentinamente asociados con la marchitez del raquis. Los síntomas iniciales en frutos consisten en lesiones circulares, marrones, planas, y ligeramente deprimidas. Estas lesiones evolucionan a tonalidades más oscuras, con mayor intensidad en el centro de la lesión, donde se encuentran inmersos en el tejido los picnidios desarrollados por el patógeno (Wilcox et al., 2015).

Moho verde ('*Blue molt*' o '*Penicillium rot*')

Las especies de *Penicillium* causan podredumbres de fruto, generalmente en postcosecha. Todos los frutos con heridas o lesiones son susceptibles a la infección. El patógeno desarrolla grandes masas pulverulentas de conidios verde-azulados (Wilcox et al., 2015).

Moho negro o podredumbre negra ('*Aspergillus rot*')

El moho negro, causado por el complejo fúngico *Aspergillus niger*, es una enfermedad común en regiones de climas templados, sobre todo si existe una humedad relativa elevada al final de la maduración. Está podredumbre está asociada a heridas, que inicialmente adquieren tonalidades marrones, cubriéndose posteriormente con masas negras formadas por conidios del patógeno. Inicialmente, las podredum-

bres son blandas, pero se vuelven firmes y correosas con el tiempo. En condiciones de altas temperaturas y presencia de agua libre, el patógeno puede infectar a través de la piel sin necesidad de heridas. Cabe destacar que algunas especies de *Aspergillus*, como *A. carbonarius*, *A. ochraceus* y *A. niger*, son productoras de toxinas, principalmente ocratoxinas, que pueden trasnmitirse al vino y son altamente peligrosas para la salud humana si se ingieren en altas concentraciones. El proceso de pasificado al sol de las uvas para obtener vinos dulces hace que éstas sean especialmente susceptibles a dichos patógenos (Wilcox et al., 2015).

Otras podredumbres de frutos

Alternaria ('*Alternaria rot*'): las podredumbres causadas por *Alternaria alternata* suelen iniciarse cerca del pedúnculo de la baya. Inicialmente, la podredumbre es bronceada pasando a color marrón con el tiempo. En condiciones húmedas se desarrollan masas grisáceas sobre las lesiones compuestas por micelio y conidios del patógeno (Wilcox et al., 2015).

Cladosporium ('*Cladosporium rot*'): la especie fúngica *Cladosporium herbarum* causa lesiones circulares, negras y blandas, muy bien definidas, que pueden alcanzar hasta dos terceras partes de la superficie del fruto. Es una enfermedad típica de postcosecha, en fruto almacenado cuando la uva ha sido recogida en avanzado estado de madurez tras periodos de lluvia; aunque también puede desarrollarse en campo tras periodos prolongados de lluvia o humedades justo antes de la cosecha (Wilcox et al., 2015).

Capítulo 6

Micosis de tronco, madera y raíz (I)

Yesca, enfermedad de Petri, Eutipiosis, decaimiento por Botryosphaeria, y Excoriosis

David Gramaje Pérez, Josep Armengol Fortí
y Carlos Agustí Brisach

Este es el primer capítulo de un bloque de dos capítulos sobre las micosis de la madera. Éstos se han dividido de manera que en el primer capítulo (Capítulo 6) se recogen las micosis de la madera de la parte aérea que afectan a ramas y tronco, y en el segundo (Capítulo 7) las micosis de la madera asociadas con patógenos de suelo, que causan podredumbres radiculares.

ENFERMEDADES DE LA MADERA DE LA VID (EMVs)

Los síntomas de decaimiento general de cepas de vid se han asociado tradicionalmente a lo que se conoce como yesca ('*Esca*' en inglés). Se trata de una enfermedad histórica y muy importante en la vid. Su nombre se conoce desde antiguo en las regiones del sur de Italia y de Turquía para referirse al síndrome de decaimiento y muerte repentina de la cepa (apoplejía) (Mugnai et al., 1999). Sin embargo, la primera descripción oficial de esta enfermedad en vid se hizo en Francia en 1865 y, posteriormente, se determinó que este síndrome estaba asociado con hongos basidiomicetos (*Phellinus igniarius* y *Stereum hirsutum*). En 1926 se observó un nuevo síntoma asociado con este mismo síndrome de decaimiento, que consistía en una clorosis internervial y necrosis en los extremos de las hojas, momento en que la enfermedad se nombró de forma oficial como yesca. En los últimos años, estos síntomas foliares se han atribuido a diversos hongos ascomicetos muy diferentes a los que originalmente se asociaban con la yesca. Además, estos patógenos producen diferentes síntomas y síndromes en diferentes estados del ciclo de la vid, causando necrosis de los tejidos leñosos internos de la planta. Cuando este síntoma interno se observa en plantas jóvenes y en material de propagación se conoce con el nombre de enfermedad de Petri (Gramaje y Armengol, 2011). De este modo, actualmente el término yesca hace referencia al síndrome complejo de decaimiento general junto con clorosis y necrosis de hojas, que en planta adulta se asocia con

una infección conjunta de basidiomicetos y de ascomicetos que afectan a tejidos leñosos internos de la planta, asociados con la yesca tradicional y con la enfermedad de Petri, respectivamente. Otras enfermedades que también se han descrito en las últimas décadas, y que todas ellas en su conjunto comprenden lo que se conoce como el complejo de las enfermedades de la madera de la vid (EMVs), son: la eutipiosis, el decaimiento por Botryosphaeria y el pie negro (Gramaje et al., 2018). Además de las EMVs mencionadas, dentro de este complejo se engloba la enfermedad conocida por su término inglés '*Phomopsis dieback*', causante de necrosis sectoriales asociadas con especies de *Diaporthe*, y que se debe distinguir de la excoriosis, enfermedad clásica en vid asociada con estas mismas especies de hongos (Úrbez-Torres et al., 2013), y que se describe al final del presente capítulo.

Entre las micosis aéreas del complejo de las EMVs, encontramos el decaimiento por Botryosphaeria, la enfermedad de Petri, la eutipiosis y la yesca (Gramaje et al., 2018). Mientras que la principal micosis radicular dentro de este complejo es el pie negro (Agustí-Brisach y Armengol, 2013, 2014), que abordaremos con detalle en el próximo capítulo. Las EMVs afectan tanto a plantaciones adultas (cepas de ocho años o más edad) como a plantaciones jóvenes (cepas de menos de ocho años) (Gramaje et al., 2018). Existe gran diversidad de especies fúngicas entre los agentes causales de las diferentes EMVs, causando todas ellas un síntoma común que consiste en una alteración interna de la madera de la planta, la cual puede ser por necrosis o podredumbre seca, y que culmina con el decaimiento y muerte de la planta, tratándose por tanto de una enfermedad de etiología compleja (Bertsch et al., 2013). A su vez, dentro del complejo de las EMVs podemos distinguir claramente entre enfermedades que causan decaimientos en planta joven y enfermedades que afectan a la planta adulta. Por ello, a continuación, vamos a explicar las distintas EMVs en base a esta clasificación.

Decaimientos de planta joven

El material de propagación y la planta joven se ven afectados principalmente por la enfermedad de Petri y el pie negro, y con menor frecuencia por el decaimiento por Botryosphaeria y la excoriosis (Agustí-Brisach et al., 2013a). Éstas puedan afectar desde los primeros estados del desarrollo de la planta en los campos de enraizamiento de vivero, resultando en un gran número de plantas injertadas muertas; o bien, pueden desarrollarse durante los primeros años de la plantación, observándose síntomas de clorosis y decaimiento generalizado, que puede presentarse de forma individual, o en varias plantas de forma simultánea siguiendo la línea de cultivo (Gramaje y Armengol, 2011).

Enfermedad de Petri: la enfermedad de Petri es característica de vides jóvenes, tanto en plantaciones de enraizamiento en campos de viveros comerciales (Fig. 6.1A-C) como en plantaciones de reciente establecimiento (Fig. 6.1D-H) (Gramaje y Armengol, 2011). Los síntomas asociados a esta enfermedad consisten en un retraso del desarrollo y escasa vitalidad de las plantas mostrando brotación reducida o retrasada, brotes con entrenudos cortos, hojas de menor tamaño y cloróticas (Fig. 6.1D) y, finalmente, la muerte de las plantas. La enfermedad afecta a la parte basal del portainjerto, colonizando los tejidos xilemáticos. Al realizar cortes transversales y longitudinales de la madera se observan pequeñas punteaduras o estrías necróticas (Fig. 6.1B, C, E-H), correspondientes a los vasos xilemáticos afectados por la enfermedad que se acaban necrosando en su totalidad, mostrando una decoloración extensa en la madera (Fig. 6.1F), observándose en ocasiones exudaciones gomosas. La obstrucción de los vasos xilemáticos provoca una insuficiencia hídrica y la escasez de suministro de nutrientes a las partes vegetativas de la planta provocando el decaimiento general de la misma. Los principales agentes causales son los hongos ascomicetos *Phaeoacremonium* spp., *Phaeomoniella chlamydospora* y *Cadophora luteo-olivacea*. Además, como ya hemos avanzado en la introducción del capítulo, estos hongos están asociados a la yesca en planta adulta, ya que actúan previamente debilitando a la planta y degradando la madera, favoreciendo la colonización posterior de ésta por hongos basidiomicetos que acabará provocando su muerte.

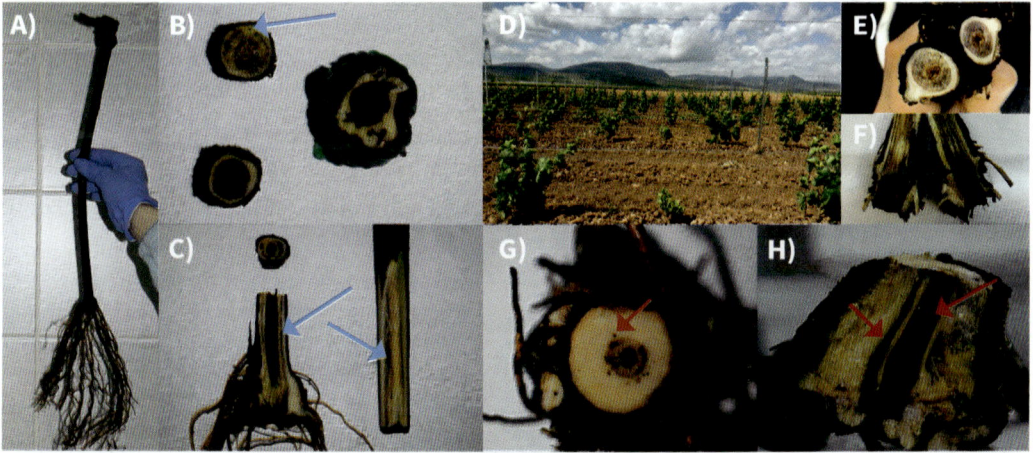

Figura 6.1. A-C, Síntomas de la enfermedad de Petri en planta injertada de vivero: A, planta de vivero sin síntomas externos aparentes, B-C, punteaduras negras y necrosis longitudinales de los vasos xilemáticos (flechas azules) tanto en la madera de la variedad (B) como del portainjerto (C); D-F, síntomas de la enfermedad de Petri en planta en un viñedo comercial: D, planta con síntomas de falta de brotación y vigor, en la que se observan punteaduras necróticas y decoloración abundante de la madera en los sarmientos (E, F); G-H, portainjertos de plantas con síntomas de la enfermedad de Petri mostrando punteaduras negras (flecha roja) (G) y decoloración del xilema (flechas rojas) (H) (Fuente: Fotos A-C;G,H: C. Agustí-Brisach; Fotos D-F: D. Gramaje).

Pie negro: se caracteriza por afectar al sistema radicular y a la base del portainjerto de plantas jóvenes, generalmente en viveros comerciales. Esta EMV se aborda con detalle en el capítulo siguiente junto con el resto de micosis de la madera de raíz que afectan a la vid.

Decaimientos de planta adulta

En plantaciones ya establecidas (campos de plantas madre en viveros y viñedos adultos), las principales enfermedades del complejo EMVs son el decaimiento por Botryosphaeria, la eutipiosis y la yesca (Gramaje et al., 2018). La primera de ellas la podemos encontrar desde los estados iniciales de la plantación y a lo largo de toda la vida de ésta; mientras que la eutipiosis y la yesca aparecen en viñedos de avanzada edad, a partir de los ocho años de la plantación.

Decaimiento por Botryosphaeria: el síntoma típico de esta enfermedad es la necrosis sectorial de la madera de los brazos o del tronco principal de las plantas, observándose el decaimiento progresivo de brazos o la muerte de plantas (Fig. 6.2) (Úrbez-Torres, 2011). Esta enfermedad está causada por un gran número de especies de hongos ascomicetos de la familia *Botryosphaeriaceae*, siendo las más frecuentes en España *Diplodia seriata* y *Neofusicoccum parvum*, entre otras.

Eutipiosis: los síntomas típicos son presencia de brotes raquíticos con entrenudos cortos y pequeños en las plantas afectadas, y hojas con clororis y/o necrosis marginal e internervial con tejido muerto (Fig. 6.3A, B) (Gramaje et al., 2018). En la madera del tronco y los brazos se observa una necrosis sectorial de color marrón oscuro, en forma de cuña (Fig. 6.3C, D), que provoca la muerte de los brazos, y progresivamente la muerte de la planta. En España, esta enfermedad está causada principalmente por el hongo ascomiceto *Eutypa lata*, junto a otras especies menos relevantes de su misma familia (*Diatrypaceae*) (Luque et al., 2012), de las cuales se han referenciado hasta cuatro de ellas en madera afectada por esta enfermedad: *Anthostoma decipiens, Cryptovalsa ampelina, Eutypella citricola* y *Eutypella microtheca.*

Yesca: las hojas de las plantas afectadas adquieren un color verde claro volviéndose cloróticas progresivamente, desarrollándose puntos irregulares entre los nervios de las hojas o en los márgenes de las hojas, que se extienden hacia el exterior de las partes distales de los brotes, evolucionando posteriormente a necrosis. Esta necrosis internervial es rojiza en los cultivares de uva tinta (Fig. 6.4A) y más amarillenta en los cultivares de uva blanca (Lecomte et al., 2012). Las plantas afectadas se acaban defoliando por completo y, en ataques muy severos,

Figura 6.2. A, Cepa con síntomas externos de decaimiento por Botryosphaeria; B, necrosis sectorial oscura en la madera del brazo afectado (Fuente: D. Gramaje).

Figura 6.3. A-B, Cepas con síntomas típicos de eutipiosis con presencia de brotes raquíticos con entrenudos cortos y pequeños en las plantas afectadas, y hojas con clorosis; C-D, necrosis sectorial de color marrón oscuro, en forma de cuña, en la madera de brazos y tronco (Fuente: D. Gramaje).

llegan a morir (Fig. 6.4B). El síntoma interno más común es una podredumbre seca de la madera, característicamente blanda, y de color crema o amarillento, que se atribuye a la acción de hongos basidiomicetos (Fig. 6.4C, D). La podredumbre comienza normalmente a partir de una herida de poda y aparece separada por una línea negra de otra zona más exterior, de consistencia dura, en la que se pueden apreciar puntos o estrías necróticas (Fig. 6.4E, F). Esta enfermedad está causada por los hongos basidiomicetos *Fomitiporia mediterranea* y, con mucha menor frecuencia, *Phellinus igniarius* y *Stereum hirsutum*. De la línea negra y puntos y estrías necróticas se aíslan mayoritariamente los hongos ascomicetos asociados con la enfermedad de Petri, que como ya hemos comentado anteriormente son junto con los basidiomicetos los agentes causales responsables de la yesca (Fig. 6.4F). Estas coinfecciones ponen de manifiesto la dificultad que puede tener el correcto diagnóstico de la enfermedad. En España, se han descrito los tres hongos basidiomicetos indicados anteriormente asociados con la yesca: *F. mediterranea*, *Ph. igniarius* y *S. hirsutum* (Armengol et al., 2001). Todos ellos se caracterizan por la fructificación en forma de seta o basidiocarpo. Este signo, aunque podría servir para su diagnóstico, ya no tendría ninguna utilidad porque cuando aparecen las fructificaciones del patógeno externamente, el hongo ya ha provocado la degradación interna de la madera causando daños irreversibles en la planta.

Figura 6.4. A, Síntomas de coloración rojiza y necrosis internervial en hojas, característicos de la yesca en un cultivar de uva tinta; B, cepa muerta por yesca en un viñedo en espaldera; C-E, podredumbre seca de la madera, característicamente blanda, interna, y de color crema o amarillento causada por *Fomitiporia mediterranea*; F, detalle de síntomas en madera donde se observan tanto podredumbres blandas, de color crema, causadas por *F. mediterranea*, como síntomas de la enfermedad de Petri (xilema necrosado) asociada también con la yesca (Fuente: Fotos A-C, F: D. Gramaje; Fotos D,E: C. Agustí-Brisach).

Tabla 6.1. Principales especies fúngicas descritas en España asociadas a la yesca/enfermedad de Petri, eutipiosis y decaimiento por Botryosphaeria (en negrita las más importantes; Fuente: Gramaje et al., 2020).

Enfermedad	Agente causal	Referencia
Yesca/ Enfermedad de Petri	*Cadophora luteo-olivacea*	Gramaje et al. 2011b
	Cadophora viticola	Gramaje et al. 2011b
	Fomitiporia mediterranea	Armengol et al. 2001
	Phaeomoniella chlamydospora	Armengol et al. 2001
	Phaeoacremonium cinereum	Gramaje et al. 2009b
	Phaeoacremonium fraxinopennsylvanicum	Gramaje et al. 2007
	Phaeoacremonium hispanicum	Gramaje et al. 2009b
	Phaeoacremonium inflatipes	Gramaje et al. 2009a
	Phaeoacremonium iranianum	Gramaje et al. 2009a
	Phaeoacremonium krajdenii	Gramaje et al. 2011a
	Phaeoacremonium minimum	Armengol et al. 2001
	Phaeoacremonium parasiticum	Aroca et al. 2006
	Phaeoacremonium scolyti	Gramaje et al. 2008
	Phaeoacremonium sicilianum	Gramaje et al. 2009a
	Phaeoacremonium viticola	Aroca et al. 2008a
	Pleurostoma richardsiae	Pintos et al. 2016
	Stereum hirsutum	Armengol et al. 2001
Eutipiosis	*Anthostoma decipiens*	Luque et al. 2012
	Cryptovalsa ampelina	Luque et al. 2006
	Eutypa lata	Martínez de Toda et al. 1998
	Eutypa leptoplaca	Luque et al. 2009
	Eutypella citricola	Luque et al. 2012
	Eutypella microtheca	Luque et al. 2012
	Eutypella vitis	Luque et al. 2009
	Fomitiporia punctata	Armengol et al. 2001
Decaimiento por Botryosphaeria	*Botryosphaeria dothidea*	Armengol et al. 2001
	Diplodia corticola	Pintos et al. 2011
	Diplodia mutila	Martin y Cobos 2007
	Diplodia seriata	Armengol et al. 2001
	Dothiorella iberica	Martin y Cobos 2007
	Dothiorella sarmentorum	Martin y Cobos 2007
	Lasiodiplodia theobromae	Aroca et al. 2008b
	Neofusicoccum australe	Aroca et al. 2010
	Neofusicoccum luteum	Martos y Luque 2004
	Neofusicoccum mediterraneum	Aroca et al. 2010
	Neofusicoccum parvum	Martos y Luque 2004
	Neofusicoccum vitifusiforme	Aroca et al. 2010
	Spencermartinsia viticola	Luque et al. 2005

En la Tabla 6.1, se muestra la diversidad de especies fúngicas agrupadas por cada una de las EMVs explicadas en este capítulo, resaltando en negrita las especies de mayor importancia asociadas con cada una de estas EMVs.

Diagnóstico complejo: insuficiencia del diagnóstico visual

Existe gran diversidad de especies fúngicas entre los agentes causales de las EMVs, causando todos ellos un síntoma común que consiste en una alteración interna de la madera de la planta (Armengol et al., 2001). Como consecuencia, la planta muestra menor vigor y desarrollo, ausencia o retraso de la brotación, acortamiento de entrenudos, y clorosis en hojas y/o marchitez, provocando un decaimiento general de la planta que puede causar su muerte (Gramaje et al., 2020). Estos síntomas externos generales dificultan el diagnóstico exacto de los agentes causales que están provocando la muerte de la planta mediante la observación directa de síntomas externos. Por ello, un correcto diagnóstico de la enfermedad requiere de

la observación de los síntomas internos en la madera afectada, que difieren como hemos visto anteriormente, en función de la EMV que esté afectando a la planta. Además, cabe destacar la alta frecuencia en la que podemos encontrar infecciones conjuntas de varios patógenos de la madera en una misma planta, aspecto que hace aún más complejo un diagnóstico preciso de la enfermedad (Gramaje et al., 2018). Un ejemplo práctico de ello se ilustra en la Figura 6.5.

En esta sección de madera procedente de una cepa de vid con síntomas de decaimiento, se muestran síntomas de tres EMVs: 1) necrosis sectorial (decaimiento por Botryosphaeria), 2) necrosis vasculares que se observan en forma de punteaduras negras (enfermedad de Petri), y 3) degradación de la madera con textura corchosa y de color crema (yesca). Como resultado, a partir de esta muestra única se aislaron especies fúngicas asociadas con los síntomas de las tres EMVs mencionadas: *D. seriata* (decaimiento por Botryosphaeria), *Pa. chlamydospora* (enfermedad de Petri y yesca), y *F. mediterranea* (yesca).

Decaimiento por Botryosphaeria
(Especie identificada:
Diplodia seriata)

Enfermedad de Petri y yesca
(Especie identificada:
Phaeomoniella chlamydospora)

Yesca
(Especie identificada:
Fomitiporia mediterranea)

Figura 6.5. Sección de madera procedente de una cepa de vid con síntomas de decaimiento, en la que se observan coinfecciones de yesca, enfermedad de Petri, y decaimiento por Botryosphaeria, y de la que se confirmó el diagnóstico de las tres EMVs (Fuente: C. Agustí-Brisach).

Epidemiología: dispersión e infección

En la Figura 6.6 se muestra un esquema de las partes de la planta a través de las que puede tener lugar la infección de los hongos asociados con cada una de las cinco EMVs comentadas. En general, los hongos asociados con el decaimiento por Botryosphaeria, yesca y eutipiosis, se consideran hongos de dispersión aérea, e infectan a la planta generalmente a través de heridas mecánicas u otras heridas, naturales o artificiales, practicadas en las ramas y el tronco, principalmente las heridas de poda (Gramaje et al., 2018). Los hongos asociados con el pie negro se consideran hongos del suelo que infectan a través de heridas en las raíces y raicillas, o incluso en las heridas ocasionadas en el material vegetal de propagación durante el proceso de producción de planta injertada (Agustí-Brisach et al., 2013c; Berlanas et al., 2017). Los hongos asociados con la enfermedad de Petri tienen tanto capacidad para infectar de forma aérea a través de heridas en ramas y tronco; así como también pueden considerarse hongos de

suelo infectando del mismo modo que los asociados con pie negro.

A continuación, se indican particularidades de las características de infección para cada EMV clasificadas como enfermedades de dispersión aérea y de suelo:

Enfermedades de dispersión aérea

Decaimiento por Botryosphaeria: los hongos de la familia *Botryosphaeriaceae* se caracterizan por producir picnidios en la madera afectada cuando las condiciones de humedad y temperatura son adecuadas para su desarrollo (Úrbez-Torres, 2011). Las esporas (picnidiosporas) son dispersadas por el viento, artrópodos y por el impacto de las gotas de agua durante las lluvias (Moyo et al., 2014; Gramaje et al., 2018). Estos hongos pueden tener una fase de reproducción sexual en invierno durante la cual forman peritecios en los restos de madera muerta (en vides afectadas o restos de poda) en los que se forman ascas y ascosporas, que también pueden servir

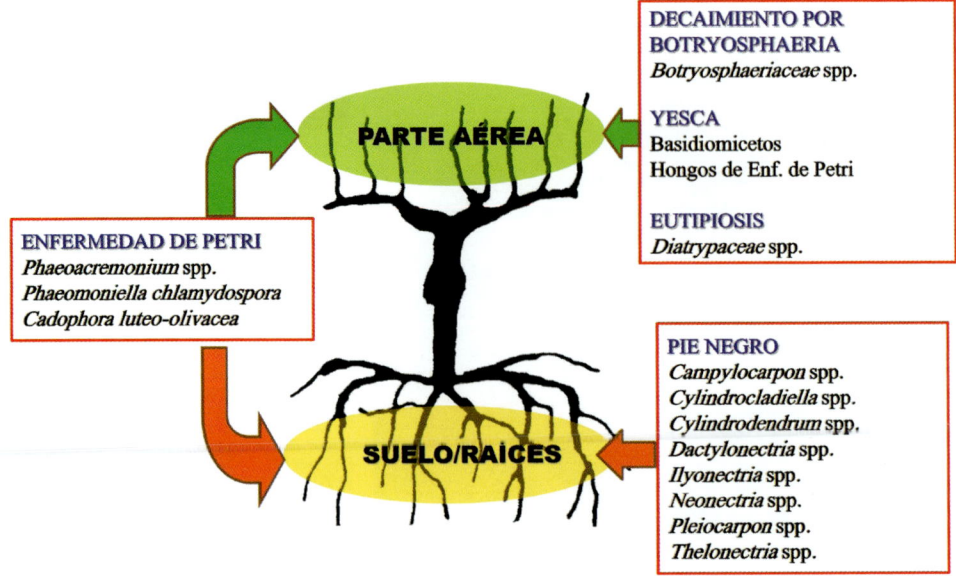

Figura 6.6. Esquema de los puntos de entrada para la infección de plantas de vid por hongos causantes de EMVs: decaimiento por Botryosphaeria, yesca, eutipiosis, enfermedad de Petri, y pie negro (Fuente: adaptado de Agustí-Brisach et al., 2013a).

de fuente de inóculo para infecciones tempranas, al inicio del ciclo productivo de la planta, aunque es raro encontrar su fase sexual en la naturaleza (Billones-Baaijens et al., 2017). La infección de estos hongos se produce principalmente cuando las esporas se depositan sobre las heridas de poda, y germinan penetrando en el interior de los tejidos vegetales (Gramaje et al., 2018). Algunos de estos hongos pueden presentar un comportamiento endófito, infectando los tejidos de la planta sin mostrar síntomas ni signos que permitan identificarlos, causando síntomas cuando la planta se ve afectada por diversos factores de estrés. En la Figura 6.7 se ilustra el ciclo biológico del decaimiento por Botryosphaeria.

Eutipiosis: los hongos de la familia *Diatrypaceae,* como *E. lata,* producen estromas en la madera afectada formando peritecios (estructuras de reproducción sexual). Aunque este hongo es capaz de producir tanto esporas sexuales como asexuales, sólo las esporas

sexuales (ascosporas) tienen capacidad infectiva. Las ascosporas se liberan a lo largo del año diseminándose por el viento, y por las lluvias, penetrando en la planta a través de las heridas de poda frescas realizadas durante el invierno o inicios de primavera, infectando y colonizando la madera (Gramaje et al., 2018). En este caso, las heridas de poda sólo son susceptibles a la infección durante los primeros días, disminuyendo la susceptibilidad a partir de las dos semanas. En la Figura 6.8 se ilustra el ciclo biológico de la eutipiosis.

Yesca (Basidiomicetos): los basidiomicetos asociados con la yesca actúan como hongos necrotrofos, degradando la madera de plantas ya debilitadas. Causan infección a través de las heridas de poda en la parte aérea, y se caracterizan por fructificar en forma de seta o basidiocarpo, donde se producen las basidiósporas que se dispersan por el aire hasta llegar a las heridas de poda, donde germinan y colonizan la madera de la planta ya debilitada por otros factores bióticos y/o abióticos.

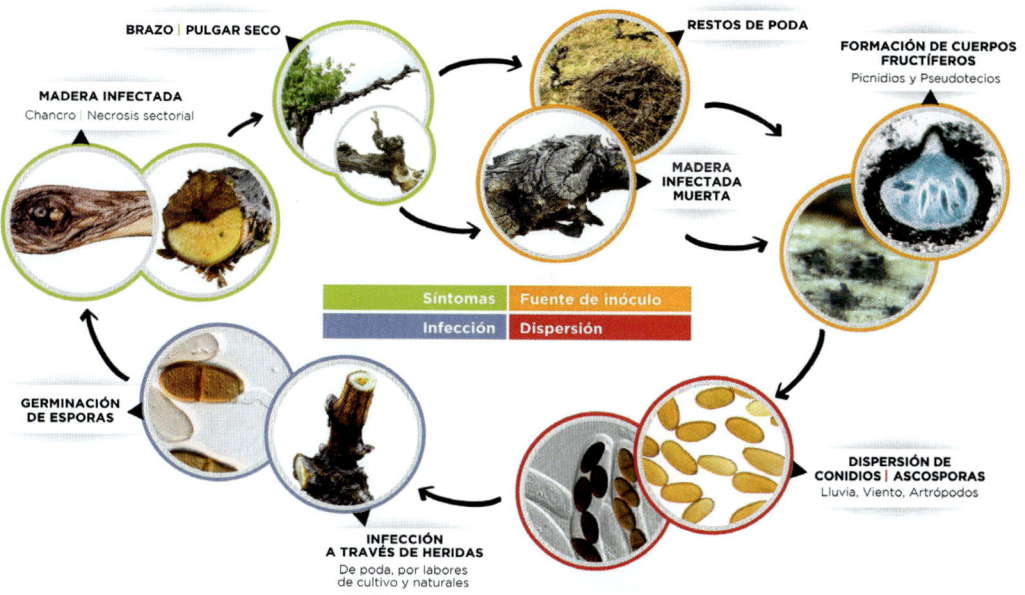

Figura 6.7. Ciclo biológico del decaimiento por Botryosphaeria (realizado por el ICVV en colaboración con Viveros Villanueva Vides; Fuente: Gramaje et al., 2020).

Enfermedad de Petri: los hongos causantes de la enfermedad de Petri se consideran tanto de dispersión aérea como de suelo, pudiendo infectar las plantas tanto a través de heridas en brazos y troncos, como a través de las heridas provocadas en el sistema radicular o en la parte basal del portainjerto en contacto con el suelo (Gramaje y Armengol, 2011). En plantas infectadas, *Pa. chlamydospora* pasa el invierno en forma de picnidios en la madera afectada, principalmente sobre heridas viejas de poda de entre 3 y 5 años. Sobre ellas se desarrolla micelio, produciendo conidios a partir de fiálidas. Este hongo tiene capacidad de producir conidios y dispersarse durante todo el año, aunque la producción de conidios es baja durante los periodos fríos y de altas temperaturas. En cuanto a las especies de *Phaeoacremonium*, forman peritecios en los tejidos vegetales infectados o directamente sobre heridas de poda, donde se forman las ascosporas. Éstas se dispersan por el viento y las lluvias de invierno. Cuando las esporas de cualquiera de estos hongos llegan a las heridas de poda, germinan y penetran en el interior de los tejidos vasculares, obstruyéndolos como consecuencia de la producción de gomas y tilosas. Cabe destacar que estos hongos muestran un comportamiento endofítico, no patogénico, en viña, ya que son capaces de residir en los tejidos vasculares de la planta causando infecciones asintomáticas (Berlanas et al., 2020). A su vez, se plantea la hipótesis de que estas infecciones asintomáticas puedan llegar a provocar síntomas cuando la planta se ve afectada por diversos factores de estrés como déficit hídrico o altas temperaturas en periodos de producción. Estos hongos se transmiten con facilidad a través del material vegetal de propagación infectado durante el proceso de producción de planta injertada en viveros comerciales (Aroca et al., 2010; Agustí-Brisach et al., 2013d). Además, también pueden sobrevivir en los viñedos en huéspedes alternativos como las malas hierbas.

En la Figura 6.9. se ilustra el ciclo biológico de la yesca y la enfermedad de Petri.

Figura 6.8. Ciclo biológico de la eutipiosis (realizado por el ICVV en colaboración con Viveros Villanueva Vides; Gramaje et al., 2020).

Proceso de producción de planta injertada: infecciones en vivero

Se ha demostrado que el material vegetal de propagación supone una fuente importante de inóculo de algunos patógenos asociados con EMVs tales como enfermedad de Petri y pie negro (Gramaje y Armengol, 2011; Agustí-Brisach et al., 2013b). Como hemos mencionado, algunos de los patógenos asociados con estas EMVs pueden desarrollar un comportamiento endofítico. Del mismo modo, estos hongos pueden infectar internamente el material de propagación sin que se observen síntomas externos de la enfermedad, los cuales se manifiestan una vez que las plantas se establecen en el campo y se enfrentan a situaciones de estrés. En estos últimos años se ha demostrado que las técnicas tradicionales de producción de planta injertada en los viveros comerciales incluyen fases que se consideran puntos potenciales de infección, como la hidratación en balsas de amerado, el desyemado de estaquillas, el injerto, el proceso de inducción del callo basal en las plantas recién injertadas y el enraizamiento de éstas en campo (Aroca et al., 2010; Agustí-Brisach et al., 2013d). En este sentido, las labores de producción de planta injertada, junto con una baja protección sanitaria en los viveros, pueden tener un efecto significativo sobre la calidad fitosanitaria de las vides producidas.

Influencia de las condiciones ambientales en la incidencia de las EMVs

Factores ambientales como las altas temperaturas, el déficit hídrico, así como factores agronómicos relacionados con la búsqueda de altas exigencias en productividad son factores críticos en la incidencia y la severidad de las EMVs (Hrycan et al., 2020).

A pesar de que las EMVs han sido ampliamente estudiadas desde finales de los 1990s, aún existen muchos aspectos por dilucidar sobre su etiología y epidemiología. Existe gran diversidad de especies fúngicas asociadas a los diferentes síndromes descritos dentro del complejo EMVs, y no queda

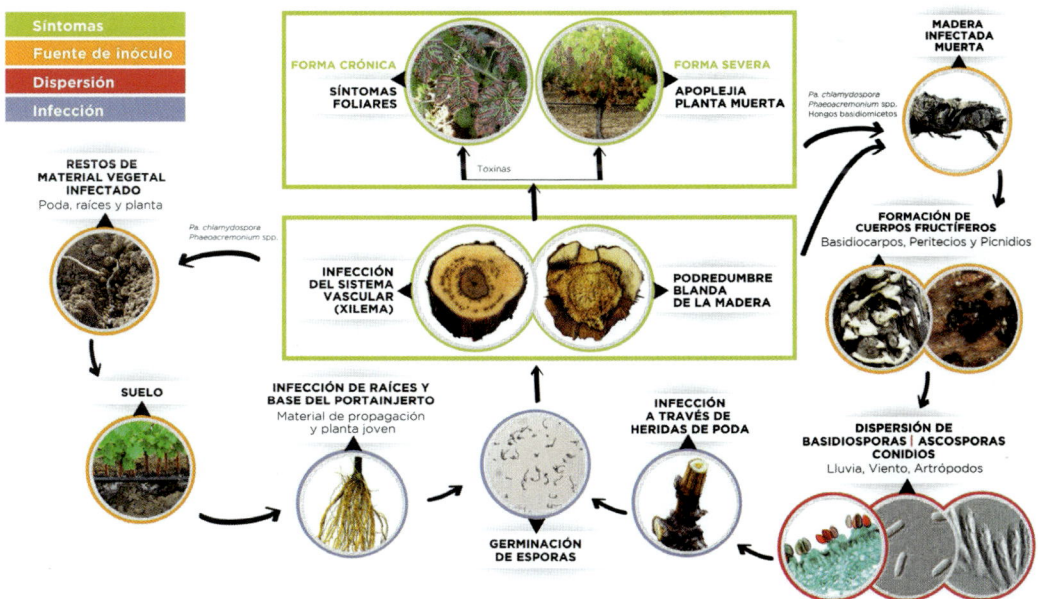

Figura 6.9. Ciclo biológico de la yesca y enfermedad de Petri (realizado por el ICVV en colaboración con Viveros Villanueva Vides; Fuente: Gramaje et al., 2020).

claro cuáles de estos pueden actuar como patógenos primarios, o bien si pueden tener un comportamiento endofítico manteniéndose en la planta en estado latente y mostrando síntomas bajo determinadas condiciones de estrés (Hrycan et al., 2020). En este sentido, estudios recientes sugieren que un adecuado suministro hídrico a las plantas se asocia con un incremento en la abundancia de patógenos asociados al pie negro en la rizosfera y en el suelo (Carbone et al. 2021) . Por el contrario, situaciones de déficit hídrico se han relacionado con una mayor presencia de *Pa. chlamydospora* en el sistema vascular de la vid (Leal et al., 2024). Todo ello supone un reto para seguir investigando en la búsqueda de respuestas a los interrogantes planteados.

Estrategias de manejo integrado

Actualmente, no existen estrategias de manejo disponibles que permitan un control óptimo de las EMVs. Antiguamente, el control de las EMVs se realizaba fundamentalmente con aplicaciones de arsenito sódico, pero este producto fue retirado a principios de los 1990s por su eleva toxicidad, siendo sustituido por fungicidas menos efectivos. De hecho, la prohibición en el uso del arsenito sódico, junto con la intensificación del cultivo de la vid y la producción masiva de planta en vivero, fueron las principales causas del incremento en la incidencia de las EMVs a finales del siglo pasado (Gramaje et al., 2018).

Debido a la poca eficacia que presentan los tratamientos fungicidas actuales frente a las EMVs, la mayoría de los estudios realizados en los últimos años para el control de estas enfermedades se han enfocado en el uso de prácticas culturales adecuadas para prevenir infecciones, mediante estrategias para reducir el inóculo y la tasa de infección en campo, y el desarrollo y aplicación de agentes de control biológico (Halleen y Fourie, 2016; Gramaje et al., 2020).

Cabe destacar, que las estrategias de lucha frente a las EMVs son diferentes en función de si el control va destinado a plantaciones jóvenes o adultas, por lo que a continuación se explican las medidas de lucha a llevar a cabo atendiendo a cada uno de estos escenarios.

Control en viveros

La prevención de las EMVs tiene que llevarse a cabo desde el momento en el que adquirimos el material vegetal para establecer una nueva plantación (Gramaje y Armengol, 2011). En este sentido, en España se ha comprobado que los tratamientos por termoterapia con agua caliente al material vegetal de propagación en parada vegetativa a 53°C durante 30 minutos permiten reducir significativamente el nivel de inóculo de hongos asociados con la enfermedad de Petri y el pie negro, principales enfermedades que afectan a la planta de vivero (Gramaje, 2016; Eichmeier et al., 2018). Estas técnicas de tratamiento por termoterapia se están implementando actualmente para eliminar posibles infecciones de *Xylella fastidiosa* (50°C durante 45 minutos) en planta de vid injertada con un alto grado de eficacia (EFSA, 2015).

Cabría esperar que los tratamientos por termoterapia pudieran causar alteraciones en el desarrollo normal de las vides una vez establecida la plantación. Sin embargo, ensayos demostrativos realizados para evaluar este efecto en relación con plantas no tratadas por termoterapia demostraron que tras cinco años de cultivo no se observaron diferencias significativas entre plantas tratadas y no tratadas respecto a su desarrollo, producción de uva y calidad del mosto (Gramaje et al., 2014).

En los últimos años se ha puesto de manifiesto el potencial de diferentes microorganismos, sobre todo de hongos del género *Trichoderma*, para combatir los patógenos de la madera en viveros de vid (Martínez-Diz et al., 2021). Cabe destacar la eficacia del producto basado en la cepa *Trichoderma atroviride* SC1 (Berbegal et al., 2020), el cual es actualmente el único producto registrado en España para uso en vivero contra hongos de la madera de la vid.

Otro punto importante para el control de las EMVs es el suelo de los campos de propagación de los viveros, en el que residen importantes fuentes de inóculo de estas enfermedades (Agustí-Brisach et al., 2013c; Berlanas et al., 2017). La rotación de cultivos, que de forma estándar se realiza en viveros consistente en la sustitución del cultivo cada 2 a 4 años por un cultivo de cobertura, no es efectiva frente a los hongos causantes de EMVs, por lo que se han planteado nuevas estrategias para su control. La biofumigación con mostaza blanca reduce el inóculo de hongos asociados con el pie negro en suelo, así como la incidencia y severidad de la enfermedad, por lo que se debe considerar como una herramienta más para el manejo integrado de la enfermedad (Berlanas et al., 2018).

Control en nuevas plantaciones

En el momento de establecer una nueva plantación, se recomienda utilizar material vegetal de la mayor calidad fitosanitaria posible en cuanto al vigor, con planta injertada que presente un callo bien cicatrizado y una distribución uniforme de las raíces (Gramaje, 2015). Una vez establecida la plantación, se recomienda encarecidamente realizar un manejo adecuado del cultivo, particularmente en lo relativo a la poda, y el uso de las buenas prácticas culturales. Evitar las situaciones de estrés hídrico sin dar riegos excesivos y realizar una fertilización adecuada sin forzar la producción son prácticas esenciales que deben llevarse a cabo durante los primeros años de la plantación. La protección de las heridas de poda mediante el pintado con mastic/pastas con o sin fungicidas autorizados, y productos basados en especies del género

Trichoderma, se recomiendan para evitar la infección de las plantas por parte de los hongos de dispersión aérea. Actualmente, existen cuatro productos autorizados para proteger las heridas de poda en el registro de productos fitosanitarios del Ministerio de Agricultura, Pesca y Alimentación (MAPA, 2025), tres basados en agentes de control biológico (ACBs) y uno basado en materias activas fungicidas: Esquive® (*Trichoderma atroviride* cepa I-1237), Vintec® (*T. atroviride* cepa SC1), Blindar® (*T. asperellum* cepa ICC012 y *T. gamsii* cepa ICC080) y Tessior® (polímero líquido, piraclostrobin 0,5% y boscalida 1%). Aunque se han obtenido resultados prometedores con el uso de ACBs (Leal et al., 2024), éstos no han sido consistentes, observándose diferencias en la eficacia dependiendo, entre otros factores, del ACB y su cepa específica, el patógeno diana, el método de aplicación, el tiempo de exposición al ACB e incluso los cultivares de vid y portainjertos sujetos a estudio.

Control en plantaciones adultas

En plantaciones adultas, las prácticas culturales deben perseguir disminuir el inóculo en la parcela y disminuir la tasa de infección. Para ello, se debe tener la precaución de comenzar la poda por cepas asintomáticas, desinfestando regularmente las herramientas de poda entre planta y planta con soluciones de alcohol al 70% o hipoclorito sódico al 10%, realizando cortes siempre inclinados que eviten la acumulación de agua superficial, dejando madera de protección, y cubriéndolos automáticamente con los productos comentados anteriormente. Se recomienda realizar podas en tiempo seco y eliminar los restos de poda, ya que estos pueden suponer una fuente de inóculo para infecciones futuras. Todas estas últimas prácticas culturales deben aplicarse desde el momento del establecimiento de la plantación y durante toda la vida de la misma. En los casos en los que se observen síntomas de micosis de la madera, se deben realizar podas de saneamiento, cortando el tejido necrosado hasta encontrar tejido sano, reconstituyendo la cepa el año siguiente a partir de una yema vegetativa (Fig. 6.10). Finalmente, cabe destacar que, en los últimos años, se viene implementando el uso de productos bioestimulantes e inductores de resistencia con el objetivo de mantener a la planta en un estado vegetativo óptimo, activando los mecanismos de resistencia inducida de la planta, dificultando así los procesos de infección. Éstos suponen una alternativa potencial a los compuestos químicos de síntesis en el control de las EMVs, considerándose además respetuosos con el medio ambiente. No obstante, son necesarios más estudios científicos a nivel de campo que constaten la eficacia de estos productos bioestimulantes.

OTRAS ENFERMEDADES DE MADERA

Excoriosis ('*Phomopsis cane and leaf spot*')

Importancia y distribución

La excoriosis puede afectar al material de propagación en vivero, plantas jóvenes y adultas, observándose sus síntomas en todos los órganos verdes de la vid (Baumgartner et al., 2013). Esta enfermedad se encuentra distribuida por todas las regiones vitivinícolas del mundo, y ha sido descrita en todos los continentes en los que se cultiva vid. La enfermedad es especialmente problemática en regiones en las que se dan periodos prolongados de humedad ambiental a partir del momento de la floración. Cabe destacar que, aunque el nombre de la enfermedad en inglés hace referencia a los síntomas observados en madera y hojas, las principales pérdidas económicas derivadas de la enfermedad en zonas de cultivo con altas humedades se deben a las infecciones en el raquis y los frutos. Aunque las infecciones en fruto son eventuales, cuando las condiciones ambientales y la presión de inóculo es elevada pueden producir pérdidas de cosecha superiores al 30% de la producción. En nuestras condiciones de cultivo de clima semiárido, esta enfermedad es poco frecuente y los daños se limitan al debilitamiento y rotura de brotes verdes infectados en la base del entrenudo.

Sintomatología

Las lesiones en hojas y brotes verdes son los síntomas más comunes de la enfermedad. En

Figura 6.10. Cepa afectada por EMVs en la que se ha realizado una poda de saneamiento, reconstituyendo la cepa a partir de una yema vegetativa (Fuente: C. Agustí-Brisach).

las hojas, los síntomas se manifiestan por la presencia de manchas oscuras, localizadas preferentemente en el peciolo y nervios principales. A medida que la enfermedad progresa, se desarrolla un halo clorótico alrededor de las lesiones, y éstas acaban por coalescer (Guarnaccia et al., 2018). Las infecciones en las hojas son poco importantes y no suponen pérdidas relevantes en la producción. En brotes jóvenes y sarmientos, se observan necrosis oscuras, ocasionando grietas superficiales en la corteza, que se localizan preferentemente en los tres o cuatro primeros entrenudos del sarmiento (Fig. 6.11A, C). En el interior de las lesiones se producen resquebrajamientos del tejido, debilitando los tallos que acaban rompiéndose con ayuda de vientos fuertes. Internamente, se observa decoloración y necrosis de la madera (Fig. 6.11 D, E). En racimos, los síntomas se localizan en el pedúnculo y en el raquis, y su manifestación es muy parecida a la descrita en las hojas. En el raquis, se producen lesiones deprimidas y oscuras que acaban debilitándolo y termina rompiéndose, bien por el propio peso del racimo a medida que éste se acerque a la madurez, o bien, por las propias labores de los operarios durante la cosecha. La podredumbre de frutos puede confundirse con otras podredumbres de fruto que tratamos en el capítulo anterior como 'black rot' o 'bitter rot', ya que requieren de las mismas condiciones ambientales para reproducirse. En general, la podredumbre de frutos asociada con la excoriosis puede distinguirse de otras podredumbres en estados avanzados de la enfermedad, cerca de la madurez, por el hecho de que las bayas se desprenden fácilmente del raquis sólo con tocarlas (Fig. 6.11F). Como signos característicos, en los tejidos leñosos afectados se observan numerosos cuerpos fructíferos (picnidios) desarrollados por el patógeno (Fig. 6.11G), de los que emanan masas ingentes de conidios formando cirros.

Figura 6.11. Síntomas de la excoriosis de la vid. A-C, Lesiones necróticas en los sarmientos (flecha azul), que se terminan oscureciendo y causando resquebrajamientos y chancros en los tejidos de los brotes y los sarmientos afectados (D,E); F, infección en racimos cerca de la madurez, desprendiéndose las bayas fácilmente del raquis; G, desarrollo de picnidios del patógeno (flechas rojas) en los sarmientos afectados (Fuente: Fotos A,C,E-G: D. Gramaje; Fotos B,D: V. Guarnaccia).

Agente causal

Varias especies del género *Diaporthe* han sido asociadas a esta enfermedad, siendo *Diaporthe ampelina* (= *Phomopsis viticola*) la especie más virulenta (Úrbez-Torres et al., 2013). En EE.UU., esta enfermedad se conoce como "*Phomopsis cane and leaf spot*". Investigaciones recientes llevadas a cabo en varias regiones vitivinícolas de EE.UU. indican que las especies de *Diaporthe* pueden estar asociadas también a necrosis sectoriales de la madera, de color marrón oscuro y consistencia dura similares a lo descrito anteriormente en el decaimiento por Botryosphaeria y en la eutipiosis. Este hecho permitió la re-evaluación del papel de *Diaporthe* spp. como agentes causales de síntomas internos en la madera de la vid, y a la introducción de la enfermedad denominada decaimiento por *Diaporthe* ("*Phomopsis dieback*" en inglés), que en este caso se puede considerar como una enfermedad más del complejo EMVs (Úrbez-Torres et al., 2013). Hasta la fecha, la observación de estos síntomas internos de la madera asociados a *Diaporthe* spp. en España no ha sido frecuente. En la Tabla 6.2 se indican las especies de *Diaporthe* asociadas a la excoriosis en España.

Las especies de *Diaporthe* se caracterizan por desarrollar micelio de color blanquecino, crema, y picnidios globosos, negros. Presentan dos tipos de conidióforos que dan lugar a dos tipos de conidios, conidios alpha (α) y beta (β). Los primeros son alargados y apuntados en la base que dan lugar a conidios α, que son alargados-ovalados y con los bordes redondeados. El segundo tipo de conidióforos se caracteriza por ser cortos y producir conidios β, que son filiformes y ligeramente curvados. Estas características morfológicas permiten distinguir con facilidad *Diaporthe* spp. de otros hongos. En la naturaleza, el hongo se encuentra en su estado asexual, siendo los conidios las estructuras infectivas.

Epidemiología

La enfermedad presenta un ciclo monocíclico y totalmente asexual. Al final de invierno-principios de primavera, los conidios se forman y maduran en el interior de los picnidios que se formaron en la madera afectada durante el invierno. En condiciones de alta humedad ambiental, los conidios se liberan de los picnidios dispersándose con las gotas de lluvia sobre los tejidos verdes.

Tabla 6.2. Especies de *Diaporthe* asociadas a la excoriosis en España (Fuente: Gramaje et al., 2020).

Enfermedad	Agente causal	Referencia
	Diaporthe ambigua	Guarnaccia et al. 2018
	Diaporthe ampelina	Martin y Cobos 2007
	Diaporthe baccae	Guarnaccia et al. 2018
	Diaporthe eres	Guarnaccia et al. 2018
Excoriosis	*Diaporthe hispaniae*	Guarnaccia et al. 2018
	Diaporthe hungariae	Guarnaccia et al. 2018
	Diaporthe novem	Pintos et al. 2018
	Diaporthe phaseolorum	Pintos et al. 2018
	Diaporthe rudis	Guarnaccia et al. 2018

La dispersión es a corta distancia, ya que se produce por gotas de lluvia. Una vez los conidios llegan a la superficie de los tejidos verdes germinan causando la infección. La temperatura óptima para la infección varía entre 16 y 20°C, aunque las especies de *Diaporthe* pueden desarrollarse en un amplio rango de temperaturas de 5 a 35°C. Al final de la estación de cultivo forma de nuevo picnidios.

Una vez se produce la primera infección en un campo, el inóculo es difícil de erradicar, ya que año tras año se irán desarrollando nuevos picnidios sobre la madera infectada que servirá de inóculo para las infecciones de la siguiente primavera.

Estrategias de control

La enfermedad puede controlarse mediante un manejo integrado de saneamiento del cultivo y aplicaciones fungicidas. En primer lugar, el uso de material vegetal de propagación libre del patógeno es esencial para evitar el desarrollo de la enfermedad en el momento inicial de la plantación. Una vez establecida la plantación, y a partir de las primeras infecciones, se deben practicar labores de saneamiento eliminando los restos de poda y de material vegetal afectado, para evitar el desarrollo de picnidios sobre ellos. La aplicación de fungicidas protectores de amplio espectro como folpet o metiram y algunos sistémicos como las estrobilurinas (azoxistrobin) son muy efectivos frente a la enfermedad; mientras que los compuestos cúpricos muestran poca eficacia. Se recomienda comprobar los productos autorizados por el MAPA para cada cultivo y enfermedad cada vez que tengamos que dar una recomendación sobre tratamientos químicos a aplicar. Los tratamientos fungicidas deben realizarse a principios de la estación vegetativa, justo tras el inicio de la brotación, reduciendo así las fuentes de inóculo primarias.

Las primeras semanas tras la brotación son críticas para la infección, por lo que los tratamientos deben realizarse durante estas semanas, repitiéndolos periódicamente para evitar posteriores infecciones en los racimos.

Capítulo 7

Micosis de tronco, madera y raíz (II)

Pie negro, verticilosis, podredumbres de raíces leñosas, y podredumbres de raicillas

Carlos Agustí Brisach, David Gramaje Pérez,
Josep Armengol Fortí y Antonio Trapero Casas

En este segundo capítulo de micosis de tronco, madera y raíz, se van a tratar las principales micosis radiculares que afectan al cultivo de la vid. En primer lugar, y enlazando con el capítulo anterior, se describe el pie negro de la vid, que forma parte del complejo de EMVs. Posteriormente, se explican la marchitez vascular por verticilosis, así como las principales podredumbres de raíces leñosas, como la podredumbre blanca o podredumbre lanosa; y por último las podredumbres de raicillas.

EL PIE NEGRO DE LA VID ('*BLACK-FOOT DISEASE*')

La enfermedad del pie negro de la vid fue descrita por primera vez en Francia en 1961 y, desde entonces, se ha citado en todas las regiones vitivinícolas del mundo. En los últimos 30 años su incidencia ha aumentado considerablemente, afectando principalmente a plantas injertadas en vivero y causando daños tanto en los campos de enraizamiento como en las plantaciones recién establecidas (Gramaje y Armengol, 2011; Agustí-Brisach y Armengol, 2013, 2014). Es, por tanto, una enfermedad que afecta especialmente a plantas jóvenes. El incremento en la incidencia de la enfermedad se debe, en gran medida, a cambios en las prácticas culturales y en el manejo de los viñedos, así como a la baja calidad sanitaria del material de propagación (Gramaje et al., 2018). En España, el pie negro de la vid se ha citado desde el año 2000, afectando tanto a plantas de vivero como a plantas jóvenes en distintas zonas vitivinícolas del país. Cabe destacar que esta enfermedad no solo afecta a la vid, sino también a numerosos cultivos leñosos, incluidos frutales, especies forestales y ornamentales, especialmente en planta joven y en vivero.

El pie negro daña el sistema radicular y la base del portainjerto de plantas jóvenes, siendo especialmente susceptibles las plantas recién injertadas (Agustí-Brisach y Armengol, 2013, 2014). Las plantas infectadas muestran una reducción del desarrollo y menor vigor, así como ausencia o retraso de la brotación, acortamiento de entrenudos, clorosis en hojas y/o marchitez, y un decaimiento general que puede acabar con la muerte de la planta (Fig. 7.1A).

Figura 7.1. A-C, Síntomas de pie negro en un viñedo recién establecido. A, Planta mostrando falta de brotación y vigor en campo; B, planta injertada de vid con falta de desarrollo del sistema radicular, mostrando decoloración marrón-negra de la madera del portainjerto (C); D, planta injertada de vivero con decoloración marrón-negra de la madera del portainjerto; E, síntomas de pie negro en cepas adultas (Fuente: Fotos A-C: C. Agustí-Brisach; Fotos D,E: D. Gramaje).

Desde la base del portainjerto se desarrolla una necrosis generalizada de la madera del portainjerto en sentido ascendente que provoca una reducción importante de la masa radicular (Fig. 7.1B-D). En cortes transversales, estas lesiones necróticas pueden ir desde la médula hasta la corteza (Fig. 7.1C). En cepas adultas, se observa decoloración marrón-chocolate en la madera del portainjerto (Fig. 7.1E). Como vimos en el capítulo anterior, si sólo prestamos atención a los síntomas de la parte aérea, esto podría dar lugar a un diagnóstico visual erróneo al poder confundirse con los desarrollados por otras EMVs en planta joven como la enfermedad de Petri (Agustí-Brisach et al., 2013a). En este sentido, para el correcto diagnóstico del pie negro es necesario arrancar alguna de las plantas afectadas y observar los síntomas desarrollados en la base del portainjerto, así como el estado del sistema radicular.

El pie negro está causado por diversas especies de hongos ascomicetos de suelo de la familia *Nectriaceae*. Tradicionalmente, esta EMV se había asociado a las especies "*Cylindrocarpon*" destructans y "*C.*" obtusisporum.

Sin embargo, en las últimas dos décadas se ha demostrado que existe una gran diversidad de géneros y especies asociados con el pie negro. En este sentido, desde 2004, se describieron nuevas especies dentro del género "*Cylindrocarpon*" asociadas con la enfermedad, como "*C.*" *macrodidymum*, "*C.*" *liriodendri* y "*C.*" *pauciseptatum*; así como nuevas especies pertenecientes a otros géneros como *Campylocarpon* y *Cylindrocladiella*. Más recientemente, el antiguo género "*Cylindrocarpon*" ha sido dividido en diversos géneros en base a caracteres moleculares: *Cylindrocarpon sensu stricto*, *Dactylonectria* e *Ilyonectria*, lo que ha provocado cambios en la nomenclatura de las especies incluidas originalmente en el género *Cylidrocarpon sensu lato*. Actualmente, se han descrito los siguientes géneros de la familia *Nectriaceae* asociados al pie negro de la vid: *Campylocarpon, Cylindrocladiella, Dactylonectria, Cylindrodendrum, Ilyonectria, Neonectria, Pleiocarpon* y *Thelonectria* (Gramaje et al., 2018). En la Tabla 7.1 se indican las principales especies de estos géneros asociadas al pie negro de la vid en España.

Tabla 7.1. Especies de la familia *Nectriaceae* asociadas al pie negro de la vid en España (Fuente: Gramaje et al., 2020).

Enfermedad	Agente causal	Referencia
Pie negro	*Campylocarpon fasciculare*	Alaniz et al., 2011
	Cylindrocladiella parva	Agustí-Brisach et al., 2012
	Cylindrocladiella peruviana	Agustí-Brisach et al., 2012
	Dactylonectria alcacerensis	Agustí-Brisach et al., 2013a
	Dactylonectria hordeicola	Pintos et al., 2018
	Dactylonectria macrodidyma	Alaniz et al., 2007
	Dactylonectria novozelandica	Agustí-Brisach et al., 2013a
	Dactylonectria pauciseptata	de Francisco et al., 2009
	Dactylonectria riojana	Berlanas et al., 2020
	Dactylonectria torresensis	Agustí-Brisach et al., 2013a
	Ilyonectria liriodendri	Alaniz et al., 2007
	Ilyonectria pseudodestructans	Berlanas et al., 2020
	Ilyonectria robusta	Martínez-Diz et al., 2018
	Ilyonectria vivaria	Berlanas et al., 2020
	Neonectria quercicola	Berlanas et al., 2020
	Neonectria borealis	Crous et al., 2023
	Thelonectria olida	de Francisco et al., 2009

Estos hongos se caracterizan por desarrollar un micelio de tonalidades diversas, desde marrón anaranjado a tonos blanco-crema, y de crecimiento más o menos rápido en medios de cultivo como patata dextrosa agar (PDA) (Fig. 7.2A-C). En general, producen dos tipos distintos de conidios hialinos a partir de conidióforos alargados (Fig. 7.2D): micro- y macroconidios. Los microconidios son menores en tamaño, y normalmente aseptados (sin tabiques); mientras que los macroconidios son más alargados y normalmente tri-septados, aunque pueden presentar desde uno hasta cinco septos (Fig. 7.2E). Además, se caracterizan por producir clamidosporas, esporas redondeadas de pared gruesa que les permiten sobrevivir du-

rante largos periodos de tiempo en el suelo en ausencia de huéspedes (Agustí-Brisach et al., 2013b; Berlanas et al., 2017) (Fig. 7.2F). En particular, las especies de *Campylocarpon* sólo producen macroconidios, los cuales se caracterizan por ser hialinos, ligeramente curvados, y con uno a seis septos (Fig. 7.2G); y no suelen formar clamidosporas. Por su parte, las especies de *Cylindrocladiella* presentan conidios alargados, hialinos y redondeados en los extremos, sin o con un septo; desarrollan conidióforos peniciliados en la base, de la que emerge un estipe alargado que acaba con una vesícula hialina (Fig. 7.2H); y forman clamidosporas, generalmente agrupadas en cadenas (Fig. 7.2I).

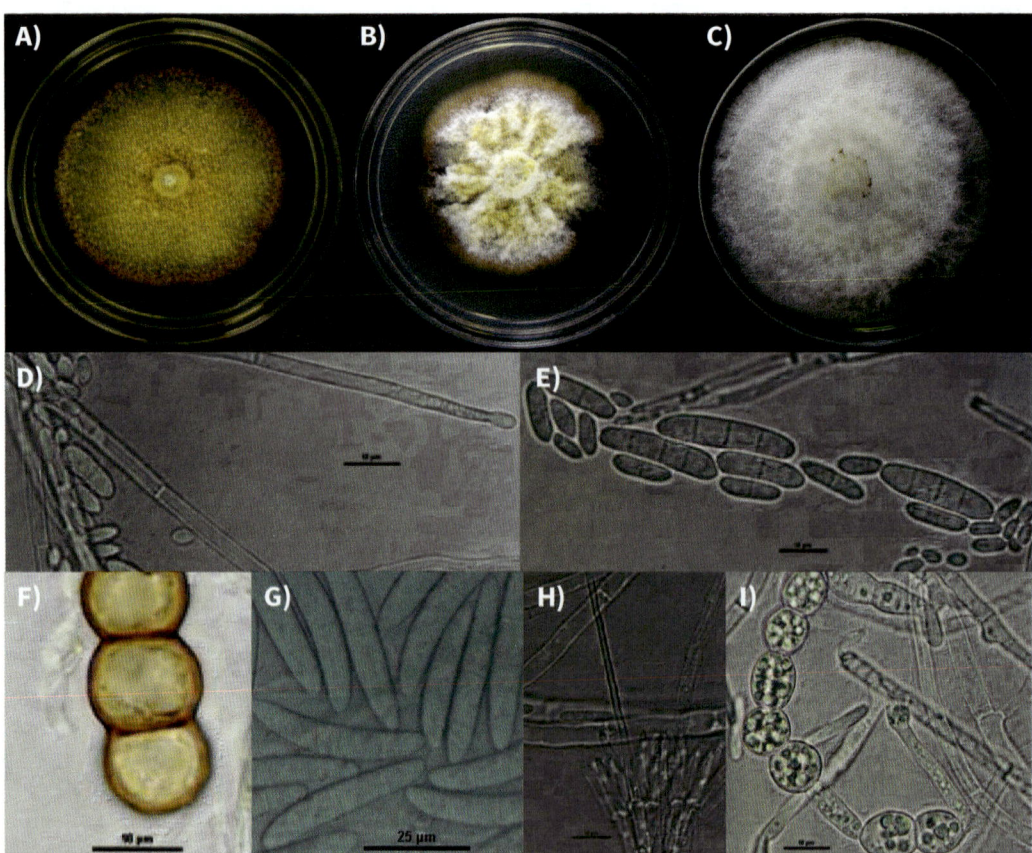

Figura 7.2. A-C, Colonias crecidas en medio de cultivo PDA de especies de *Ilyonectria* (A), *Campylocarpon* (B), y *Cylindrocladiella* (C); D-F, conidióforos, macro- y microconidios, y clamidosporas en cadena de *Ilyonectria* spp., respectivamente; G, macroconidios de *Campylocarpon*; H, I, conidióforos peniciliados y clamidosporas en cadena de *Cylindrocladiella*, respectivamente. Escalas: a-c, e-f = 10 µm; d = 25 µm (Fuente: Agustí-Brisach y Armengol, 2014).

Las estructuras sexuales de estos hongos no se han encontrado nunca en la naturaleza. Cabe destacar, que estos patógenos son frecuentes en vivero donde pueden aislarse de las raíces y de la madera de la base del portainjerto tanto de plantas madre como de planta injertada, por lo que el material vegetal de propagación de vid podría estar ya infectado en el momento del establecimiento de una nueva plantación (Agustí-Brisach et al., 2013c, 2013d).

Todos estos hongos se consideran patógenos y/o saprofitos con un amplio rango de huéspedes que incluyen a la mayoría de las plantas leñosas, desde cultivos frutales a plantas forestales y ornamentales. Al igual que en la vid, estos hongos afectan al desarrollo radicular de las plantas jóvenes, y pueden llegar a suponer un problema fitosanitario importante en viveros de planta forestal. Sin embargo, una vez la planta es adulta, el daño ocasionado por estos hongos es mínimo, actuando fundamentalmente como saprofitos; exceptuando los casos en que podamos encontrar elevadas densidades de inóculo en el suelo y la raíz.

Los hongos asociados con el pie negro de la vid infectan las plantas a través de las heridas ocasionadas en las raíces o en la parte basal del portainjerto que está en contacto con el suelo (Agustí-Brisach y Armengol, 2013). En el vivero, pueden verse afectadas tanto las plantas madre a partir de las que se obtiene el material vegetal de propagación, como las nuevas plantas injertadas destinadas a la venta (Agustí-Brisach et al., 2013d). La infección en las plantas madre tiene consecuencias importantes, ya que además de las propias plantas obtenidas directamente de ese material, la infección puede propagarse a toda una partida de plantas por transmisión a lo largo de las diferentes fases del proceso de producción de planta injertada. Como ya se ha mencionado anteriormente, algunos de estos hongos producen estructuras de resistencia (clamidosporas) que les permiten sobre-

vivir durante largo tiempo en ausencia de su huésped. Por tanto, hay que tener en cuenta que el suelo de los campos de vivero, así como el de los viñedos suponen una importante fuente de inóculo para la dispersión del patógeno, jugando un papel preponderante en la infección de nuevas plantaciones establecidas (Agustí-Brisach et al., 2013d; Berlanas et al., 2017).

Actualmente, no se conocen estrategias de manejo efectivas para el control del pie negro. Para el manejo integrado de la enfermedad, debemos tener en cuenta en primer lugar que, aunque la legislación no recoge hoy en día la certificación de planta de vid libre de inóculo de hongos de la madera, algunos viveros comerciales ofrecen la posibilidad de sanear la planta injertada mediante tratamientos por termoterapia, que consisten en someter a las plantas a un tratamiento mediante baño con agua caliente a 50°C durante 45 minutos ó 53°C durante 30 minutos en parada vegetativa, antes de distribuirlas para su venta (Gramaje, 2016; Eichmeier et al., 2018). Además, la implementación de medidas higiénicas para la desinfestación de las herramientas utilizadas durante el proceso de producción de planta injertada es fundamental para evitar la dispersión del patógeno a través del material de propagación de vid. Para ello, se puede emplear una solución de hipoclorito sódico al 10% o alcohol al 70%.

Un punto clave a tener en cuenta para el control del pie negro es la sanidad del suelo de los campos de propagación de los viveros, en el que residen importantes fuentes de inóculo de esta enfermedad (Gramaje y Armengol, 2011). La rotación de cultivos, que de forma estándar se realiza en viveros, consistente en la sustitución del cultivo cada 2 a 4 años por un cultivo de cobertura, no es efectiva frente a los hongos causantes de las EMVs, por lo que se han planteado nuevas estrategias para su control. La biofumigación con mostaza blanca reduce el inóculo de *D. torresensis* en suelo, así como la incidencia y severidad del pie negro, por lo que se debe considerar como una herramienta más para el manejo integrado de la enfermedad en viveros de vid (Berlanas et al., 2018).

En cuanto a las prácticas culturales, éstas deben ir enfocadas sobre todo en el contexto del establecimiento de nuevas plantaciones y su manejo durante los primeros años. Se recomienda seleccionar planta con un buen estado fitosanitario, con un portainjerto de grosor adecuado, buen desarrollo radicular, y siempre asegurándose que el injerto esté bien prendido. Se debe evitar doblar o enroscar las raíces en el momento de la plantación, asegurándose que éstas queden bien extendidas en el suelo. Se deben evitar todas aquellas situaciones agronómicas que puedan generar estrés a la planta, sobre todo evitando forzar excesivamente el cultivo para conseguir cosechas prematuras o rendimientos por encima de lo óptimo. En cuanto a la resistencia genética, los estudios realizados hasta el momento indican que el portainjerto 110 Richter es el más sensible a la enfermedad. Los estudios sobre control biológico tampoco son muy extensos, aunque hay evidencias científicas de que las plantas de vid cuyas raíces son colonizadas por el hongo micorrícico *Rhizophagus intraradices* previamente a la infección, muestran una buena resistencia a la enfermedad. Otras alternativas de biocontrol como las aplicaciones de *Trichoderma atroviride* cepa SC1 y/o *Bacillus subtilis* durante las diferentes fases del proceso de producción de planta en vivero han resultado efectivas según estudios recientes (Berbegal et al., 2020; Leal et al., 2023). Respecto al control químico, la aplicación de fungicidas autorizados sobre el material vegetal en vivero, principalmente en las fases de hidratación y de inducción del callo, así como en la fase de enraizamiento en campo, pueden disminuir considerablemente las infecciones causadas por estos hongos. Tras el establecimiento de la plantación, son convenientes los tratamientos fungicidas

preventivos para la protección de cualquier tipo de herida producida en la madera, cerca del suelo. Para ello, se pueden emplear fungicidas protectores como las sales de cobre, así como otras materias activas de carácter sistémico como triazoles o estrobilurinas (MAPA, 2025).

VERTICILOSIS (*'VERTICILLIUM WILT'*)

La verticilosis es una de las enfermedades vasculares más importantes que afecta a numerosos cultivos leñosos y hortícolas, y se encuentra distribuida por todo el mundo, siendo frecuente en las regiones de climas templados, como el Mediterráneo. En vid, se describió por primera vez en los 1950s en Alemania y, desde entonces, se ha ido describiendo en las principales regiones vitivinícolas del mundo. Provoca los daños más importantes en zonas de clima templado, en regadío. Sin embargo, en el resto de los escenarios de cultivo de vid ocurre de forma ocasional, y a veces puede incluso pasar desapercibida, ya que los síntomas externos pueden confundirse con los causados por estreses abióticos.

Los síntomas externos de la verticilosis son el resultado de la oclusión vascular y la muerte de las raíces causada por el patógeno, pero éstos no se expresan durante los primeros estadios de desarrollo del cultivo. Con el aumento de las temperaturas y el incremento de la transpiración, se empieza a observar la muerte de algunos brotes y la decoloración interna de los tejidos vasculares, que adquieren tonalidades anaranjadas. La planta reacciona emitiendo nuevos brotes muy vigorosos desde la base de la cepa. A principios del verano, las hojas de los sarmientos afectados se marchitan, mostrando chamuscado foliar en los bordes de la hoja. A mediados de verano, la mayoría de sarmientos que han vegetado con normalidad se colapsan repentinamente, y sus hojas se secan y caen al suelo. Los frutos de las cepas afectadas se deshidratan rápidamente, permaneciendo en la cepa. Normalmente, los síntomas están confinados en una sola parte de la planta, y solo ocasionalmente se observa el colapso de la planta entera.

Esta enfermedad presenta una gran diversidad de huéspedes, incluyendo desde malas hierbas hasta cultivos frutales y hortícolas (p.ej. algodón, tomate, olivo, etc.). En España, y particularmente en Andalucía, la verticilosis no es una enfermedad frecuente en vid. Sin embargo, se trata de la enfermedad más grave que afecta al olivar, causando importantes pérdidas económicas. Es conveniente hacer esta mención, ya que la vid y el olivo coexisten en muchas áreas geográficas de nuestro país, y el establecimiento de un viñedo en un suelo con largo historial de cultivos susceptibles a la verticilosis, como el olivar, podría causar infecciones severas en el viñedo.

El agente causal de la verticilosis es el hongo ascomiceto *Verticillium dahliae*. Éste se caracteriza por desarrollar un micelio blanquecino de desarrollo moderado-rápido en medio de cultivo PDA, que con el tiempo puede adquirir tonalidades oscuras debido a la formación de microesclerocios, estructuras de resistencia del patógeno. Los conidióforos son erectos, hialinos y verticilados, es decir, ramificados en forma de 'V', constituidos por tres o más fiálidas que emergen de cada nudo. En ocasiones, las fiálidas pueden presentar ramificaciones secundarias. Los conidios se forman en el extremo de las fiálidas, y son de elipsoidales a cilíndricos, unicelulares, e hialinos.

En cuanto a su ciclo biológico, los microesclerocios de *V. dahliae* actúan como estructuras de resistencia del patógeno y como estructuras infectivas. Los exudados de las raíces de las plantas huéspedes inducen la germinación de los microesclerocios en el suelo. Éstos, producen hifas que penetran en las raíces de las plantas alcanzando el sistema vascular. El hongo puede penetrar el tejido sano de la raíz o utilizar los pun-tos de inserción de raíces secundarias, así como cualquier herida artificial ocasionada en la raíz. Tras llegar al xilema, el micelio produce conidios que colonizan la planta sistémicamente por la corriente de savia. Cuando los síntomas empiezan a ser severos, comienzan a formarse de nuevo los microesclerocios, primero en el xilema y, posteriormente, en el resto de los tejidos afectados. La enfermedad suele aparecer en plantaciones de vid establecidas en suelos con historial de otros cultivos muy sensibles a *V. dahliae*, como el algodón, que suponen un reservorio de inóculo del patógeno en el suelo. La distribución de las vides afectadas es errática. Las vides establecidas en una nueva plantación con historial de la enfermedad normalmente no muestran síntomas hasta el segundo año, observándose nuevas infecciones en años sucesivos. Si las plantas no llegan a morir, éstas se acaban recuperando al quinto o sexto año de la plantación y apenas se ven afectadas por la enfermedad en los años sucesivos.

El control de la enfermedad se basa fundamentalmente en conocer el historial del suelo donde se va a realizar la plantación, en relación con los cultivos previos susceptibles al patógeno. Se recomienda realizar análisis de suelo para determinar y cuantificar la presencia de inóculo de *V. dahliae*. Existen protocolos que permiten estimar de forma aproximada el número de microesclerocios por gramo de suelo. Una vez se ha producido la infección no existen tratamientos eficaces para el control de la enfermedad, aunque actualmente existen agentes de control biológico, bioestimulantes e inductores de resistencia, que podrían ser efectivos para mitigar los daños (Wilcox et al., 2015).

PODREDUMBRE BLANCA ('*ARMILLARIA ROOT ROT*')

La podredumbre blanca es una enfermedad importante del viñedo en los principales países productores de vid, y es común en viñedos establecidos en suelos donde previamente habitaban especies forestales, como *Quercus*, entre otras.

El agente causal de la enfermedad es el hongo basidiomiceto *Armillaria mellea*, que afecta a más de 500 especies leñosas. Éste se caracteriza por desarrollar setas de color marrón anaranjado. Cuando se aísla en medio de cultivo PDA, las colonias desarrollan los rizomorfos característicos del patógeno. *Armillaria mellea* es el principal agente causal de la enfermedad en California y en Europa. Sin embargo, en otras regiones del mundo se han descrito diferentes especies de *Armillaria* asociadas a la podredumbre blanca de la vid, como *A. tabescens* en el sureste de EE. UU. y en Reino Unido; y *A. luteobubalina* y *A. novae-zealandiae* en Australia, y esta última especie también en Sudamérica.

Armillaria mellea infecta las raíces y el cuello de las vides, matando el cambium y provocando el decaimiento de los tejidos vasculares subyacentes. Como consecuencia, se produce un decaimiento general de la planta, con marchitez y defoliación prematura. El desarrollo de síntomas externos es progresivo, reduciéndose la masa foliar y el rendimiento de cosecha con el paso de los años como consecuencia de la destrucción del sistema vascular de las raíces leñosas. En ocasiones, en plantas que presentan síntomas moderados de la enfermedad, puede darse un decaimiento rápido y muerte de la planta al final de la estación del cultivo, entre el envero y la cosecha. Las restantes plantas infectadas que no mueren en este momento lo harán durante el próximo invierno. La enfermedad se desarrolla de forma localizada, en rodales que se van expandiendo rápidamente.

Los signos del patógeno en las raíces afectadas son fundamentales para el correcto diagnóstico de la enfermedad. El patógeno desarrolla masas de micelio blanquecino debajo de la corteza que se disponen en forma de abanico (Fig. 7.3). Estos signos son más evidentes en plantas con estados avanzados de la enfermedad, o muertas. Otro signo común que podemos encontrar es el desarrollo de rizomorfos oscuros, que son masas de micelio compuesto por hifas compactadas, dispuestas paralelamente. Normalmente estos los encontramos en el interior de la corteza cubriendo el micelio blanquecino descrito anteriormente. Además, en estados muy avanzados de la enfermedad, el patógeno desarrolla basidiocarpos (setas) en la misma base o alrededor del tronco de la planta. Estos signos no tienen valor para el diagnóstico, ya que no suelen aparecer todos los años, y cuando lo hacen, aparecen en plantas muy afectadas y se descomponen en dos semanas; además, no se distinguen visualmente de otras setas de hongos similares que pudiesen aparecer.

El ciclo biológico de *A. mellea* es general para todos los huéspedes a los que ataca. El patógeno sobrevive en forma de micelio durante varios años sobre restos de raíces de plantas previamente infectadas y muertas que permanecen en el suelo tras la eliminación del cultivo anterior (raigones). Cuando se establece una nueva plantación, las infecciones se producen por el contacto de las raíces de la planta con el micelio del hongo que permanece en los raigones. Una vez infectadas, estas raíces ya supondrán el inóculo para futuras plantaciones y, en menor medida, podrá contribuir a la infección de las plantas vecinas. La enfermedad aparece en rodales, ya que la capacidad del patógeno para expandirse por el suelo mediante rizomorfos es limitada. Las basidiósporas dispersadas a partir de las setas tampoco suponen una fuente de inóculo importante. Una vez el hongo establece contacto con la raíz, éste secreta enzimas líticas que degradan la corteza; y posteriormente, coloniza y mata secciones del sistema vascular de la raíz, donde desarrolla las masas de micelio blanquecino en forma de abanico. El micelio se sigue desarrollando por debajo de la corteza, colonizando y matando más tejido del cambium vascular.

Tras la destrucción del cambium vascular, el patógeno degrada la celulosa y otros componentes de la pared celular hasta destruir totalmente la planta. Cuando el micelio en forma de abanico se observa en el cuello de la planta, significa que el cambium de las raíces secundarias está ya destruido, y que el patógeno empieza a destruir el tronco de la planta (Gubler et al., 2004; Wilcox et al., 2015).

El control de la enfermedad debe ser fundamentalmente preventivo, teniendo en cuenta el historial del cultivo anterior, y en el caso de que le preceda un cultivo susceptible a *A. mellea*, deben de eliminarse en la medida de lo posible los raigones. Debido a que es imposible eliminar todos los raigones de un suelo, se recomienda dar sucesivos pases cruzados de laboreo para exponerlos en superficie, ya que las condiciones secas y de temperaturas elevadas no favorecen la supervivencia del hongo en los tejidos vegetales. Se recomienda el uso de portainjertos tolerantes a esta enfermedad como 'Saint George', 'Ramsey' y '110R', aunque se requiere seguir investigando en esta línea. Una vez establecida la infección, *A. mellea* presenta una elevada resistencia a cualquier tipo de tratamiento, desde las fumigaciones de suelo hasta las inyecciones en troncos con fungicidas. En EE. UU. se realizan fumigaciones al suelo, bien en tratamiento superficial o mediante inyección al suelo de compuestos como tatratiocarbonato de Na, pero en España este tipo de tratamientos no están autorizados (Wilcox et al., 2015). En nuestro país, únicamente pueden utilizarse tratamientos de biocontrol con *Trichoderma* spp., y tratamientos con azoxistrobin o mezclas de piraclostrobin + boscalida, aunque el efecto de estos fungicidas en el control de esta enfermedad parece muy limitado (MAPA, 2025).

PODREDUMBRE LANOSA ('*DEMATOPHORA ROOT ROT*')

La podredumbre lanosa es una enfermedad común en numerosas plantas herbáceas y leñosas en regiones del mundo de climas templados.

El agente causal es el hongo ascomiceto *Rosellinia necatrix* que crece a través del suelo, nutriéndose de raíces previamente muertas por la acción del propio patógeno o de los restos del cultivo. La humedad y la presencia de materia orgánica en el suelo favorecen su

Figura 7.3. Síntomas y signos de podredumbre blanca en vid. A, Podredumbre de raíz en una cepa de vid, observándose micelio blanquecino de *Armillaria mellea* por debajo de la corteza; B, detalle de masas de micelio blanquecino debajo de la corteza que se disponen en forma de abanico (flecha azul) (Fuente: D. Gramaje).

desarrollo, sirviéndole además la materia orgánica como nutriente. Aunque el patógeno produce conidios, el papel de éstos en la dispersión e infección es todavía desconocido, por lo que el hongo se dispersa fundamentalmente a través del suelo infestado o por material vegetal infectado. Además, el hongo soporta estaciones secas, sobreviviendo en restos de madera infectada (Gubler et al., 2004; Wilcox et al., 2015).

Rosellinia necatrix infecta las raíces desarrollando micelio blanquecino sobre la madera infectada. En condiciones de humedad, el hongo produce abundantes hifas sobre la superficie de las raíces infectadas con aspecto blanco algodonoso. Las hifas tienden a crecer a lo largo de las raicillas y, generalmente, forman vetas de micelio blanco en las cavidades del suelo. Con el tiempo, el micelio se oscurece. Este micelio se desarrolla por toda la madera y es algodonoso, distinguiéndose del de *A. mellea* porque éste último está confinado debajo de la corteza y se dispone en forma de abanico. Las

plantas afectadas muestran decaimiento, muriendo entre el primer y el segundo año de la infección.

El decaimiento y muerte de la planta puede ser rápido o progresivo. Cuando es rápido, las hojas se marchitan y quedan adheridas. Cuando el decaimiento es progresivo, se va observando reducción del vigor de la planta, amarilleamiento foliar, marchitez y formación de rebrotes desde la base del tronco. Las plantas muertas pueden arrancarse fácilmente, debido al deterioro de las raíces, observándose una pudrición de tonalidades marrón oscuro en la madera (Fig. 7.4).

El control de la enfermedad es complicado, ya que no existen tratamientos eficaces. El uso de portainjertos resistentes sería la estrategia de control más lógica, pero se necesita seguir investigando. Los estudios realizados hasta el momento indican que *Vitis arizonica*, *V. cinerea*, *V. flexuosa*, y algunas variedades de *V. vinifera* (Iona, Red Malaga, Palomino, Dog Ridge, Salt Creek, St. George),

Figura 7.4. Síntomas de podredumbre lanosa en la madera del portainjerto de una planta de vid (Fuente: C. Agustí-Brisach).

así como algunos híbridos seleccionados han resultado tolerantes a la enfermedad (Gubler et al., 2004; Wilcox et al., 2015). En España, está autorizado el biocontrol con *Trichoderma* spp., y tratamientos químicos con azoxistrobin (MAPA, 2025).

PODREDUMBRE DE RAICILLAS ('*PHYTOPHTHORA CROWN AND ROOT ROT*')

La podredumbre de raicillas es una enfermedad común en la mayoría de regiones vitivinícolas del mundo. En vid puede causar ocasionalmente pérdidas importantes en planta joven de vivero, pero lo más frecuente es que la enfermedad se asocie con portainjertos susceptibles, y bajo determinadas condiciones locales y ambientales.

Los síntomas aéreos son similares a los descritos para *A. mellea*, incluyendo escaso desarrollo de brotes, clorosis, envero prematuro, marchitez, defoliación y muerte de la planta. Las raicillas y la madera del cuello de la planta afectadas se vuelven necróticas. El cortex de las raíces se vuelve de color marrón oscuro-negro, mientras que la corteza y epidermis de las raicillas adquieren tonalidades marrón-rojizo a negro. Las vides pueden verse afectadas por la enfermedad en cualquier momento de su vida, pero los síntomas son más severos cuanto más joven es la planta. En los viñedos, la aparición de la enfermedad está asociado a zonas con mal drenaje y con elevada humedad del suelo.

Diversas especies del género *Phytophthora* se consideran el principal agente causal de la enfermedad. Actualmente, las especies de *Phytophthora* asociadas con podredumbres de raíz y cuello en vid son: *P. cactorum, P. cambivora, P. cinnamomi, P. citricola, P. cryptogea, P. drechsleri, P. megasperma* y *P. parasitica*. De entre ellas, *P. cinnamomi* se considera las más prevalente en todo el mundo y la más virulenta. Estos oomicetos, al igual que los mildius verdaderos, pertenecen al Reino Chromista o Stramenopila, y

se caracterizan por producir oosporas (fase sexual) derivadas de la fusión de dos gametangios diferentes (anteridio y oogonio), y zoosporas (fase asexual). Tanto si existe reproducción sexual como asexual se pueden desarrollar los esporangióforos, a partir de las oosporas, o de las clamidosporas o del micelio. En ellos se forman los esporangios, en cuyo interior se producen las zoosporas asexuales que posteriormente son liberadas. En general, los oomicetos del género *Phytophthora* se asocian en diferentes cultivos con síntomas de muerte de plántulas, podredumbre de raicillas, marchitez y podredumbre de tubérculos (Wilcox et al., 2015).

Phytophthora puede introducirse en un viñedo a través del material vegetal, por suelo infestado o por el agua de riego. Además, desarrolla oosporas y clamidosporas que le permiten sobrevivir durante largos periodos de tiempo tanto en el suelo como en restos vegetales o incluso en la vegetación adventicia. Los hongos del género *Phytophthora* se encuentran más activos en tiempo frío y húmedo. Las bajas temperaturas nocturnas y los días templados son condiciones ideales para su reproducción. Las zoosporas producidas a partir de las estructuras de resistencia del patógeno causan la infección primaria; desarrollándose micelio sobre las raicillas infectadas, que da lugar a la producción de nuevas zoosporas asexuales causantes de los sucesivos ciclos secundarios. Por tanto, el ciclo de patogénesis es típicamente policíclico en su fase asexual, dependiendo el número de ciclos de infección favorecidos en gran medida por la humedad del suelo, la lluvia, la temperatura y la resistencia de la planta.

El control de la enfermedad se fundamenta en evitar la introducción del patógeno en el viñedo, principalmente mediante el uso de material vegetal libre del patógeno. El drenaje adecuado del suelo dificulta la supervivencia del patógeno. Los portainjertos resistentes es una de las estrategias más importantes, aunque actualmente se trata de una línea de investigación en desarrollo. Entre los portainjertos de *Vitis* spp., Jacquez, 3-5 USVIT, 3-6 USVIT, y 2-1 USVIT se clasifican como tolerantes; Metalliko 101-14, y Grezot presentan una resistencia moderada; mientras que 1045 Paulsen, 1103 P, St. George, Rupestris du Lot, 99 Richter, 110 R, y Ruggeri 140 se clasifican como muy susceptibles (Wilcox et al., 2015). En España, está autorizado el biocontrol con la bacteria *Bacillus amyloliquefaciens*, y los tratamientos fungicidas con cimoxalino, fosetil-Al, fosfonato potásico o metalaxil (MAPA, 2025).

OTRAS PODREDUMBRES RADICULARES

Podredumbre texana ('*Phymatotrichopsis root rot*' en inglés): enfermedad común en EE.UU. y en el norte de México. El patógeno afecta a las raíces, desarrollando una especie de filamentos rígidos compuestos por hifas sobre la superficie de las raíces afectadas. El córtex de las raíces afectadas se separa fácilmente del cilindro leñoso. Como consecuencia, las plantas muestran decaimiento general, con decoloración y necrosis foliar completa a principios de verano, que se acaban defoliando durante el verano. El agente causal es el hongo *Phymatotrichopsis omnivora*. El hongo sobrevive en el suelo en forma de esclerocios. Cuando se dan periodos de altas temperaturas durante los meses de verano (28-30°C), los esclerocios germinan, desarrollando micelio que coloniza las raíces causando la infección. El hongo infecta el córtex, e invade los tejidos vasculares impidiendo la translocación de agua, debido a la oclusión de los vasos del xilema y, el decaimiento de la planta. El hongo se expande entre plantas colonizando las raíces adyacentes. El control de la enfermedad se basa en evitar establecer plantaciones en suelos infestados. Cultivos como algodón o alfalfa pueden ser indicadores de la presencia del patógeno en el suelo, ya que son especialmente sensibles a esta enfermedad. El uso de material vegetal libre de inóculo sólo es útil si éste se planta en suelos libres de inóculo; sino acabará infectándose. El portainjerto Dog Ridge es tolerante a la enfermedad.

'*Grape root rot*': enfermedad actualmente poco importante en vid, distribuida en Europa y EE.UU., que causa podredumbre de raíces gruesas y decaimiento de la planta. En ataques severos las plantas pueden llegar a morir. Esta enfermedad está causada por el hongo ascomiceto *Roesleria hypogaea*, hongo de suelo asociado a zonas frías y húmedas. Se considera un saprofito oportunista que coloniza raíces debilitadas o muertas, infectando a través de las heridas. Se dispersa por el suelo, infectando raíces adyacentes, expandiéndose de forma radial. También puede dispersarse por movimientos de suelo o a través del agua de riego. Para el control integrado de la enfermedad se pueden aplicar los métodos físicos y culturales descritos para *A. mellea*, además de favorecer el drenaje del suelo (Wilcox et al., 2015).

Capítulo 8

Procariotas (I)

Bacteriosis

Silvia Barbé Martínez, Félix Morán Villamizar,
Carlos Agustí Brisach, Antonio Trapero Casas
y Ester Marco Noales

GENERALIDADES SOBRE LOS PROCARIOTAS FITOPATÓGENOS

Introducción

Los procariotas (Bacterias) pertenecen al reino Monera. Son organismos microscópicos, unicelulares, que se reproducen de forma asexual, y su característica más significativa es que su material genético no está rodeado por una membrana, a diferencia de las células eucariotas, por lo que carecen de verdadero núcleo. Aunque se emplea el término "bacterias" para referirse a todos los procariotas, se distinguen el dominio Bacteria y el dominio Archaea, que, aunque comparten algunas características, se diferencian por diversos rasgos, como la composición de la membrana citoplasmática, la de la pared, y el mecanismo de transcripción. De hecho, estos dos grupos divergieron muy pronto en la historia de la vida y, como resultado, presentan singularidades moleculares y genéticas básicas que permiten diferenciarlos (Madigan et al., 2024).

Entre los procariotas patógenos de plantas, que pertenecen todos al dominio Bacteria, se han considerado tradicionalmente dos grupos: los que poseen pared celular, es decir, las bacterias, y los que carecen de la misma, fitoplasmas (Mollicutes). Todos son heterótrofos, lo que significa que utilizan moléculas orgánicas reducidas como fuente de carbono y, normalmente, también como fuente de energía (quimiorganotrofos) (de Vicente et al., 2018).

Atendiendo a sus características fisiológicas, el citoplasma de la bacteria contiene una alta concentración de solutos, lo que origina una elevada presión osmótica, de alrededor de dos atmósferas (Madigan et al., 2024). La presencia de pared celular permite resistir esta presión y evitar la lisis celular, a la vez que proporciona rigidez a la célula. En función de la composición de la pared celular, y de acuerdo con la tinción de Gram, se distinguen dos grupos de bacterias: Gram-positivas (G+) y Gram-negativas (G-). Todas las paredes celulares bacterianas presentan una capa rígida de peptidoglicano o mureína, y las G- presentan capas adicionales. En las bacterias G+, la pared celular es mucho más gruesa y en su mayor parte se compone de peptidoglicano en una o varias láminas. En las bacterias G-, el peptidoglicano solo representa una pequeña fracción de la pared, que está formada, mayoritariamente, por la denominada membrana externa, una segunda bicapa lipídica compuesta no solo por fosfolípidos y proteínas sino también por polisacáridos. Estos lípidos y polisacáridos están unidos constituyendo una capa de lipopolisacáridos en la parte exterior de la membrana externa. Además, en las G-, entre la membrana citoplasmática y la membrana externa se sitúa una región llamada periplasma, que contiene proteínas que intervienen en el transporte, la detección de sustancias químicas y otras funciones importantes. Aunque la mayoría de los procariotas no pueden sobrevivir sin las paredes celulares, los Mollicutes sí son capaces de hacerlo, ya que se encuentran en ambientes osmóticamente protegidos, como el citoplasma de células eucariotas, el sistema vascular de las plantas, o la hemolinfa de insectos (de Vicente et al., 2018).

Las bacterias patógenas de plantas (bacterias fitopatógenas) son capaces de causar enfermedades graves en numerosas especies vegetales en todo el mundo, muchas de las cuales constituyen importantes cultivos. No obstante, el número de enfermedades conocidas de origen bacteriano es comparativamente inferior al de las causadas por hongos y virus fitopatógenos, aunque los daños y costes económicos atribuibles a las bacteriosis pueden ser muy elevados (de Vicente et al., 2018). Las clases de bacterias más importantes desde el punto de vista del impacto económico, y por el elevado número de especies patógenas que agrupan, son *Gammaproteobacteria* y *Betaproteobacteria* (phylum *Pseudomonadota*) (Oren y Garrity, 2021). En estos grupos se incluyen todas las bacterias fitopatógenas G-, con más de 20 géneros descritos, como *Agrobacterium*, *Erwinia*, *Liberibacter*, *Pseudomonas*, *Ralstonia*, *Xanthomonas*, *Xylella* y *Xylophilus*, que tienen mucha relevancia, tanto por las pérdidas que causan en cultivos estratégicos como por los avances en su conocimiento, al ser algunas de ellas bacterias modelo en investigación (Agrios, 2005). Hasta hace 25 años, la clasificación de la mayoría de las *Gammaproteobacteria* y *Betaproteobacteria* se basaba predominantemente en su especificidad de huésped, determinando así su nomenclatura de especie o de patovar. Sin embargo, los avances en las herramientas de análisis molecular han revolucionado las clasificaciones taxonómicas actuales, que se fundamentan principalmente en el análisis del contenido genómico, favoreciendo una mayor precisión y resolución en la identificación y organización de estas bacterias.

Por otra parte, las clases *Bacilli* y *Actinomycetes* (phylum *Bacillota* y *Actinomycetota*) incluyen diversas bacterias fitopatógenas G+, como las especies de los géneros *Bacillus*, *Clavibacter*, *Curtobacterium*, *Rhodococcus* y *Streptomyces* (Hogenhout y Loria, 2008). Por último, la clase Mollicutes, única dentro del *phylum Mycoplasmatota*, agrupa las bacterias sin pared, donde se incluyen 'Candidatus Phytoplasma'y *Spiroplasma* (Kirdat et al., 2023) (Tabla 8.1).

Morfología y estructura de las bacterias

Las bacterias fitopatógenas tienen mayoritariamente un tamaño de entre 0,2 y 5 µm, y morfología normalmente alargada o cilíndrica (bacilos), aunque podemos encontrar también otras formas (cocos, espirilos, etc.). La célula se compone de una envoltura o pared celular y una membrana que engloba el citoplasma, sin orgánulos ni citoesqueleto. Contiene un único cromosoma constituido por ADN bicatenario y circular que no está aislado del citoplasma por ningún tipo de membrana (carece de núcleo), y posee ribosomas de pequeño tamaño del tipo 70S.

Es frecuente que las bacterias contengan plásmidos; son moléculas circulares de ADN extracromosómico presente en el citoplasma y de un tamaño y número muy variables (4-1000 kilobases). Estos son portadores de información genética accesoria y se transmiten independientemente del ADN cromosómico (Russell, 1998; Rosenberg et al., 1982; Rodríguez-Beltrán et al., 2021). Los plásmidos pueden transferirse de forma natural entre bacterias de la misma especie o especies afines mediante conjugación, y también pueden producirse

Tabla 8.1. Clasificación actual de los principales procariotas fitopatógenos.

Phylum	Clase	Orden	Familia	Género
Pseudomonadota	Gammaproteobacteria	Enterobacterales Pseudomonadales Lysobacterales Hyphomicrobiales	Erwinaceae Pseudomonaceae Lysobacteraceae Rhizobiaceae	Erwinia Pseudomonas Xanthomonas, Xylella Agrobacterium, Liberibacter
	Betaproteobacteria	Burkholderiales	Comamonada	Xylophilus
Bacillota	Bacilli	Bacillales	Bacillaceae	Bacillus
Actinomycetota	Actinomycetes	Actinomycetales Streptomycetales Mycobacteriales	Microbacteriaceae	Clavibacter, Curtobacterium
			Streptomycetaceae	Streptomyces
			Nocardiaceae	Rhodococcus
Mycoplasmatota	Mollicutes	Entomoplasmatales	Spiroplasmataceae	Spiroplasma
		Acholeplasmatales	Acholeplasmataceae	'Candidatus Phytoplasma´

eventos de recombinación, con plásmidos o entre plásmidos, que permiten el intercambio de fragmentos de material genético (Panopoulos y Peet, 1985; De la Cruz y Davies, 2000). En ocasiones, los plásmidos codifican funciones esenciales en la interacción planta-patógeno, virulencia, resistencia a antibióticos y a metales pesados o detoxificación (Sundin, 2007).

Las bacterias se caracterizan también por formar externamente estructuras a modo de apéndices, pelos o vellosidades denominadas flagelos, fimbrias y *pili*, respectivamente (Edwards y Puente, 1998; Burdman et al., 2011; Ichinose, 2024). Los flagelos confieren a la bacteria la capacidad de moverse en medios líquidos (*swimming*, en inglés), y también permiten el deslizamiento en superficies sólidas (*swarming*), como una forma de movimiento multicelular coordinado (Kearns, 2010). Los flagelos, cuya rotación impulsa las células a través del medio líquido, son apéndices largos y finos, compuestos de subunidades de proteínas (flagelina), libres por un extremo y anclados en la envuelta celular por el otro. La disposición de flagelos varía según la especie bacteriana, clasificándose en: monotricos, lofotricos, anfitricos o peritricos. Por otra parte, las fimbrias y los *pili* son estructuras externas filamentosas de naturaleza proteica que desempeñan varias funciones relevantes. Las fimbrias ayudan a fijarse a superficies, como los tejidos del huésped, y a la formación de biopelículas (*biofilms*), que son agrupaciones organizadas de células bacterianas adheridas a una superficie y embebidas en una matriz adhesiva formada por excreciones celulares y restos de células muertas. Los *pili* son similares a las fimbrias, pero son más largos y menos numerosos. Además de unirse a superficies, como las fimbrias, los *pili* tienen funciones adicionales como facilitar el intercambio genético en el proceso de conjugación. Los *pili* de tipo IV están implicados en el movimiento pulsante (*twitching*), que permite el deslizamiento sobre superficies sólidas mediante la extensión y retracción de estos apéndices (Kearns, 2010).

Algunas bacterias G+ pueden formar, en condiciones adversas, estructuras de resistencia llamadas endosporas, pero esto no ocurre en el caso de las bacterias G+ fitopatógenas.

Crecimiento y reproducción. Variabilidad bacteriana

Una célula bacteriana incrementa su biomasa celular hasta que se divide en dos células hijas idénticas, en un proceso conocido como fisión binaria, proceso aparentemente simple pero complejo desde el punto de vista biológico. La célula incrementa sus constituyentes celulares de una forma proporcionada, lo que incluye la replicación del cromosoma y la separación de las moléculas duplicadas, de forma que cada mitad celular reciba una copia completa para, a continuación, formarse un tabique o septo mediante el crecimiento de la membrana citoplasmática y la pared celular; de esta manera, la célula madre acaba dividiéndose en dos células hijas idénticas (Agrios, 2005). La replicación del cromosoma circular ocurre con este unido a la membrana para facilitar su distribución durante la división, y comienza en un punto denominado origen de replicación. Por tanto, el crecimiento poblacional sigue una cinética de progresión geométrica, de manera que es exponencial con respecto al tiempo, y teóricamente ilimitado, siempre que no exista un factor limitante. Pero esta situación es transitoria y temporal en condiciones naturales, ya que el crecimiento de las bacterias está limitado, entre otros factores, por la ausencia de nutrientes; en el caso de las bacterias de plantas, por el material vegetal activo de sus respectivos huéspedes. Este tipo de comportamiento poblacional se representa siguiendo una curva de crecimiento que consta de varias fases en función de los diferentes estados fisiológicos de la población bacteriana: fase de latencia, fase exponencial, fase estacionaria y muerte. Según este patrón de comportamiento, tras la infección o inoculación en la planta, se produce un retardo en el inicio del crecimiento y la división celular, ya que es necesario un proceso de adaptación al medio que implica, por ejemplo, síntesis de nuevos enzimas, siendo esta la fase de latencia; posteriormente se produce un crecimiento rápido de la población bacteriana por división celular continuada, siendo esta, por tanto, la fase de crecimiento exponencial; en la fase estacionaria tiene lugar un agotamiento en el medio de las fuentes de carbono y energía o de otros sustratos, acumulación de sustancias tóxicas, modificaciones de pH, existencia de barreras físicas, etc., que provocan un cese en el crecimiento exponencial, pasando a un crecimiento mucho más lento, y si los factores limitantes para el crecimiento de la población bacteriana no cesan, esta entrará en la fase de muerte o inactivación (Madigan et al., 2024).

Debido al tipo de multiplicación asexual de las bacterias, la frecuencia y el grado de variabilidad entre la progenie resultan muy reducidos, pero pese a ello, incluso entre los individuos de la progenie se pueden apreciar algunos con características diferentes, fruto de la variabilidad genética. Los principales mecanismos de variabilidad genética en bacterias son la mutación y la recombinación, seguidos de la transducción, la conjugación, la transformación y la presencia de elementos transponibles (Sundin, 2007).

La mutación representa cambios en la secuencia de bases de ADN mediante la sustitución, adición o deleción de uno o varios pares de bases, que son transmitidos por vía hereditaria a la progenie. Por otro lado, la recombinación en bacterias puede tener lugar mediante procesos de transferencia horizontal de genes y su posterior incorporación al ADN bacteriano, simulando en cierta medida el resultado de una reproducción sexual. Esta transferencia horizontal de genes puede darse mediante tres procesos principales: 1) conjugación, cuando dos bacterias compatibles se ponen en contacto y una porción de un plásmido o del cromosoma de una de ellas es transmitido a la otra a través de un puente de conjugación o *pili*; 2) transformación, la célula bacteriana se transforma genéticamente mediante la adsorción y posterior incorporación de ADN libre en el medio, que provendría de la lisis de otras células cercanas o de la secreción de ADN por otras bacterias; y 3) transducción, cuando un virus bacteriano (bacteriófago) transfiere el material genético desde una bacteria a la que había infectado previamente. Cabe destacar que la transferencia del material genético por estos tres métodos se puede llevar a cabo hacia miembros de especies o incluso géneros bacterianos diferentes.

Otro mecanismo de variabilidad genética en bacterias son los elementos transponibles, que son secuencias de ADN que pueden cambiar su posición en un genoma, y ello podría implicar una variación de la información genética (p. ej. interrumpiendo la funcionalidad del gen en el que se inserta o, por el contrario, insertando una secuencia de ADN que puede contener un gen, pudiendo así la célula bacteriana adquirir nuevas funciones como, por ejemplo, la resistencia a antibióticos).

Mecanismos de patogenicidad y colonización de la planta

Las bacterias fitopatógenas están altamente especializadas, y son capaces de producir activamente la muerte celular y destrucción de los tejidos de la planta mediante la acción de metabolitos fitotóxicos (exotoxinas), de enzimas proteolíticos que degraden la pared de las células vegetales (exoenzimas), o por interferencia con los procesos fisiológicos o genéticos del huésped.

La interacción entre las bacterias fitopatógenas y las plantas se inicia habitualmente al percibir las bacterias las condiciones del entorno en el que se encuentran, gracias a una serie de receptores celulares, como los sistemas de dos componentes (p. ej., los receptores histidina-quinasa en

Pseudomonas syringae) (Lavín et al., 2007), que les permiten detectar señales químicas y ambientales. Según las condiciones, las bacterias pueden activar mecanismos para adherirse al tejido del huésped o para moverse a través de la superficie del mismo. En el proceso de adhesión al tejido se emplean adhesinas fimbrilares y no fimbrilares. Las fimbrilares, como los *pili* tipo IV presentes en *Xylella fastidiosa*, no solo permiten la adhesión sino también el movimiento retráctil por la superficie sólida del tejido vegetal (Feil et al., 2007; Caserta et al., 2010). Las no fimbrilares están constituidas por una sola proteína, como la adhesina YadA en *Ralstonia solanacearum*, y se asocian principalmente con estadios iniciales de la infección, pero no en los posteriores de agregación celular (Carter et al., 2023).

Las bacterias fitopatógenas se dispersan principalmente mediante lluvia, aerosoles provocados por el viento, actividad humana o insectos vectores. La mayoría de ellas tienen una fase residente epífita o rizófita como comensales, pero en determinadas condiciones ambientales o del huésped pueden llegar a infectarlo. La fase epífita se inicia con la adhesión a la superficie de la planta; entonces las bacterias se multiplican en determinadas zonas de la superficie de los órganos de la planta, pudiendo en muchos casos formar biopelículas, que son estructuras reversibles, y posteriormente agregándose en conglomerados. Las biopelículas actúan como estructuras de resistencia frente a condiciones ambientales desfavorables o la presencia de antimicrobianos, y son entornos en los que se produce una elevada comunicación e intercambio genético intercelular (Castiblanco y Sundin, 2016). Una vez en la superficie de la planta, y habitualmente a partir de las biopelículas, en un determinado momento, y como resultado de la expresión de genes relacionados con la motilidad, entre otros factores, se liberan bacterias en estado planctónico, que se mueven hacia zonas favorables para su desarrollo, pudiendo penetrar en el interior de la planta. Bien por heridas o bien por aperturas naturales de la planta (lenticelas, estomas, hidatodos, etc.), las bacterias pueden superar la barrera epidérmica e interaccionar a nivel celular desde el apoplasto del tejido. Entonces, el reconocimiento del organismo patógeno por parte del huésped puede desencadenar los mecanismos de defensa de la planta que, dependiendo del tipo de interacción, pueden o no detener la infección (Burbano-Figueroa, 2020). La diseminación en el huésped se produce por la invasión del tejido conductor o de los espacios intercelulares; y esta fase endófita puede alternarse con la fase epífita. Sin embargo, muchas bacterias vasculares y los fitoplasmas precisan de insectos vectores para propagarse, penetrar en el xilema o el floema de la planta y llegar a causar infección (Hildebrand, 2002). En cualquier caso, una vez dentro del tejido vegetal, las bacterias fitopatógenas desencadenan un conjunto de procesos dirigidos a bloquear los mecanismos de defensa de la planta y a movilizar nutrientes para su crecimiento.

Dependiendo de cada especie, las bacterias fitopatógenas tienen distintos mecanismos de patogenicidad: los sistemas de secreción, de los cuales hay diversos tipos, como el tipo III, que inyectan proteínas en las células que infectan alterando sus procesos normales; sistemas flagelares y fimbrias, que se relacionan con el movimiento bacteriano y con la adhesión de las células a superficies, haciendo posible la agregación bacteriana y la formación de biopelículas; biopelículas, cuya función principal es la protección de las bacterias ante las fluctuaciones del medio y en donde se crea un microcosmos que favorece la transferencia horizontal de genes, exopolisacáridos, que son biopolímeros de carbohidratos exocelulares presentes en la superficie de muchas bacterias, que contribuyen a la protección celular y a su patogénesis de manera directa, colapsando el tejido afectado, o indirecta, dificultando el reconocimiento por las defensas del hospedador; sistemas de comunicación dependientes de la densidad celular, *quorum sensing*, que regulan diferentes aspectos de las bacterias (producción de factores de virulencia, motilidad, síntesis de antibióticos, pigmentos, etc.); sistemas de captación de hierro, un elemento nutricional esencial para la vida de los organismos, ya que actúa como cofactor en numerosas proteínas, y que suele estar en baja concentración en el medio; metabolismo de algunos azúcares, con el fin de utilizarlos como fuentes de carbono para la producción de los exopolisacáridos, favoreciendo la colonización de la planta o permitiendo competir con otras bacterias presentes en el mismo nicho; y otros factores extracelulares, como proteasas y citotoxinas, que debilitan la respuesta defensiva de la planta y facilitan la propagación de la bacteria, degradando la pared celular vegetal o induciendo la muerte celular programada o la apoptosis (Pfeilmeier et al., 2016; Kannan et al., 2015).

BACTERIOSIS

A continuación, se describen las principales bacteriosis que afectan al cultivo de la vid: la necrosis bacteriana, la tuberculosis y el chamuscado foliar (Enfermedad de Pierce).

Necrosis bacteriana (*'Bacterial blight'*)

La necrosis bacteriana es una enfermedad destructiva en vid que era conocida en Italia y Francia desde la segunda mitad del siglo XIX (Ravaz, 1895). Debido a la dificultad de aislamiento del agente causal de esta bacteriosis, se asoció a la bacteria *Erwinia vitivora* a lo largo de todo un siglo. Pero en 1969, la bacteria causante de la enfermedad se consiguió aislar e identificar en Grecia, y se le denominó inicialmente *Xanthomonas ampelina* (Panagopoulos, 1969), reclasificándose posteriormente como *Xylophilus ampelinus* en función de sus características genéticas (Willems et al., 1987).

X. ampelinus es una bacteria sistémica, ya que se localiza en el tejido xilemático, aun-

que con una distribución irregular (Cambra et al., 2018). Su diseminación se debe al uso de injertos, material de enraizamiento, material de poda o maquinaria contaminada (Panagopoulos, 1988; EFSA, 2014). En la planta, esta bacteria puede aparecer periódicamente de forma latente, expresándose los síntomas de la necrosis bacteriana en determinadas condiciones climáticas y culturales (Panagopoulos, 1969, 1988; Grasso et al., 1979; Grall y Manceau, 2003; Grall et al., 2005). Los síntomas pueden manifestarse en cualquier tejido aéreo de la planta, pero en las primera fases se observan en los brotes jóvenes, cuando estos tienen entre dos y tres semanas, en donde, inicialmente, se observa una línea marrón-rojiza que se extiende desde su base hasta el extremo de los mismos. Las yemas de los brotes infectados no se desarrollan o muestran crecimiento atrofiado, y el corrimiento de flores es muy acentuado, es decir, muchas no llegan a cuajar y, por tanto, no se forma el fruto (Fig. 8.1A). Posteriormente, aparecen grietas a lo largo de los brotes infectados, debido a la fuerza ejercida por la hiperplasia de los tejidos cambiales, resquebrajándose a lo largo de la lesión. Estos se rodean de necrosis con tonalidades de color marrón-oscuro a negro, donde, además, se desarrollan chancros que profundizan en los tejidos extendiéndose hasta la médula, y que llegan a abrirse dejando al descubierto el xilema (Fig. 8.1B). Internamente, se observa decoloración de los tejidos vasculares, adquiriendo tonalidades de color marrón-rojizo (Fig. 8.1C). En las hojas, sobre todo en lugares con primaveras lluviosas, pueden apreciarse manchas de pocos milímetros de diámetro, que evolucionan a áreas necróticas rodeadas habitualmente por un halo amarillo (Fig. 8.1D); con el tiempo la parte central seca cae, quedando un síntoma llamado "agujero de bala". Los brotes acaban marchitándose, apreciándose un decaimiento generalizado de la planta, que deja de ser productiva y puede llegar a morir, ya que la bacteria, al ser sistémica, se va distribuyendo por todos los brazos. En el pedúnculo y en el raquis de los racimos también pueden originarse resquebrajamientos y chancros. Es importante destacar que los síntomas aéreos descritos no son específicos de esta enfermedad, pudiéndose confundir con los de otra enfermedades aéreas causadas por hongos. En este sentido, los síntomas foliares podrían confundirse con los desarrollados por la antracnosis de la vid (*Elsinoe ampelina*); y los chancros y decoloraciones internas con la excoriosis (*Phomopsis viticola*); y, en general, con los causados por algunos hongos de la madera (*Phaeoacremonium minimum*, *Phaeomoniella clamydospora*, *Fomitiporia mediterranea*, *Eutypa lata*, *Botryosphaeria* spp. o *Verticillium* spp.) (EPPO, 2009), cuya sintomatología principal es la falta de brotación, las ramas muertas y la coloración marrón, aunque no haya formación de chancros. Los chancros son a veces confundibles con daños físicos en la planta, como

los provocados por el granizo. Por tanto, para el correcto diagnóstico e identificación del agente causal es necesaria la implementación de técnicas serológicas (como ELISA e inmunofluorescencia) y moleculares (PCR y secuenciación), además del aislamiento (que tiene gran dificultad), la identificación de los cultivos bacterianos y la verificación de la patogenicidad (EPPO, 2009).

X. ampelinus es una bacteria G-, aerobia, y con un único flagelo polar (Cambra et al., 2018). Es la única especie dentro de este género, y afecta solo a vid (*Vitis vinifera* y *Vitis* spp. utilizadas como portainjertos).

Actualmente, la enfermedad está presente en Asia (Japón, Jordania), Europa (Grecia, Moldavia, Italia, Ucrania, Rusia, Francia y Eslovenia) y, de forma más restringida, África (solo detectada en Sudáfrica)

Figura 8.1. Síntomas de necrosis bacteriana. A, Corrimiento de flores; B, chancro en sarmiento y resquebrajamiento de los tejidos a lo largo de la lesión; C, médula con necrosis; D, hojas con manchas necróticas poligonales de color negro y halo amarillo. (Fuente: M.A. Cambra, C.S.C.V. Zaragoza).

(https://gd.eppo.int/taxon/XANTAM/distribution; 15/12/2025). En España se describieron focos en Aragón, La Rioja, Galicia y Navarra, a partir de la década de los años ochenta, habiendo disminuido su incidencia a partir de los noventa (Cambra et al., 2018), de modo que se considera que no está hoy día presente en nuestro país.

Respecto a su ciclo biológico, *X. ampelinus* sobrevive y se multiplica en los tejidos vasculares de las cepas y los portainjertos de vid infectados, donde puede formar biopelículas (Grall y Manceau, 2003). Al final del invierno, se mueve a través del xilema desplazándose hasta el resto de tejidos sanos de la planta; y puede también salir al exterior a partir de los exudados bacterianos, que se dispersan por el agua de lluvia y riego, instalándose en las cámaras subestomáticas del envés de las hojas, donde puede multiplicarse e inducir síntomas foliares. Al final de la primavera y en el verano, la bacteria penetra en la planta a través de cualquier tipo de abertura, ya sea artificial o natural, y es cuando se desarrollan los chancros (Cambra et al., 2018). Las lluvias y el viento facilitan tanto la dispersión de la bacteria como la producción de heridas en los tejidos vegetales, favoreciendo la infección. También puede transmitirse a través de las herramientas de poda, o a más larga distancia por el uso de material vegetal de propagación infectado. Los exudados de savia de plantas contaminadas, los tallos, las hojas de plantas infectadas, y los chancros desarrollados, suponen una fuente de inóculo importante para nuevas infecciones (Cambra et al., 2018).

Al tratarse de un organismo patógeno nocivo regulado (Reglamento de ejecución (UE) 2019/2072), los métodos de control legislativos implican el uso de material vegetal de propagación sin presencia de la bacteria. Los tratamientos por termoterapia con agua caliente podrían ser efectivos para el saneamiento de los portainjertos en parada vegetativa antes de su distribución. Se

ha demostrado que el tratamiento frente a flavescencia dorada y *Allorhizobium vitis* elimina eficazmente *X. ampelinus* en esquejes de vid (Manceau, 2006). Sin embargo, aún no se ha probado en el material de propagación (portainjertos y vástagos o esquejes injertados). Una vez establecida la enfermedad en un viñedo, se recomienda eliminar todos los tejidos vegetales infectados para reducir inóculo en campo, y realizar podas severas de saneamiento de las partes con síntomas, así como evitar el riego por aspersión. También se recomiendan tratamientos químicos con compuestos cúpricos, como preventivos, inmediatamente tras la poda, y periódicamente hasta mitad de foliación, sobre todo en zonas lluviosas. Actualmente, las medidas preventivas son la única forma de control de esta grave enfermedad (EFSA, 2014).

Tumores de la vid ('*Crown gall*')

Los tumores en plantas afectan a gran diversidad de especies, y consisten en el desarrollo de agallas (o tumores) que influyen en el vigor y la viabilidad de la planta. Los tumores en vid se observaron por primera vez en Alemania en 1822 ó 1870, según distintas fuentes (Ghica, 2010; Bobeş et al., 1972), pero no fue hasta 1895, en Italia, en que se pudo establecer el agente causal haciendo ensayos de patogenicidad (Vizitiu y Dejeu, 2011). A partir de principios del siglo XX empezó a detectarse por todo el mundo, describiéndose por primera vez afectando a vid en España en 1962 (López, 1998). Es una enfermedad común en todas las regiones vitivinícolas del mundo, pero es más frecuente en áreas de cultivo con bajas temperaturas invernales, ya que las heladas provocan un resquebrajamiento del tejido y esto facilita que la bacteria penetre a través de las heridas (Burr y Otten, 1999).

Las vides afectadas muestran agallas o tumores en la madera producidos por la multiplicación excesiva y desordenada de tejidos meristemáticos (tejido primario y secundario del floema y células parenquimáticas)

Figura 8.2. Tumores en vid causados por *Allorhizobium vitis*. A, Agalla o tumor típico de la enfermedad (Fuente: R. Santiago, SSV-Badajoz); B, tumores en zona de injerto (Fuente: R. Santiago, SSV-Badajoz); C, tumor grande en la base del portainjertos (Fuente: D. Olmo, LOSVIB-CAIB).

que, generalmente, son consecuencia de desequilibrios hormonales (fitohormonas: citoquininas y auxinas) provocados por la bacteria (Fig. 8.2A) (Burr y Otten, 1999). Los desequilibrios se inician en el cambium, provocando una alteración en el movimiento de nutrientes, comprometiendo, por tanto, el desarrollo y la viabilidad de la planta (Schroth et al., 1988; Kawaguchi, 2022). Al principio, los tumores tienen apariencia de nódulos carnosos de color claro (Fig. 8.2A), después se van tornando parduzcos y se van lignificando exteriormente. La aparición de tumores es más frecuente en la parte basal de la planta, justo alrededor del punto de injerto (Fig. 8.2B), cerca de la línea del suelo, aunque también se pueden formar debajo de la superficie (Burr et al., 1998). La incidencia de esta enfermedad puede ser significativa en las plantas injertadas en vivero, causando importantes pérdidas económicas por la cantidad de plantas que

deben descartarse para su venta (Stewart y Wenner, 2004). Inicialmente, estos tumores son pequeños, presentándose de forma localizada o en masas en forma de granos, a lo largo de todo el tronco. Con el tiempo, derivan en tumores grandes (Fig. 8.2C) que acaban afectando al desarrollo general de la planta, ya que se suele producir una obstrucción vascular, limitándose el flujo de agua y nutrientes; entonces la planta se debilita, es más susceptible a otros estreses, y puede llegar a morir (Burr et al., 1998).

La especie más común asociada a esta enfermedad en vid es *Allorhizobium vitis* (clasificado previamente como *Agrobacterium vitis* o *Rhizobium vitis*), que, además, también puede causar lesiones necróticas en las raíces de las vides afectadas (Ophel y Kerr, 1990; Mousavi et al., 2015). Como indica su nombre, *A. vitis* es específica del género *Vitis*, mientras que la especie, relacionada filogenéticamente, *Agrobacterium tumefaciens* presenta gran diversidad de huéspedes. La patogenicidad de estas especies está asociada con la presencia de plásmidos inductores de tumores (pTi: *Tumor-inducing plasmid*). En las células vegetales infectadas se produce un proceso de transformación, de manera que la bacteria transfiere dicho plásmido hasta el ADN de la célula vegetal. Una vez insertado el ADN-T en el genoma de la planta, se expresan genes que codifican la síntesis de opinas y fitohormonas, siendo estas últimas las responsables directas de la formación del tumor (Nester, 2015; Gelvin, 2017). Las opinas son compuestos exclusivos de los tumores producidos por el género *Agrobacterium/Allorhizobium*, fruto de la condensación de aminoácidos con azúcares o ceto-ácidos, y que pueden servir como fuente de nitrógeno y energía a las agrobacterias del tumor, además de inducir la transferencia por conjugación del plásmido pTi desde cepas tumorigénicas a otras no patógenas presentes en los tumores o en el suelo (Nester, 2015; Gelvin, 2017). Tanto los genes de biosíntesis de las opinas como los de su catabolismo están en el plásmido Ti, lo que hace que se cree un nicho específico para las mismas bacterias que han iniciado la inducción tumoral. Una vez las células vegetales han sido transformadas, la presencia de la bacteria no es necesaria, por lo que el desarrollo del tumor es ya independiente de su presencia. Los tumores suelen formarse entre dos y cuatro semanas después de la infección, aunque en algunos casos este proceso puede prolongarse.

Si consideramos el ciclo biológico genérico de *Agrobacterium/Allorhizobium*, la bacteria sobrevive en las agallas y los tumores de las plantas infectadas o como habitante del suelo y la rizosfera (Burr et al., 1998). Tienen quimiotaxis hacia los exudados de las raíces, y las pueden colonizar mediante la formación de biopelículas. Tras el invierno, se produce la infección de nuevos tejidos vegetales a través de heridas, que emiten moléculas señal que atraen a las agrobacterias. Posteriormente, empieza el proceso de transformación de las células vegetales anteriormente descrito, desarrollando los síntomas típicos de la enfermedad. En particular, *A. vitis* es sistémica, sobrevive en el xilema de plantas de vid durante todo el periodo de parada vegetativa (otoño-invierno). En primavera, la bacteria está activa en la savia de los nuevos brotes, siendo la principal fuente de inóculo; puede transmitirse tanto a corta distancia en un mismo viñedo a través de heridas de poda, lluvia, nematodos o insectos, como a larga distancia a través del material vegetal de propagación infectado, donde la bacteria permanece como endófita durante un largo periodo de tiempo antes de desencadenar la aparición de síntomas (Burr et al., 1998). Tras la infección en campo, las plantas desarrollan agallas y tumores, y muestran decaimiento, pudiendo llegar a morir. Como se ha mencionado anteriormente, *A. vitis* puede causar ocasionalmente necrosis radicales, por la producción de poligalacturonasas, de modo que las raíces dañadas que persistan en el suelo tras el arranque del viñedo suponen una fuente de inóculo para próximas plantaciones (Burr et al., 1987).

Respecto al control de la enfermedad, el uso de material vegetal de propagación obtenido de zonas libres del patógeno es fundamental para evitar su dispersión. Los tratamientos por termoterapia con agua caliente son efectivos para el saneamiento de los portainjertos antes de su distribución, pero hay que tener en cuenta que esta técnica sólo reduce significativamente el nivel de inóculo, no llega a erradicarlo por completo (Burr et al., 1998). Como se ha indicado, el patógeno sobrevive en las raíces infectadas o en el suelo durante largos años, por lo que se requiere conocer el historial del suelo y evitar establecer nuevos viñedos sobre otros previamente infectados. Una vez está presente la enfermedad en un viñedo, se recomienda eliminar todos los tejidos vegetales infectados para reducir inóculo en campo, destruyendo inmediatamente los restos de poda, y protegiendo las heridas con mástic; e incluso se debe proceder a la desinfección del suelo y la rotación de cultivos. De modo general, se recomienda evitar el riego por aspersión y las altas humedades para reducir la tasa de dispersión en campo. En EE.UU. está autorizado el biocontrol con la cepa *Agrobacterium radiobacter* K-84 (no autorizada en la UE), que compite por los nutrientes y el espacio con las cepas patógenas causantes de los tumores, y que produce contra ellas proteínas inhibidoras del crecimiento (Burr et al., 1998). Se han estudiado también otras estrategias, como cepas no patogénicas de *A. vitis* (Kawaguchi et al., 2015) y patrones de vid transgénicos tolerantes a la enfermedad (Krastanova et al., 2010). También se recomiendan tratamientos con fungicidas cúpricos inmediatamente tras la poda o en cualquier momento que puedan producirse heridas, aunque el control químico no reduce de manera significativa la incidencia de la enfermedad (Burr et al., 2016).

Enfermedad de Pierce (*Pierce's disease*)

La enfermedad de Pierce se describió por primera vez en California (EE.UU.) en 1887 (Janse y Obradovic, 2010), y debe su nombre al reconocimiento que, en 1930, se hizo a N.B. Pierce por el detallado estudio que había publicado sobre esta patología en 1892 (Gardner y Hewitt, 1974). La enfermedad fue devastadora, causando la muerte de 20.000 ha de viñedo. Posteriormente se describió en otras zonas de EE.UU. y, actualmente, se encuentra, con una distribución restringida, en otros países del continente americano, y en determinadas zonas de Asia y Europa (https://gd.eppo.int/taxon/XYLEFA/distribution; 15/12/2025). La enfermedad de Pierce se ha descrito en todas las zonas del sur de EE.UU. donde se cultiva la vid, desde Florida hasta California, y se especula que su presencia es resultado de una introducción desde América Central hace más de cien años (De La Fuente et al., 2017). Con

el tiempo, en el continente americano se ha logrado convivir con esta enfermedad mediante el uso de variedades de vid tolerantes y el empleo de prácticas de cultivo dirigidas a reducir la población de esta bacteria (con erradicación de las plantas infectadas y control de los insectos vectores transmisores de la bacteria), pero las pérdidas económicas son todavía importantes (Landa et al., 2017).

La mayor parte de las variedades de *Vitis vinifera* (europea) y *V. labrusca* (americana) se consideran susceptibles a la enfermedad, y solo se ha encontrado resistencia en especies nativas del sureste de EE.UU. (Hopkins y Purcell, 2002; Jeffries, 2016). Los primeros síntomas suelen aparecer el mismo año en el que se produce la infección, en cualquier parte de la planta, ya que la bacteria se mueve por el xilema. Los síntomas foliares se observan a mediados y final del verano. La expresión de síntomas está asociada con la oclusión del xilema como consecuencia de la adhesión de las células bacterianas al tejido xilemático y la posterior formación de biopelículas, así como con otras reacciones derivadas de la acción de la bacteria, como la producción de gomas o tilosas (Landa et al., 2017). Los síntomas son más severos cuando se dan condiciones de estrés ambiental. Inicialmente, en las hojas se observan clorosis sectoriales que se extienden por todo el limbo foliar a medida que progresa la enfermedad; y los márgenes de la hoja se necrosan (Fig. 8.3A). En ocasiones, la necrosis marginal es seguida de una clorosis, de color amarillento o rojizo, según el cultivar de la planta, y puede extenderse a toda la hoja. El limbo de las hojas se desprende del pedúnculo cayendo al suelo, quedando el pedúnculo adherido a la planta, lo que constituye un síntoma que se conoce como "palitos de cerilla" (Fig. 8.3B). Las clorosis y necrosis foliares se van extendiendo progresivamente por toda la planta, provocando un decaimiento general que puede llevar a la muerte de la misma (Fig. 8.3C).

Figura 8.3. Síntomas de la enfermedad de Pierce. A, Desecación de los márgenes del limbo foliar con halo rojizo en variedad tinta 'Merlot'; B, 'Palitos de cerilla': caída del limbo manteniendo el peciolo unido al brote, variedad 'Chardonay'; C, desecación de racimos; D, islas verdes en sarmientos. (Fuente: D. Olmo, LOSVIB-CAIB).

Los síntomas aéreos pueden confundirse con los ocasionados por micosis de madera como la yesca (*Fomitiporia mediterranea*), o micosis radicales, como podredumbre blanca (*Armillaria mellea*) o podredumbres de raicillas causadas por especies de *Phytophthora*, por lo que la implementación de técnicas altamente específicas y sensibles, como las moleculares (PCR y secuenciación), es necesaria para el correcto diagnóstico de la enfermedad (López et al., 2017). Cabe destacar que los síntomas de clorosis y necrosis del borde de las hojas (chamuscado), y decaimiento y muerte de plantas los podemos encontrar en diversidad de plantas, no solo en la vid: cítricos, cultivos leñosos y forestales, en general, e incluso en cultivos hortícolas y plantas ornamentales. Otros síntomas en vid son la lignificación irregular de los tallos, que presentan manchas marrones y verdes en el tejido (islas verdes) (Fig. 8.3D), los entrenudos acortados, y hojas pequeñas

y deformadas que presentan amarillamiento internervial (Landa et al., 2017).

El agente causal de la enfermedad es la bacteria *Xylella fastidiosa*. El nombre del género hace referencia al lugar que habita en la planta (xilema), y el de la especie a la dificultad que ha supuesto y supone su aislamiento y crecimiento en medios de cultivo de laboratorio (*fastidiosa*). Prueba de ello es que la primera detección de la enfermedad fue en 1892 en California por Newton B. Pierce, sin lograr identificar el agente causal (Janse y Obradovic, 2010). Diversos investigadores intentaron identificarlo a lo largo de casi un siglo, sugiriendo en primer lugar que se trataba de una virosis, al demostrarse también que se transmitía por insectos. Posteriormente se clasificó como rickettsia o fitoplasma; no se aisló hasta 1978 (Davis et al., 1978), y fue en 1987 cuando fue adecuadamente descrito, clasificado y denominado como *X. fastidiosa* y se demostró su patogenicidad, completando los postulados de Koch (Wells et al., 1987). Desde entonces se han descrito nuevas enfermedades asociadas con esta bacteria en otros hospedadores vegetales, y se considera la bacteria fitopatógena más estudiada en la actualidad, siendo la primera bacteria fitopatógena de la que se secuenció su genoma completo, en el año 2000 (Almeida et al., 2000). La bacteria es G-, tiene forma de bacilo, se mueve por el xilema de la planta, tanto de forma ascendente como descendente, mediante los *pili*, y se agrupa formando biopelículas que se adhieren a los tejidos xilemáticos, ocluyendo y destruyendo el interior de los haces vasculares. Es transmitida de manera principal por insectos vectores que se alimentan del xilema de la planta (Purcell et al., 1979). Esta especie bacteriana afecta a más de 700 especies vegetales y, además, puede permanecer viable en huéspedes asintomáticos, lo que favorece su dispersión a larga distancia mediante el uso de material vegetal de propagación aparentemente sano (EFSA, 2024). Se caracteriza por presentar una variabilidad genética elevada, conferida por recombinación homóloga o por transformación mediante plásmidos (Landa et al., 2017). Se ha propuesto la división de *X. fastidiosa* en seis subespecies, aunque solo las dos primeras han sido descritas siguiendo la normativa sistemática bacteriana: *fastidiosa*, originaria de Centroamérica y que afecta a numerosos huéspedes, destacando la vid, el almendro y la alfalfa; *multiplex*, originaria de Norteamérica y que afecta a una gran diversidad de huéspedes como almendro, melocotonero, ciruelo, arándano y muchas especies ornamentales y forestales; *pauca*, nativa de Sudamérica, con pocos huéspedes descritos originalmente pero de gran valor socioeconómico como los cítricos y el café, y que posteriormente también se ha descrito en olivo; *sandyi*, detectada en adelfa y en algunas otras especies vegetales; *tashke*, aislada de *Chitalpa tashkentensis*, una especie ornamental; y *morus*, detectada en *Morus*

spp. y en el arbusto *Nandina domestica*. La asignación de los aislados de *X. fastidiosa* a una determinada subespecie y a un grupo genético (ST) dentro de una subespecie se realiza según la amplificación y secuenciación de siete genes de mantenimiento o análisis multilocus (MLST) (Yuan et al. 2010).

La especie *X. fastidiosa* es nativa del continente americano y está ampliamente distribuida en toda América, aunque se han detectado focos aislados en Asia y más recientemente en Europa, donde se identificó por primera vez como agente causal de un grave síndrome de decaimiento y marchitez del olivo en el sur de Italia en octubre de 2013 (Saponari et al., 2013). La gravedad y extensión de este foco, causado por una cepa de la subespecie *pauca* ST53, originó una alarma fitosanitaria sin precedentes, lo que ha motivado la intensificación de las medidas de cuarentena que han servido para detectar la bacteria en varios países, creando una situación de alerta en los sectores potencialmente vulnerables, que incluyen, además del olivar, numerosos cultivos y especies forestales y ornamentales de la cuenca mediterránea.

En España, *X. fastidiosa* se detectó por primera vez en noviembre de 2016 en Mallorca (Olmo et al., 2017). Actualmente, en las Islas Baleares, están presentes las tres principales subespecies de *X. fastidiosa* (*fastidiosa*, *multiplex* y *pauca*) y diversos grupos genéticos (STs) (Olmo et al., 2017). En junio de 2017, se detectó la subespecie *multiplex* ST6 en almendro en Alicante (Marco-Noales et al., 2021). En ambas zonas, Baleares y Alicante, hay numerosos hospedadores afectados, si bien las principales pérdidas económicas se producen en el almendro. En 2018, se detectaron dos nuevos focos de la bacteria, uno en Madrid afectando a olivo, y otro en Almería afectando a polígala en un vivero (Roselló et al., 2018), ambos erradicados, y en 2024 se detectó en Cáceres (EPPO Reporting Service no. 07 - 2024 Num. article: 2024/154).

En el caso particular de la enfermedad de Pierce en España, *X. fastidiosa* se ha detectado en Mallorca (en 2017) y en Cáceres (en 2025). En Mallorca, se ha descrito que los niveles de incidencia de la enfermedad son significativamente menores en viñedos con sistema de cultivo tradicional en comparación con los viñedos en ecológico. La variante genética de *X. fastidiosa* subsp. *fastidiosa* (ST1) es la misma que afecta a los viñedos americanos, y en Mallorca, probablemente, fue introducida a partir de material vegetal de propagación de almendro procedente de California en 1995, que, posteriormente, se ha dispersado infectando otros cultivos como la vid (Moralejo et al., 2019). En el caso de Cáceres, aunque igualmente se trata del ST1, todavía se desconoce su origen.

La enfermedad de Pierce en América se trasmite por insectos cicadélidos, que se alimentan del xilema de la planta y tienen mecanismos de transmisión no persistente (Morente y Fereres, 2018); sin embargo, en España los potenciales vectores de la enfermedad son insectos afrofóridos, siendo *Philaenus spumarius* el vector confirmado de mayor importancia (Moralejo et al., 2019). El insecto vector se alimenta del xilema de las plantas infectadas, succionando la bacteria, que permanecerá en su organismo, aunque la bacteria no se trasmite con la puesta a otras generaciones ni persiste en el insecto adulto tras las sucesivas mudas. El insecto adulto actúa de vector infectando nuevas plantas sanas cuando se alimenta de ellas. De esta manera, la bacteria llega al xilema, moviéndose en su interior por el flujo de la savia, infectando en poco tiempo de forma sistémica todas las partes de la planta, que acaban mostrando chamuscado y decaimiento general. Las plantas infectadas que no llegan a morir y las plantas infectadas asintomáticas suponen una importante fuente de inóculo para futuras infecciones, tanto en campo como durante los procesos de producción y distribución de planta injertada de vivero (Almeida et al., 2005).

Cabe destacar que los cicadélidos transmisores de esta bacteria pasan el invierno como huevo o estadios ninfales en las hierbas adventicias o en las cubiertas vegetales, subiendo a los árboles tras convertirse en adultos en la última muda , yendo después a las plantas de vid, donde pueden adquirir y transmitir la bacteria causando las primeras infecciones (Morente y Fereres, 2018). En este sentido, podemos encontrarnos escenarios de viñedos localizados cerca de masas forestales o barrancos, observándose que las líneas de cultivo más próximas a zonas de vegetación arvense o masas forestales presentan un mayor número de plantas muertas. Esto se debe, probablemente, a que las vides próximas a masas vegetales son infectadas más rápida y extensamente por los insectos vectores en los primeros vuelos de estos, tras la muda.

Los métodos de control legislativos son los primeros a tenerse en cuenta debido a que se trata de un organismo patógeno de cuarentena (Reglamento de Ejecución (UE) 2020/1202 y 2024/2507). El uso de material vegetal de propagación obtenido de zonas libres del patógeno y las restricciones en las cuarentenas deben cumplirse estrictamente para minimizar la dispersión de la bacteria. Los tratamientos por termoterapia con agua caliente sirven para el saneamiento de los portainjertos antes de su distribución (EFSA, 2015). Cabe destacar que la temperatura invernal es un factor limitante para el desarrollo de la bacteria, motivo por el cual, entre otros, se supone que esta enfermedad no se ha establecido como una amenaza en vid en Europa. En este sentido, la elaboración de mapas de riesgo de la enfermedad en función de la temperatura puede ser útil para evitar establecer viñedos en zonas críticas, o en su caso, utilizar genotipos resistentes o tolerantes a la enfermedad (Vicent, 2018). El manejo adecuado de las cubiertas vegetales, evitando su rápido desarrollo, impide que los insectos vectores invernen y se reproduzcan en el mismo viñedo o en las zonas cercanas. Una vez establecida la enfermedad, se recomiendan podas de saneamiento, y eliminar y destruir los restos del material vegetal. El control del insecto vector es necesario para prevenir nuevas infecciones en campo. Finalmente, el uso de productos bioestimulantes e inductores de resistencia que mantienen a la planta en un estado vegetativo óptimo, activando los mecanismos de defensa de la planta y dificultando los procesos de infección, podrían suponer una alternativa a tener en cuenta para el control preventivo de la enfermedad (Navas-Cortés et al., 2018).

Capítulo 9

Procariotas (II)

Fitoplasmosis

Jordi Sabaté Rabella, Carlos Agustí Brisach, Amparo Laviña Gomila y Assumpció Batlle Durany

Introducción

Los fitoplasmas son procariotas de crecimiento limitado al floema, no cultivables y que se transmiten por multiplicación vegetativa y por insectos chupadores del orden de los hemípteros, principalmente de las familias *Cicadellidae*, *Cixiidae* y *Psyllidae*. No se dispone hasta el momento de tratamientos curativos efectivos para fitoplasmas y por tanto las vías de control disponibles son indirectas: control de vectores, de inóculo, manejo y tolerancia varietal. Los fitoplasmas causan daños irreversibles en las especies cultivadas y se encuentran presentes en los ecosistemas de todo el mundo, muchas veces en especies salvajes sin apenas causar síntomas. Estos provocan pérdidas importantes en los cultivos, siendo la vid uno de los cultivos sobre los que tienen mayor impacto, especialmente en Europa (Eden-Green, 2010).

Los síntomas producidos por los fitoplasmas indican profundas alteraciones en el equilibrio hormonal de la planta, en la fotosíntesis y la acumulación de sustancias de reserva. Sus síntomas más habituales son: amarilleo, enrojecimiento precoz, esterilidad de flores, virescencia, filodia, proliferaciones, enanismo, desarreglos vegetativos, enrollamientos de hojas y decaimiento general. Estos son los síntomas también en vid junto con falta de lignificación, difiriendo muy poco entre los diversos fitoplasmas concretos, que sí difieren entre ellos en epidemiología y severidad. La única forma fiable para diferenciar los fitoplasmas en vid es mediante su detección por PCR, y esta diferenciación es crucial para mitigar sus daños y su manejo o erradicación (Eden-Green, 2010).

A continuación, se describen las principales fitoplasmosis que se encuentran ampliamente distribuidas en Europa, afectando severamente en muchas regiones vitivinícolas: la flavescencia dorada y la madera negra, entre otras de menor importancia.

Flavescencia dorada ('*Flavescence dorée* phytoplasma' o '*Candidatus* Phytoplasma vitis' 16SrV (C-D))

'*Candidatus* Phytoplasma vitis' pertenece al grupo cinco de fitoplasmas 16SrV o 'Elm yellows Group' y es el agente causal de la flavescencia dorada de la vid. Se citó por primera vez en 1955 en Armañac (Francia) (Caudwell, 1957) en 1963 en Italia y en 1970 en Córcega, y en 1980 ya se encontraba extendido por todas las zonas vinícolas francesas. A partir de este momento empezó a identificarse en los principales países productores de vid en Europa. Actualmente, está ampliamente distribuida por Francia, Italia, los Balcanes, Centro-Europa y el norte de Portugal. En España, entre 1996 y 2021 se han detectado brotes ocasionales en la provincia de Girona, y en 2024 en las provincias de Pontevedra y Ourense. Ésta se considera una enfermedad de cuarentena en la UE, indexada en la lista A2 (Eppo, 2022).

Todas las variedades de *V. vinifera* son susceptibles a la enfermedad, aunque con diferentes grados de susceptibilidad. Las hojas de las vides infectadas muestran un cambio prematuro de color, que pasa de verde a amarillo en las variedades blancas (Fig. 9.1A); y a rojizo en las tintas, en este último caso, ocasionalmente en zonas limitadas por los nervios (Fig. 9.1B). Las hojas muestran un enrollamiento hacia el envés, disponiéndose en forma de tejas a lo largo del sarmiento (Fig. 9.1C). Los brotes desarrollados en plantas infectadas no lignifican de forma adecuada, por lo que son flexuosos, mostrando un porte decaído con falta de agostamiento (Fig. 9.1D). También se pueden desarrollar lesiones necróticas en los tallos, junto con desecación de racimos. Las lesiones necróticas en tallos podrían confundirse con las lesiones que se desarrollan de forma natural en la planta cuando se produce alguna herida. Además, los síntomas generales de esta enfermedad también pueden confundirse con otros decaimientos o alteraciones de la viña, por lo que es necesario confirmar el diagnóstico mediante PCR o qPCR. Podemos encontrar dos sub-grupos,

Figura 9.1. Síntomas de flavescencia dorada en vid. (A-B) Cambio prematuro de color de verde a amarillo en una variedad blanca (A); de verde a rojizo en una variedad tinta (B); C, enrollamiento de las hojas hacia el envés, disponiéndose en forma de tejas; D, brotes flexuosos con un porte decaído con falta de agostamiento en plantas infectadas (Fuente: J. Sabaté).

-C y -D, que difieren fundamentalmente por sus caracteres moleculares, distribución geográfica, huéspedes alternativos y vectores (Mahlembic-Mahler et al., 2020). El fitoplasma se transmite principalmente mediante la cicadela *Scaphoideus titanus*, ampliamente distribuida por Europa, incluyendo el Noreste de Cataluña y el sur de Galicia, coincidiendo con las zonas con brotes de la enfermedad (Chuche y Thiery, 2014).

Esta enfermedad se propagó en Europa al introducirse *S. titanus*, que resultó ser un vector muy efectivo del fitoplasma en la transmisión secundaria entre vides. La introducción se produjo muy probablemente a través de huevos presentes en plantas de vid, tanto de variedades como de patrones procedentes de América, siendo *S. titanus* la única especie del género *Scaphoideus* presente en Europa. Inicialmente se creyó que el fitoplasma también pudo ser introducido

mediante importaciones de vides infectadas, pero el hecho que este fitoplasma no se encuentra presente fuera de Europa, descarta del todo esta hipótesis (Mahlembic-Mahler et al., 2020).

Durante los últimos años ha tomado fuerza la hipótesis que el fitoplasma podría estar ya presente en Europa en plantas silvestres (*Alnus glutinosa, Clematis vitalba*) y que esporádicamente saltaba a vides entre las cuales no se propagaba, quedando la vid como un huésped "sin salida" por la falta de un vector efectivo. Al llegar un vector específico de vid muy efectivo en la transmisión como *S. titanus*, los brotes de la enfermedad se desarrollaron con gran virulencia y severidad, expandiéndose por todo el continente allá donde el vector estaba presente, convirtiéndose en uno de los mayores problemas fitosanitarios de la vid en Europa. Muy probablemente el ancestro europeo del fitoplasma es el causante de la enfermedad llamada 'Palatinate Grapevine Yellows', puntualmente presente en vid en Alemania y transmitido primariamente por la cicadela *Oncopsis alni* de *Alnus glutinosa* a vid, siendo la enfermedad puntual y sin transmisión secundaria entre vides por la poca afinidad de *O. alni* por la vid (Maixner et al., 2000).

Scaphoideus titanus (Fig. 9.2), tiene una generación al año e hiberna en forma de huevo, eclosionando en primavera y pasando a adulto a principios de verano, momento de dispersión y con mayor probabilidad de transmisión del fitoplasma por su movilidad. El fitoplasma requiere de un periodo de incubación en el insecto vector de unos 21 días para poder ser transmitido, siendo ya infectivo de por vida. Los síntomas aparecen el año siguiente de la infección, muchas veces distribuidos de una manera irregular en la vid infectada. En función de las temperaturas, *Scaphoideus titanus,* pasa unas cinco o seis semanas en forma de ninfa, llega al máximo poblacional de adultos durante la primera quincena de agosto y desaparece a mediados de septiembre. La enfermedad se dispersa dentro de la plantación en forma de manchas a partir del punto donde fue introducida en consonancia a los movimientos de los insectos infectivos (Chuche y Thiery, 2014).

La legislación que rige el control de movimientos, tanto del material como del insecto, y las restricciones en las cuarentenas deben cumplirse estrictamente para evitar la dispersión. Son efectivos los tratamientos por termoterapia con agua caliente (50°C-45 min) para el saneamiento de las plantas injertadas antes de su distribución. Una vez establecida la enfermedad en una región, se requiere de una lucha colectiva y sistemática con carácter obligatorio para su contención tras observar los primeros focos. En este sentido, los viñedos abandonados, y los que tengan más de un 20% de vides afectadas deben arrancarse por completo y destruirse; en los viñedos con un porcentaje inferior, sólo se arrancan las plantas sintomáticas. El control del insecto vector se aplica en relación con su ciclo de vida, utilizando insecticidas efectivos contra chupadores, ya sean sistémicos o de contacto. Se suelen realizar tres tratamientos a lo largo de la estación de cultivo, el primero a las cuatro semanas de localizar las primeras ninfas; y el segundo y tercero a los 15 y 30 días tras el primer tratamiento, respectivamente (Mateu et al., 2024).

Figura 9.2. Adulto de *Scaphoideus titanus*, vector de la flavescencia dorada (Fuente: J. Sabaté).

Figura 9.3. Síntomas de madera negra de la vid. A-B, Cambio prematuro de color de verde a amarillo en una variedad blanca (A); y de verde a rojizo en una variedad tinta (B); C, detalle de hoja con plegado y clorosis internervial; y D, racimos desecados por la infección de fitoplasma (Fuente: J. Sabaté).

Madera negra de la vid ('Bois Noir Phytoplasma' o '*Candidatus* Phytoplasma solani' 16SrXII A)

La enfermedad denominada madera negra de la vid fue identificada por primera vez en el noreste de Francia y el valle del Rhin en Alemania, motivo por el que la enfermedad se conoce con dos términos sinónimos en francés y alemán, 'Bois Noir' y 'Vergilbungskrankheit', respectivamente. Se identificó en España en 1994, y se considera uno de los fitoplasmas más extendidos en Europa, afectando también a otros huéspedes como fresa, espárrago, tomate, pimiento, patata o aguacate. Actualmente, según la EPPO, este fitoplasma está presente en la mayoría de los países europeos productores de vid como España, Francia, Italia, Alemania, Croacia, Grecia y Rumania, así como en el norte de África, Oriente medio y Rusia. En España, está ampliamente distribuido por toda la mitad norte, incluyendo zonas vitivinícolas de Aragón, Cataluña, La Rioja, Rioja Alavesa y Navarra, mostrando una alta incidencia en algunos casos y provocando importantes pérdidas económicas. Los síntomas son similares a los de la flavescencia dorada, por lo que se observa también un cambio prematuro de color de verde a amarillo en variedades blancas (Fig. 9.3A) y de verde a rojo en variedades tintas (Fig. 9.3B). Las hojas de las vides afectadas se enrollan y muestran clorosis internervial (Fig. 9.3C), y los racimos se desecan (Fig. 9.3D). Sin embargo, este fitoplasma presenta menos severidad y una dispersión más lenta (Sabaté et al., 2014).

El agente causal de la madera negra de la vid es un fitoplasma perteneciente al grupo ribosómico 16Sr-XII-A denominado '*Candidatus* Phytoplasma solani'. Es un fitoplasma ubicuo que se ha identificado en un gran número de huéspedes, pertenecientes a distintas

Figura 9.4. Adulto de la especie *Hyalesthes obsoletus*, principal vector de la madera negra de la vid (Fuente: J. Sabaté).

familias, predominantemente solanáceas. Este fitoplasma también causa una enfermedad de la patata, conocida tradicionalmente como 'stolbur'. Pueden ser huéspedes de '*Ca.* P. solani' tanto cultivos hortícolas como leñosos (vid y algunos frutales) y especies silvestres. Numerosas especies de insectos, pertenecientes mayoritariamente a las familias *Cicadellidae* y *Cixiidae* (Suborden Auchenorrhyncha), han sido identificadas como portadoras del fitoplasma, pero principalmente es la familia *Cixiidae*, la responsable mayoritaria de la transmisión a cultivos, especialmente la especie *Hyalesthes obsoletus* (Fig. 9.4) (Batlle et al., 2009).

La incidencia de plantas con síntomas puede ser muy variable, ya que esta enfermedad se caracteriza por fluctuaciones de la incidencia y severidad a lo largo del tiempo, observándose incluso remisión de los síntomas. Este hecho puede ser debido a la activación de un mecanismo de defensa de la planta frente a la infección o a una disminución de la población de vectores. Mediante la secuenciación del gen *tuf* que codifica el factor de elongación Tu, se han determinado tres genotipos distintos presentes en vid y en el vector *H. obsoletus* (tuf a, b y c), cada uno de los cuales tiene pre-

ferencia por una planta huésped tanto del fitoplasma como del vector *H. obsoletus*: *Urtica dioica, Convolvulus arvensis* y *Calystegia sepium* (Langer y Maixner, 2004).

Hyalesthes obsoletus presenta una generación al año, aunque en oriente medio se han descrito dos generaciones. Los huéspedes principales, donde realiza su ciclo biológico, son *Convolvulus arvensis* y *Urtica dioica*, aunque hay otros huéspedes menos frecuentes como: *Calystegia sepium, Crepis foetida, Lavandula* sp., *Lepidium draba, Ranunculus* spp. y *Vitex agnus-castus*.

Las hembras ponen los huevos en la base del tallo de las plantas huésped y al eclosionar, las larvas migran a las raíces, pudiendo alcanzar de 20 a 45 cm de profundidad en pleno invierno. Durante este periodo el insecto pasa por cinco estadios ninfales. A medida que aumentan las temperaturas, los últimos estadios vuelven a subir hacia la superficie y la muda imaginal (culminación de la metamorfosis) tiene lugar a pocos centímetros del suelo. En España, los adultos se encuentran en las parcelas desde finales de mayo hasta mediados de agosto y al alimentarse pueden transmitir el fitoplasma a una planta inicialmente sana. El patógeno puede ser inoculado a plantas no huéspedes del insecto, como la vid, al realizar picaduras de prueba. La vid es un huésped final, ya que *H. obsoletus* no puede realizar su ciclo biológico en esta especie, a la que únicamente infecta cuando realiza picaduras de prueba (Langer y Maixner, 2004).

El control fundamentalmente se basa en el uso de material de propagación libre del patógeno y el saneamiento mediante tratamientos con termoterapia con agua caliente (50°C-45 min). El control químico del vector no es eficaz si no se encaja perfectamente con su ciclo biológico, ya que éste desarrolla su ciclo principalmente en el suelo y solo son accesibles a los tratamientos los adultos muchas veces no presentes en el propio viñedo. Como complemento efectivo para el control del vector aparece también el control de sus malas hierbas hospedantes (Sabaté et al., 2014).

Otras fitoplasmosis de menor importancia:

'Aster yellows': '*Candidatus* Phytoplasma asteris' 16SrI-B, 16SrI-C. Afecta a un gran número de cultivos, entre los que cabe citar: ajo, achicoria, alcachofa, apio, camomila, cebada, espinaca, lechuga, lino, patata, petunia, rábano, rosa, tomate, zanahoria o puntualmente vid. También afecta a diferentes especies arvenses, como *Lactuca serriola*, *Sonchus* sp., *Taraxacum officinale* que constituyen la principal fuente de inóculo. Produce síntomas similares a otros fitoplasmas en vid descritos anteriormente. Se transmite mediante diferentes especies de cicadelas, principalmente de los géneros *Macrosteles*, *Neoaliturus* o *Euscelis*. Este fitoplasma está ampliamente distribuido por el mundo habiéndose citado en: Alemania, Argentina, Australia, Bermuda, Bielorrusia, Brasil, Canadá, China, Colombia, Costa Rica, Dinamarca, Estados Unidos, Francia, Guatemala, Holanda, Hungría, India, Italia, Japón, México, Perú, Polonia, República Checa, Rumania, Rusia. En España ha sido identificado en Cataluña, Canarias, Castilla y León, Murcia y Comunidad Valenciana. Su incidencia en vid es generalmente baja debido probablemente a la poca afinidad de estos insectos por el cultivo (Wilcox et al., 2015; Zambon et al., 2018)

'*Australian grapevine yellows*': enfermedad descrita por primera vez en Australia en 1976, y actualmente distribuida por todas las regiones vitivinícolas del país, siendo las variedades Chardonnay y Riesling las más susceptibles con síntomas parecidos a otras fitoplasmosis en vid. Esta enfermedad se asocia a fitoplasmas de tres grupos distintos presentes en Australia (16SrXII, 16SrII y 16SrI). No se conoce profundamente su epidemiología, ya que huéspedes alternantes e insectos vectores son desconocidos y probablemente diferentes en función del agente causal (Wilcox et al., 2015).

'*North American grapevine yellows*': fitoplasmas que afectan a vid en Norteamérica. Asociados a diferentes agentes causales de los grupos ribosómicos 16SrI y 16SrIII. Sus síntomas son parecidos a otros fitoplasmas en vid y es transmitido por cicadelas autóctonas de Norteamérica de manera muy parecida a los 'Aster yellows' en Europa. No se han descrito fuera de EE.UU. (Wilcox et al., 2015).

Capítulo 10

Virus y viroides

Ana Belén Ruiz García, Carlos Agustí Brisach,
Antonio Trapero Casas y Antonio Olmos Castelló

GENERALIDADES SOBRE LOS VIRUS Y VIROIDES FITOPATÓGENOS

Atendiendo al esquema de la clasificación de los agentes fitopatógenos por Reinos que vimos en el Capítulo 2, los virus quedan fuera del conjunto de reinos que recogen a todos los organismos vivos que están compuestos por células, y que consideran la célula como la unidad estructural de la vida. Los virus, por tanto, estarían en la frontera de la vida. Existe actualmente la tendencia a considerarlos vivos durante la fase de infección celular, cuando su genoma se replica, se transcribe y se traduce en proteínas virales, empleando la maquinaria celular, como hacen otros parásitos que requieren infectar un hospedador para realizar su ciclo de vida, y se les considera inertes cuando están inactivos fuera de su hospedante. Los virus son organismos microscópicos, de formas pequeñas y simples, compuestos por al menos un segmento de ácido nucleico, que constituye su genoma, rodeado de una cubierta proteica denominada cápsida o cápside. Algunos de ellos, fundamentalmente en el reino animal, contienen una envoltura lipoproteica derivada de la membrana celular de su hospedante, enriquecida con proteínas virales de cubierta. Todos los virus son parásitos obligados, de manera que dependen de la maquinaria celular de sus hospedantes para reproducirse. Cabe destacar que, a pesar de que todos los organismos vivos (animales, plantas, algas, hongos, oomicetos y bacterias) son hospedantes de virus, la mayoría de los virus infectan solo un tipo de hospedante. Los virus causan muchas enfermedades importantes a las plantas y son responsables de grandes pérdidas de producción y calidad de los cultivos en todo el mundo.

Como conceptos fundamentales de la biología de los virus, destacan los siguientes: 1) los virus representan no solo un grupo de patógenos, sino una forma de vida diferente; 2) no son organismos celulares; 3) no se multiplican dividiendo células hijas, sino que replican su genoma, lo transcriben y traducen en proteínas estructurales y no estructurales, organizándose a partir de sus propios componentes; 4) las partículas virales maduras están inactivas y se activan solo dentro de las células infectadas; 5) están desprovistos de 'maquinaria' celular para sintetizar proteínas y producir energía, aunque algunos de ellos incorporan en el virión proteínas esenciales como la ARN polimerasa ARN dependiente (RdRp) viral; y 6) las partículas virales, al ser inmóviles fuera del hospedante, necesitan de la acción de otros organismos (vectores) o del ambiente para su diseminación.

Estructura y morfología de los virus

En general, las partículas virales más sencillas están constituidas por dos partes: el genoma, compuesto por ácido nucleico; y la cubierta proteica o cápsida, que es una envoltura que protege al ácido nucleico viral. La cápsida está formada por una o más proteínas, codificadas por el ácido nucleico del virus. Para muchos virus, la cápsida o cápside y el genoma que encierra constituyen el virión maduro. Sin embargo, existen otros muchos virus cuya estructura es algo más compleja. En estos casos al conjunto formado por el segmento o los segmentos genómicos que están envueltos por la proteína de cápside se le denomina nucleoproteína, y alrededor de la nucleoproteína hay una envoltura lipídica enriquecida con proteínas del virus, formando todo ello el virión maduro. En casos más complejos la nucleoproteína puede estar contenida dentro de otra capa de proteína y posteriormente rodeando todo está la membrana lipoproteica para constituir el virión.

Los virus pueden contener un único genoma de ARN o ADN encapsidado en el virión o pueden estar compuestos por un genoma multipartito, con varios segmentos que se encapsidan juntos (p. ej. reovirus) o separadamente en partículas virales diferentes (p. ej. nanovirus, nepovirus, begomovirus) y que para ser infectivos requieren de la coinfección de todos los segmentos genómicos.

El genoma de la mayoría de los virus fitopatógenos que se conocen está compuesto por una cadena simple de ARN de polaridad positiva o negativa, aunque hay casos de gran importancia como los begomovirus, badnavirus o caulimovirus que están compuestos por ADN de doble o simple cadena. También existen virus fitopatógenos con genomas de ARN de doble cadena.

La clasificación de Baltimore (Baltimore, 1971) divide a los virus en grupos según la naturaleza de su genoma y de su estrategia de replicación. Agrupa los virus en siete clases principales según el tipo de ácido nucleico que contienen (ADN o ARN), su sentido (positivo o negativo) y si utilizan o no una transcriptasa inversa:

Clase I: Virus de ADN de doble cadena (dsDNA; p. ej. herpesvirus, adenovirus). Replican su ADN en el núcleo de la célula huésped y utilizan la ARN polimerasa celular para transcribir su ADN a ARNm.

Clase II: Virus de ADN de cadena sencilla (ssDNA; p. ej. parvovirus). Su ADN de cadena sencilla se convierte en ADN de doble cadena antes de ser transcrito.

Clase III: Virus de ARN de doble cadena (dsRNA; p. ej. reovirus, rotavirus). Estos virus contienen en el virión una ARN polimerasa dependiente de ARN para transcribir su ARN de doble cadena en ARNm.

Clase IV: Virus de ARN de cadena sencilla de sentido positivo (ssRNA+; p. ej. coronavirus, picornavirus (como poliovirus)). Su ARN genómico puede actuar directamente como ARNm y traducirse en proteínas.

Clase V: Virus de ARN de cadena sencilla de sentido negativo (ssRNA-; p. ej. virus del sarampión). Llevan una ARN polimerasa dependiente de ARN para transcribir su ARN de sentido negativo en ARNm.

Clase VI: Virus de ARN de cadena sencilla que utilizan transcriptasa inversa (Retrovirus; p. ej. virus de inmunodeficiencia humana, HIV). Su ARN de cadena sencilla se transcribe en ADN mediante una transcriptasa inversa y el ADN se integra en el genoma del huésped.

Clase VII: Virus de ADN de doble cadena que utilizan transcriptasa inversa (p. ej. virus de la hepatitis B). Su ADN genómico de doble cadena parcialmente cerrado se convierte en un ARN intermedio que sirve como molde para la síntesis de ADN mediante una transcriptasa inversa.

Las cubiertas proteicas que constituyen la cápsida viral se ensamblan en general en dos tipos fundamentales de simetría, según se puede observar al microscopio electrónico:

TIPO I: alargados (simetría helicoidal), virión helicoidal, con forma elongada, pudiéndose encontrar formas de bastones rígidos (300-500 × 15-20 nm, longitud × diámetro) o de filamentos flexuosos (pueden alcanzar longitudes de hasta 2 µm).

TIPO II: esféricos (simetría radial, isométrica), virión icosaédrico (25-50 nm de diámetro en el caso de virus vegetales), son prácticamente esféricos con una gran diversidad de formas, como viriones baciliformes, o viriones gemelos, compuestos estos últimos por la unión de dos icosaedros incompletos.

Composición del genoma de los virus: TMV como modelo

Como ya hemos indicado previamente, el genoma de la gran mayoría de los virus fitopatógenos está constituido por ARN de cadena simple (aprox. 80% de virus fitopatógenos). Sin embargo, el genoma viral puede ser: de ADN circular de doble cadena, como en el caso de los badnavirus; de ADN de simple cadena, como los geminivirus; de ARN de cadena doble, como los reovirus; de ARN de cadena sencilla de polaridad positiva, como los potyvirus; o de ARN de cadena sencilla, pero de polaridad negativa, como en el caso de los rhabdovirus.

Los virus de plantas tienen un genoma muy pequeño, 2.500-19.000 nt, teniendo la mayoría de ellos un tamaño que oscila entre 4.000 y 6.000 nt. El genoma de los virus contiene la información genética en la secuencia de sus nucleótidos y codifica dos tipos de proteínas: 1) proteínas estructurales, que forman parte de la estructura física del virión y cuya función principal es proteger el genoma viral y facilitar su transmisión; y 2) proteínas no estructurales, que se producen durante la infección viral para facilitar diferentes aspectos del ciclo de vida viral, con funciones en la replicación del genoma, la movilización del virión dentro de la planta (proteínas de movimiento) o la supresión de los mecanismos de defensa de la planta.

En el caso del TMV, virus modelo más empleado en investigación de virus fitopatógenos, el genoma tiene un tamaño de alrededor de 6.4 kb, y codifica cuatro proteínas (Scholthof, 2004). La replicasa, ARN polimerasa ARN dependiente, incluye dos proteínas: una proteína de 126 kDa (p126), que participa en la replicación del genoma; y la proteína de 183 kDa (p183), que incluye un dominio metiltransferasa y helicasa. La tercera proteína es la proteína de movimiento (MP, p30), de 30 kDa, que facilita el transporte del virus a través de los plasmodesmos. La cuarta proteína es la proteína de la cápside (CP, p17), de 17.5 kDa, que forma la estructura helicoidal del virión, encapsidando y protegiendo al ARN genómico, y que desempeña un papel en la transmisión y estabilidad del virus fuera de la célula infectada. A lo largo del ciclo biológico, el genoma del virus se libera en la célula hospedante y se traduce directa-

mente para dar lugar a las cuatro proteínas virales. Además, sirve como molde para la síntesis de nuevas copias de ARN que se encapsidarán y formarán nuevos viriones.

Mecanismos de variación genética y evolución de los virus

A pesar de su simpleza, los virus son extremadamente variables, debido fundamentalmente a seis mecanismos, que contribuyen a la especiación (LaTourrette y García-Ruiz, 2022):

1) mutación: cambio de su secuencia genómica. Los virus tienen una gran capacidad de generar mutantes puesto que son poblaciones muy grandes con una tasa de reproducción elevada. Además, la tasa de error que tiene lugar durante la replicación es alta, llegando a 10^{-3} (1 error por cada 1000 bases) en virus de genoma de ARN, debido a la introducción de errores por parte de las ARN polimerasas virales. Cabe destacar que la tasa de error es menor en los virus de ADN, alrededor de 10^{-9}.

2) recombinación: cuando una misma célula está infectada por dos variantes de la misma especie o dos virus de especies filogenéticamente muy próximas, puede darse la recombinación o intercambio de material genético durante la replicación, desde fragmentos de genes a genes completos.

3) reordenamiento genético: este fenómeno se puede dar en virus con genomas segmentados, como los ortomixovirus (como el virus de la gripe), reovirus, arenavirus o bunyavirus. Así, cuando dos variantes de una misma especie o de dos especies filogenéticamente muy relacionadas infectan la misma célula a la vez, podrían intercambiar segmentos de sus genomas durante la encapsidación. Un ejemplo es la gripe A, también conocida como gripe H1N1 que se originó por la mezcla de segmentos genéticos provenientes del virus de la influenza porcina clásica de América del Norte, gripe aviar, gripe humana y gripe de la influenza porcina euroasiática.

4) selección natural: la limitación de recursos hace que los individuos con mayor capacidad de supervivencia y reproducción se seleccionen, presentando una mayor tasa de reproducción aquellas variantes virales mejor adaptadas a las condiciones de ese momento.

5) deriva genética: este proceso se produce con los cuellos de botella o efecto fundador. Incluso cuando los individuos tienen la misma capacidad de reproducción y no se da la selección natural, solo un parte de la población viral transmite sus características, ya que solo un porcentaje determinado de variantes (no representativo de la población) es el que infecta una célula. Este proceso se da al azar y es importante cuando el número de individuos es pequeño, por ejemplo, cuando se transmite la gripe solo una pequeña proporción de moléculas virales que hay en una persona infectará a otra.

6) flujo genético: se produce por la movilidad entre distintas regiones geográficas y huéspedes. En dos poblaciones aisladas, el flujo genético es cero, y si el intercambio de individuos es bajo, cada región evolucionará de forma independiente, con una selección natural y deriva genética diferente. Si el flujo genético es alto entre dos poblaciones, los individuos de las dos regiones evolucionarán como una única población.

Otros mecanismos que influyen en la dinámica evolutiva y ecológica de los virus

Los virus satélites son agentes subvirales que están compuestos por un ácido nucleico y codifican su propia proteína de cápside, lo que les permite encapsidar su material genético de manera independiente. Sin embargo, carecen de las proteínas necesarias para poder emplear la maquinaria celular para replicarse, por lo que requieren la presencia de otro virus, que se denomina auxiliar, que les proporciona los mecanismos para aprovechar la maquinaria celular y completar su ciclo de vida. Por ejemplo,

el virus satélite del mosaico del tabaco requiere del virus del mosaico del tabaco para multiplicarse. Los virus satélites y auxiliares son genéticamente diferentes.

Por otra parte, los ARN satélites, son pequeñas moléculas de ARN que también dependen de un virus auxiliar para su replicación, pero, a diferencia de los virus satélites, los ARN satélites no codifican la cápside, por lo que se encapsidan dentro de la cápside del virus auxiliar. Un ejemplo es el ARN CARNA-5 que es un ARN satélite asociado al virus del mosaico del pepino (CMV) (Kaper y Waterworth, 1977). Este ARN satélite, de aproximadamente 335 nucleótidos, depende del CMV para su replicación y encapsidación. La presencia de CARNA-5 puede influir en la patogenicidad del CMV, modificando la severidad de los síntomas en las plantas infectadas. CARNA-5 no muestra homología significativa con las secuencias del genoma del CMV, indicando que es una entidad genética diferente. Una variante de los ARN satélites son los virusoides, que son ARN satélites circulares de pequeño tamaño.

Tanto los virus satélites como los ARN satélites no actúan como un mecanismo de variación genética de los virus auxiliares en sí, puesto que no intercambian material genético con el virus auxiliar. Sin embargo, sí influyen en la dinámica evolutiva y ecológica de las poblaciones virales, afectando a aspectos como la virulencia y la capacidad de transmisión del virus auxiliar. Estos ARN satélites no deben confundirse con los ARNs defectivos, que se generan durante la replicación de ciertos virus de ARN, al sufrir estos deleciones o mutaciones significativas, resultando en la pérdida de funciones esenciales para la replicación y ensamblaje de partículas virales completas. Aunque carecen de la capacidad para replicarse por sí mismos, pueden interferir con la replicación del virus completo, al competir por recursos dentro de la célula hospedadora.

Los viroides

El concepto de viroide emergió y se conso-lidó a finales de los años 1960s y comien-zos de los 1970s, como resultado de los estudios sobre la naturaleza química de los agentes causales de dos enfermedades de plantas: el tubérculo fusiforme de la patata y la exocortis de los cítricos (Flores, 2011). En un principio, se suponía que estas dos enfermedades estaban causadas por virus, ya que la implicación de microorganismos de carácter celular estaba descartada. Sin embargo, al tratar de separar y/o concen-trar las hipotéticas partículas virales (vi-riones) mediante ultracentrifugación, se obtuvieron resultados imprevistos, ya que la infectividad de los extractos se detectó en fracciones donde cabía esperar que se acumularan entidades de tamaño sensible-mente menor a viriones convencionales. Además, al no observar viriones típicos en tejidos infectados mediante microscopía electrónica, se postuló la existencia de una nueva clase de agentes patógenos, compuestos exclusivamente por una pe-queña molécula de ARN circular, a los que se denominó viroides. Así pues, los viroides desplazaron a los virus del peldaño inferior de la escala biológica, que habían ocupado desde finales del siglo XIX.

Actualmente se conoce que los viroides están constituidos únicamente por una pequeña molécula de ARN circular, que se caracteriza por la enorme complementarie-dad de sus bases, entre 246 y 401 nucleó-tidos, que está plegada sobre ella misma, formando estructuras en forma de varilla, como en el caso de los pospiviroides, o con estructura de cabeza de martillo que contiene una secuencia que actuará como ribozima, como en el caso de los avsun-viroides. Esta molécula circular plegada de ARN no codifica ninguna proteína, sin embargo, los viroides son capaces de repli-carse autónomamente en ciertas plantas superiores e inducir síntomas similares a los causados por los virus.

Ciclo biológico genérico de los virus y viroides vegetales: replicación y transmisión

El objetivo de un virus es replicarse, y para lograrlo necesita ingresar en una célula huésped, hacer copias de sí mismo y libe-rar estas nuevas copias fuera de la célula. En general, el proceso de replicación viral en las plantas se puede desglosar en seis pasos: i) entrada, el virus penetra en la célula huésped, a través de microheridas, heridas mecánicas producidas por herramientas, injertos, vectores, etc.; ii) transcripción, los genes virales se transcriben en moléculas de ARN mensajero (ARNm), utilizando la maquinaria de la célula huésped; iii) tra-ducción, los ARNm virales se traducen en proteínas virales, esenciales para la repli-cación y ensamblaje del virus, utilizando la maquinaria celular; iv) replicación del genoma, se producen múltiples copias del genoma viral, que serán empaquetadas en nuevos viriones; v) ensamblado, las proteí-nas virales y los genomas recién replicados se ensamblan para formar nuevos viriones completos; vi) liberación, los nuevos viriones salen de la célula huésped, transmitiéndose a otras plantas cuando el material infectado se introduce en una planta sana, por heridas mecánicas, como injerto, o por vectores de diferente naturaleza, cerrándose el círculo.

En el caso de los viroides, y debido a que no codifican ninguna proteína, estos, emplean la ARN polimerasa II de la célula huésped, una enzima que transcribe ADN en ARNm en la planta. Los viroides usan esta polimerasa para que sintetice nuevas copias del ARN del viroide y utilizan la ADN ligasa I del hospedante, una enzima esencial en la replicación y repara-ción del genoma del hospedante, que sirve para unir fragmentos de ADN, redirigiéndola, para que actúe como ARN ligasa y medie en la circularización del viroide. Se ha propuesto la replicación por círculo rodante asimétrica para los viroides de la familia *Pospiviroidae*, que tienen forma de varilla, (potato spindle tuber viroid – *Pospiviroid fusituberis*, citrus exocortis viroid – *Pospiviroid exocortiscitri*, chrysanthemum stunt viroid - *Pospiviroid impedichrysanthemi*) y simétrica para los de la familia *Avsunviroidae*, que tienen forma de cabeza de martillo y contienen una secuencia ribozima (avocado sunblotch viroid - *Avsunviroid albamaculaperseae*, peach latent mosaic viroid - *Pelamoviroid latenspruni*).

En el caso de los pospiviroides que tienen poblaciones diferentes de moléculas de polaridad positiva y negativa, la molécula circular (+; se asigna arbitrariamente esta polaridad en general a la especie infecciosa más abundante) sirve de molde para que, sobre ella, se sinteticen por transcripción reiterativa cadenas oligoméricas de polaridad complementaria (-), ARNs oligoméricos negativos. Estos ARNs oligoméricos, sirven a su vez de molde para la síntesis de oligómeros positivos, que a continuación son cortados en segmentos de longitud unitaria por la ARNasa III del hospedante.

En el caso de los avsunviroides, cuyas poblaciones de moléculas de polaridad positiva y negativa están más equilibradas, la molécula circular (+) se transcribe de forma monomérica a molécula lineal de polaridad negativa (-), puesto que la ribozima actúa y evita la oligomerización. Finalmente, la circularización tiene lugar gracias a la acción de la ARN ligasa I del hospedante.

Mecanismos de transmisión

Además de replicarse e invadir la planta huésped, al tratarse de parásitos obligados, los virus necesitan invadir nuevas plantas para sobrevivir. Este proceso, que implica flanquear la pared celular que protege las células vegetales, para salir de las células infectadas y entrar en una planta nueva, se efectúa de distintas maneras.

La forma más sencilla de invadir una nueva planta es aprovechar las vías de propagación de la planta huésped, bien por material vegetal de propagación, utilizado para la producción de planta injertada; o bien, mediante bulbos, cormos, tubérculos, rizomas, estolones, zarcillos, etc.

Otra vía es por contacto de material vegetal infectado (p. ej. transmisión de TMV en viveros de tomate por la manipulación de plantas por fumadores de cigarrillos con tabaco infectado), a través de microheridas. En plantas de propagación por semilla, algunos virus han desarrollado la capacidad de penetrar en los órganos reproductores del huésped (ovarios y/o polen) y permanecer en la semilla, para luego invadir la nueva planta que se desarrolla a partir de ésta. En este sentido, la transmisión a través de polen es a su vez otra vía de dispersión de los virus.

Finalmente, los virus pueden invadir nuevas plantas utilizando la acción de distintos seres vivos (vectores) que, al alimentarse en la planta infectada, adquieren el virus y, al hacerlo en una nueva planta sana, lo depositan en el interior de las células vivas, permitiendo así su replicación y movimiento en el nuevo huésped (Dietzgen et al., 2016). Aunque algunos virus son transmitidos por hongos de los géneros *Olpidium*, *Polymyxa* o *Spongospora*, la inmensa mayoría de los vectores conocidos son animales invertebrados: nematodos, ácaros eriófidos y sobre todo insectos. Estos últimos transmiten más del 70% de los virus conocidos de plantas, siendo homópteros más de la mitad de los insectos vectores.

En el caso de la transmisión por insectos, ésta puede ser de dos tipos:

1.- Circulativa o persistente:

Los virus que tienen este tipo de transmisión suelen estar confinados en el floema. La adquisición por tanto se realiza cuando el estilete del vector accede al floema. Una vez que el virus es adquirido, alcanza el intestino del pulgón y se produce una endocitosis mediada por receptor. El virus es transportado al hemocele del insecto. Desde allí llega hasta las glándulas salivares accesorias y es en su membrana basal donde se cree que tiene lugar la verdadera especificidad entre el virus y el vector. Una vez atravesada ésta, el virus es inoculado a la planta receptora mediante salivación.

Entre los virus circulativos o persistentes, podemos diferenciar según su capacidad para replicarse y propagarse en el vector:

a. Persistentes no propagativos (p. ej. geminivirus, luteovirus), cuando el virus no se replica en el vector.

b. Persistentes propagativos (p. ej. tospovirus, nucleorhabdovirus, tenuivirus, marafivirus), cuando el virus se replica en el vector.

2.- No circulativa:

En este tipo de transmisión el vector adquiere el virus al alimentarse brevemente de una planta infectada y puede transmitirlo a una planta sana en un corto período, generalmente desde los primeros minutos hasta unas pocas horas.

Existen dos tipos de transmisión:

a. No persistente. El tejido vegetal donde tiene lugar la transmisión es la epidermis, el periodo de adquisición es de segundos a minutos, el de retención es de minutos y la transmisión se produce por la salivación cuando realiza la ingestión en una nueva planta. La retención puede estar mediada por proteínas "helper", como en el caso de los potyvirus, que median la unión del virión y el receptor del estilete.

b. Semipersistente. En este caso los tejidos vegetales pueden ser la epidermis, el mesófilo o el floema. El periodo de adquisición es de minutos a horas y el de retención es de horas. En los virus semipersistentes, como los closterovirus, también existe un receptor en la parte distal del estilete, si bien se desconoce si existe otro receptor viral en una posición posterior del tracto digestivo.

El conocimiento del ciclo biológico del insecto vector en relación con el virus es fundamental para el estudio de la epidemiología y control de la enfermedad.

La inoculación de un virus en una planta sana implica franquear la pared celular y que el virus entre en el citoplasma. La multiplicación viral ocurre inicialmente en la célula o células infectadas en la inoculación. Tras la replicación y expresión de genoma viral, la infección puede detenerse en las primeras células infectadas, en cuyo caso la planta no manifiesta síntomas de la enfermedad. Este tipo de infección se conoce como infección local. Por su parte, cuando la infección se propaga desde las primeras células infectadas a otros órganos de la planta se denomina infección sistémica. Para ello, es necesario que el virus se mueva a células vecinas a través de plasmodesmos, y después, a larga distancia dentro de la planta. El movimiento a larga distancia implica que el virus es capaz de entrar en los tejidos vasculares, circular por los tubos floemáticos, y salir de ellos. La entrada del virus en el sistema vascular se da a nivel de pequeños nervios foliares a partir del mesófilo, localizándose en los tubos cribosos del floema. Posteriormente, el virus se transmite rápidamente de forma sistémica al resto de la planta.

Clasificación de los virus

El Comité Internacional de Taxonomía de Virus (ICTV de su nomenclatura en inglés) se encarga de la clasificación y nomenclatura de los virus. El sistema de clasificación emplea niveles jerárquicos como reino, filo, clase, orden, familia, género y especie, con sufijos específicos, como "-viria" para reinos, "-viricota" para filos, "-virales" para órdenes, "-viridae" para familias y "-virus" para géneros. La ICTV ha introducido la clasificación binomial para nombrar las especies de virus y viroides de forma similar a como se clasifican las especies en el resto de los organismos vivos. Por ello, el nombre de una especie consiste ahora en dos componentes de palabras distintos separados por un espacio. El primer componente comienza con una letra mayúscula y es idéntico en ortografía al nombre del género al que pertenece la especie. El segundo componente no contiene sufijos específicos para taxones de rangos superiores. Todo el nombre de la especie debe estar en cursiva. Como ejemplo, el virus del entrenudo corto infeccioso, conocido tradicionalmente como grapevine fanleaf virus, ha sido clasificado como la especie *Nepovirus foliumflabelli*, permaneciendo solo la denominación tradicional para nombrarlo de forma común en minúscula y sin cursivas.

La organización de las especies virales tiene una base filogenética, según sea su organización genómica y la similitud de las proteínas que codifican. La morfología del virión y los mecanismos de transmisión cada vez tienen menos importancia a nivel taxonómico.

VIRUS DE VID

El viroma de la vid incluye más de 100 especies diferentes de virus, lo que la convierte en el hospedador cultivado que puede ser infectado por el mayor número de virus (Meng et al., 2017; Fuchs, 2024). Esta alta complejidad del viroma se debe a la coevolución entre los virus y las especies de *Vitis*, así como a la larga historia de domesticación y al comercio global de este cultivo. Entre todos los virus descritos que infectan a la vid, 30 especies se han asociado con cuatro principales complejos de enfermedades basados en la sintomatología: i) degeneración infecciosa y decaimiento (11 nepovirus europeos/mediterráneos y 1 stralarivirus, 4 nepovirus americanos); ii) enrollado de la hoja (1 closterovirus, 3 ampelovirus y 1 velarivirus); iii) jaspeado (1 maculavirus y 2 marafivirus) y iv) madera rizada (3 vitivirus y 1 foveavirus); si bien de los 30 solo 5 están incluidos en la Directiva de Ejecución (UE) 2020/177 de la Comisión: los nepovirus grapevine fanleaf virus y arabis mosaic virus; los ampelovirus,

virus del enrollado de la hoja 1 y del enrollado de la hoja 3; y el maculavirus del jaspeado.

1) La degeneración infecciosa y decaimiento

Se han identificado hasta 16 especies virales que se consideran agentes de la enfermedad de la degeneración infecciosa y decaimiento de la vid. Estos virus están incluidos en el género *Nepovirus* y se caracterizan por tener partículas isométricas y por ser transmitidos por nematodos (8 de los nepovirus tienen vectores nematodos identificados). Una excepción es

Tabla 10.1. Virus asociados a degeneración infecciosa y decaimiento.

Nombre común	Abreviatura	Especie
Arabis mosaic virus	ArMV	*Nepovirus arabis*
Artichoke Italian latent virus	AILV	*Nepovirus italiaense*
Blueberry leaf mottle virus	BLMoV	*Nepovirus myrtilli*
Cherry leafroll virus	CLRV	*Nepovirus avii*
Grapevine Anatolian ringspot virus	GARSV	*Nepovirus anatoliense*
Grapevine Bulgarian latent virus	GBLV	*Nepovirus bulgariense*
Grapevine chrome mosaic virus	GCMV	*Nepovirus chromusivum*
Grapevine deformation virus	GDefV	*Nepovirus deformationis*
Grapevine fanleaf virus	GFLV	*Nepovirus foliumflabelli*
Grapevine Tunisian ringspot virus	GTRSV	*Nepovirus tunisiaense*
Peach rosette mosaic virus	PRMV	*Nepovirus persicae*
Raspberry ringspot virus	RpRSV	*Nepovirus rubi*
Strawberry latent ringspot virus	SLRSV	*Stralarivirus fragariae*
Tomato black ring virus	TBRV	*Nepovirus nigranuli*
Tobacco ringspot virus	TRSV	*Nepovirus nicotianae*
Tomato ringspot virus	ToRSV	*Nepovirus lycopersici*

el virus latente de las manchas anulares de la fresa (strawberry latent ringspot virus), que pertenece al género *Stralarivirus* (Tabla 10.1).

En general, los nepovirus que infectan la vid tienen un amplio rango de huéspedes naturales que incluye especies leñosas y herbáceas, con pocas excepciones, como es el caso del 'grapevine fanleaf virus' (GFLV), cuyo rango de huéspedes es estrecho.

Los nepovirus tienen el genoma compuesto por dos segmentos de ARN de cadena simple de sentido positivo (ARN-1 y ARN-2) (Fuchs et al., 2017). Tanto el ARN-1 como el ARN-2 tienen un único marco de lectura abierto (ORF) que codifica para un polipéptido (P1 y P2, respectivamente). El polipéptido P1 se escinde por la proteasa viral en cinco proteínas individuales: cofactor de la proteasa (co-Pro), helicasa (Hel), proteína ligada al genoma (VPg), proteasa (Pro) y ARN polimerasa dependiente de ARN (RNApol). El ARN-2 se escinde en tres productos maduros individuales: la proteína "homing" (HP), necesaria para la replicación del ARN-2, la proteína de movimiento (MP) y la proteína de la cápside (CP). En algunos casos se han descrito otras proteínas de función desconocida como en el caso de ToRSV y ArMV. En varias especies de nepovirus, los extremos 3' de los dos ARN muestran una homología de secuencia consi-

derable llegando a tener una identidad completa como ocurre en TBRV o CLRV.

Dentro de este grupo de virus se han separado tres subgrupos (A, B y C) en función del tamaño del ARN-2, las relaciones filogenéticas de la CP y la especificidad del sitio de escisión de la proteasa. La poliproteína del ARN-2 de las especies de nepovirus del subgrupo A, como el ArMV y GFLV, tiene un único dominio proteico previo a la MP, denominado proteína 2A. La proteína 2A del GFLV es necesaria para la replicación del ARN-2. La poliproteína del ARN-2 es más grande en los aislados ToRSV, un nepovirus del subgrupo C que contiene dos dominios proteicos de función desconocida previos de la MP, denominados X3 y X4. El ARN-2 de los nepovirus del subgrupo C también incluye una región no traducida 3' (UTR) mucho más grande que la de los nepovirus de los subgrupos A o B (Fig. 10.1).

Los nepovirus tienen partículas isométricas de 26-30 nm de diámetro con contornos hexagonales definidos. La ultracentrifugación en gradiente de CsCl de partículas virales purificadas revela la presencia de tres tipos de partículas. Las partículas T (componente superior) que sedimentan a 50S y que no contienen una molécula de ARN, son partículas vacías. Las partículas B (componente inferior) que sedimentan a 115-134S y

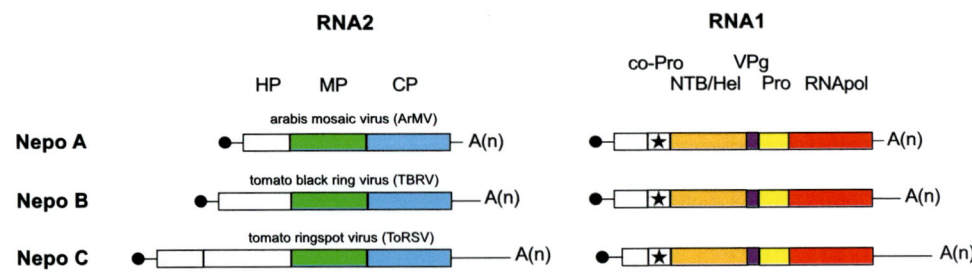

Figura 10.1. Composición del genoma de los subgrupos de nepovirus A, B, C. Los círculos negros representan la proteína viral de unión al genoma. Se indican los genes de cada uno de los segmentos: en el ARN-1, co-Pro, cofactor de la proteasa; NTB/Hel, proteína de unión a NTP/helicasa; VPg, proteína viral de unión al genoma; Pro, proteasa; RNApol, ARN polimerasa ARN dependiente; en el ARN-2, HP, proteína "homing"; MP, proteína de movimiento; CP, proteína de la cápsida. Se indica la cola poliA en el extremo 3', A(n).

que contienen una sola molécula de ARN-1. En el caso de los nepovirus del subgrupo A, las partículas B también pueden contener dos moléculas de ARN-2. Las partículas M (componente medio) sedimentan a 86-128S y contienen una sola molécula de ARN-2. Las partículas M y B de los nepovirus del subgrupo C a menudo son difíciles de separar, debido al mayor tamaño del ARN-2.

Algunos nepovirus se transmiten por nematodos que habitan en el suelo, de los géneros *Longidorus* y *Xiphinema*. Los nematodos adquieren el virus cuando se alimentan durante unas pocas horas en las raíces de plantas infectadas, pero no hay evidencias de que éste se multiplique en el vector. Los nematodos pueden permanecer viulíferos desde 9 semanas (*Longidorus* spp.) hasta 11 meses (*Xiphinema* spp.). Sin embargo, el virus se pierde cuando los nematodos mudan. Las partículas de nepovirus se han detectado en la luz del estilete y adheridas a la vaina guía de *Longidorus* spp. (RpRSV, TBRV) o al revestimiento cuticular del esófago de *Xiphinema* spp. (ArMV, GFLV, TRSV, SLRSV). Experimentalmente, los nepovirus pueden transmitirse por inoculación mecánica. Una característica de la mayoría de los nepovirus es que las semillas de una planta infectada germinarán para dar una planta infectada. La infección en las semillas puede provenir de cualquier gameto, aunque el polen de las plantas infectadas puede no competir eficazmente con el polen sano por la fertilización del óvulo. La transmisión por polen que conduce a la infección de la planta madre parece ser una característica de la propagación natural de CLRV y probablemente de BLMV.

Virus del entrenudo corto infeccioso. Grapevine fanleaf virus. *Nepovirus foliumflabelli*.

El virus del entrenudo corto infeccioso es el virus más antiguo conocido en *Vitis vinifera*. Existen referencias de su existencia en Europa en la literatura desde hace aproximadamente 200 años, con evidencias de que ya estaba presente antes de la introducción de patrones híbridos americanos. Debido a ello, ésta podría ser una enfermedad existente en todas las regiones vitivinícolas de la cuenca mediterránea desde el origen del cultivo, extendiéndose posteriormente a todo el mundo, y afectando a una amplia gama de variedades y patrones de *Vitis* spp. GFLV puede encontrarse coinfectando la misma planta con otros virus del mismo género ocasionando infecciones mixtas en vid. La importancia económica de esta enfermedad depende de la tolerancia de los distintos cultivares al virus. Los cultivares tolerantes podrán convivir con el virus desarrollándose con normalidad y dando lugar a una producción moderada. Por ello la elección de un buen portainjertos tolerante o resistente a nematodos endoparásitos es esencial para controlar la infección y evitar la dispersión del virus. Patrones como el SO4, 99 Ritcher (R), Freedom o 1613 Courdec, son altamente resistentes; 1103 Paulsen, 1447 Paulsen o 3306 Couderc, muestran buena resistencia; en cambio, Rupestris de Lot, 110 R o 420-A Millardet y Grasset son sensibles a la parasitación por nematodos. Sin embargo, los cultivares susceptibles muestran un decaimiento progresivo de las cepas, con bajo rendimiento productivo y una baja calidad de la uva, limitando la edad del viñedo, y disminuyendo la tolerancia de las cepas a factores ambientales adversos. Así, cuando una variedad y su patrón son susceptibles el virus provoca una reducción del peso promedio de los racimos de uva de aproximadamente un 20% en un período de 7 años y pérdidas de rendimiento del 77% al 80%, dependiendo de la cepa de GFLV que cause la infección. Aunque las pérdidas económicas debido al GFLV no están disponibles para todas las regiones productoras de vid, se han estimado pérdidas de más de 15.000 euros por hectárea y al menos 1.400 millones de euros por año en Francia.

Virus del mosaico del arabis. Arabis mosaic virus. *Nepovirus arabis.*

El virus del mosaico del arabis afecta a un amplio rango de hospedadores, incluyendo la vid, donde se ha asociado al complejo de virus causantes de degeneración infecciosa. Los síntomas incluyen mosaico clorótico, moteado, deformaciones foliares, acortamiento de los entrenudos y en algunos casos, decaimiento generalizado y mala fructificación. La expresión sintomática depende del portainjerto, la variedad y las condiciones ambientales y se solapa con la causada por GFLV. La transmisión de ArMV en campo se produce principalmente por nematodos del género *Xiphinema*, específicamente por *X. diversicaudatum*, mientras que la dispersión a larga distancia ocurre mediante material de propagación infectado, lo que subraya la importancia del uso de material certificado. En España, ArMV ha sido detectado de forma esporádica, en 2007 en Galicia (Rías Baixas) en vides de Albariño con síntomas foliares y en 2008 en La Rioja en Tempranillo sin síntomas, pero con escaso cuajado. La baja prevalencia registrada y la escasa diseminación desde la plantación sugieren una transmisión limitada. Puntualmente se han registrado viñas con esta virosis, pero su prevalencia en España sigue siendo muy baja a diferencia de otros países europeos.

Sintomatología del entrenudo corto y la degeneración infecciosa causada por nepovirus.

En cuanto a la sintomatología de entrenudo corto y degeneración infecciosa podemos distinguir tres síndromes en función del tipo de cepa/virus causante de la infección: 1) malformaciones, en las hojas de cepas afectadas se observan formas asimétricas,

Figura 10.2. Síntomas de entrenudo corto causado por GFLV (A) y degeneración infecciosa causada por ArMV (B) (Fuente: Fotos A y B: A. Olmos y A.B. Ruiz); y degeneración infecciosa causada por GFLV (Fuente: Fotos C y D: J.R. Úrbez-Torres).

nerviación anormal, dentado acentuado en los extremos de la hoja y senos peciolares más abiertos de lo normal, observándose desde principios de la primavera en sarmientos, también se producen malformaciones que se expresan en forma de dobles nudos, entrenudos cortos (Fig. 10.2A), bifurcaciones, aplastamientos, y crecimientos en zigzag; 2) mosaicos amarillos (Fig. 10.2B), decoloraciones amarillas en hojas que aparecen en primavera, y que se extienden a brotes, tallos e inflorescencias (Fig. 10.2C-D). Estas alteraciones cromáticas varían desde manchas poco dispersas en la superficie del limbo foliar, manchas circulares y hasta manchas que se extienden por toda la hoja. En este caso, el follaje afectado no sufre deformaciones o éstas son mínimas. Con el aumento de las temperaturas estivales, la clorosis desaparece rápidamente y las hojas adquieren de nuevo su color verde normal y; 3) decoloración internervial, decoloraciones amarillas de los nervios de las hojas, y que progresan con el tiempo a las áreas internerviales. Estas decoloraciones aparecen a mediados-finales del verano en un número limitado de hojas, que muestran muy poca o nula deformación. En todos los casos los racimos muestran un síntoma común, observándose racimos de menor tamaño y con menor número de bayas y falta de cuajado. Cuando se da el tercer síndrome descrito, los daños en fruto son más severos, llegando a perderse el 100% de la cosecha.

La transmisión de GFLV, además de por injerto, y del empleo de material de multiplicación infectado, que es una de las principales vías de transmisión tanto a corta como a larga distancia, la realiza, a corta distancia, su vector, el nematodo de la familia *Longidoridae*, *Xiphinema index*, cuyos principales hospedantes son la vid y la higuera. En la naturaleza, el nematodo inmaduro adquiere el virus al alimentarse de las raíces de las plantas infectadas, y se mantiene activo en su esófago hasta más de cuatro años en ausencia de hospedante. La dispersión a nivel mundial de GFLV data de los 1800s cuando empezó a producirse planta de vid injertada con patrones de vid americanos para combatir la filoxera. GFLV es capaz de mantenerse de forma latente en los patrones de vid americanos durante largos periodos de tiempo, siendo utilizados ampliamente para establecer las nuevas plantaciones tras la filoxera, pasando desapercibidos los síntomas de la virosis en los primeros años del cultivo.

Como hemos indicado anteriormente, GFLV está distribuido por todas las regiones vitivinícolas del mundo, al igual que su vector, *X. index*; y ambos están considerados organismos nocivos, por lo que se requiere aplicar un correcto control del virus para evitar la dispersión de la enfermedad.

2) El enrollado de la hoja de la vid

Los primeros síntomas del enrollado de la vid se observaron en Francia en 1853, y más tarde, en Alemania en 1910. Sin embargo, la naturaleza de un posible agente viral causante de esta enfermedad no se demostró hasta 1936. Actualmente, se considera una enfermedad importante en este cultivo y se encuentra distribuida por todas las regiones vitivinícolas del mundo afectando a una amplia gama de variedades y patrones de *Vitis* sp. La severidad de la enfermedad y las pérdidas de cosecha dependen de la combinación de varios factores, incluyendo la especie y cepa viral

Tabla 10.2. Virus asociados al enrollado de la hoja.

Nombre común	Abreviatura	Especie
Grapevine leafroll-associated virus 1	GLRaV1	*Ampelovirus univitis*
Grapevine leafroll-associated virus 2	GLRaV2	*Closterovirus vitis*
Grapevine leafroll-associated virus 3	GLRaV3	*Ampelovirus trivitis*
Grapevine leafroll-associated virus 4	GLRaV4	*Ampelovirus tetravitis*
Grapevine leafroll-associated virus 7	GLRaV7	*Velarivirus septemvitis*
Grapevine leafroll-associated virus 13	GLRaV13	*Ampelovirus tredecimvitis*

implicada, la variedad de la vid y su patrón, el clima, el suelo y las condiciones ambientales, aunque ninguno de estos factores es limitante para que se dé la enfermedad.

Actualmente, está reconocida la asociación de varios virus de la familia de los closterovirus con el síndrome del enrollado de la hoja de la vid (Naidu et al., 2015). Aunque los distintos virus del enrollado comparten muchas propiedades comunes, también muestran diferencias significativas en la organización de su genoma y en otras propiedades epidemiológicas. En la actualidad, se reconocen seis especies virales del enrollado de la hoja de la vid, designadas de forma común por su nombre en inglés y numéricamente para diferenciarlas, grapevine leafroll-associated virus (GLRaV) 1, 2, 3, 4, 7 y 13, mientras que 5, 6, 9, Pr y De se consideran cepas de GLRaV4 (Tabla 10.2). GLRaV8 fue eliminado de la clasificación porque la secuencia genómica identificada fue erróneamente asignada a una especie viral cuando en realidad era genoma de vid. Los virus asociados a este síndrome pertenecen a la familia *Closteroviridae*, estando GLRaV 1, 3, 4 junto con sus cepas, y el 13, asignados al género *Ampelovirus*, GLRaV2 al género *Closterovirus*, y GLRaV7 al género *Velarivirus*. Dentro del género *Ampelovirus*, GLRaV1, GLRaV3 y GLRaV13 poseen un tamaño de genoma mayor y están clasificados en el subgrupo I, mientras que GLRaV4 y sus cepas, con un genoma más pequeño, están incluidos en el subgrupo II.

En ocasiones pueden darse infecciones múltiples de varias de estas especies en una misma planta y con otras especies virales, dando lugar a síntomas más severos de la enfermedad. Todos estos virus se transmiten a largas distancias por material vegetal de propagación infectado a través del injerto. Además, las infecciones a corta distancia también pueden darse a través de cochinillas, en el caso de las especies del género *Ampelovirus*. Entre los vectores de los ampelovirus se ha demostrado que existe gran

diversidad de especies de cochinillas de las familias *Coccoidea* (*Pulvinaria innumnerabilis, P. vitis*) y *Pseudoccocidae* (*Pseudococcus longispinus, Ps. ficus*) relacionadas con la transmisión. No se conoce el vector de la especie del género *Closterovirus* aunque presumiblemente podría ser algún artrópodo como ocurre con el resto de miembros del género. Tampoco se conoce el vector de la especie del género *Velarivirus*, género que además no tiene ninguna especie con vector conocido.

Virus del enrollado de la hoja 1 de la vid. Grapevine leafroll-associated virus 1. *Ampelovirus univitis.*

Esta especie se ha descrito en todo el mundo y se encuentra infectando solo o en coinfección con otros virus de la vid. La información disponible indica que GLRaV1 es el segundo virus del enrollado más ampliamente distribuido y económicamente importante después de GLRaV3.

Su genoma, tiene aproximadamente 18.7 kb y contiene nueve ORFs (Fig 10.3). La ORF más cercana al extremo 5' del genoma está formado por ORF1a y ORF1b, que codifica las proteínas necesarias para la replicación del genoma viral. ORF1a codifica una gran poliproteína que contiene los dominios de una proteinasa similar a la papaína (L-Pro), metiltransferasa (Met), desmetilasa (AlkB) y helicasa (Hel), mientras que el ORF1b codifica la ARN polimerasa ARN dependiente (RdRp).

Las ocho ORFs restantes se expresan a través de ARN subgenómicos que son colineares y co-terminales en el extremo 3' con respecto al genoma del virus. Una de las características distintivas de esta especie es que tiene dos copias divergentes de la proteína de la cápside. Específicamente después de ORF1a y ORF1b el genoma incluye genes designados consecutivamente empezando por una pequeña proteína transmembrana (p7), y luego por una proteína homóloga a las proteínas de choque térmico 70 (HSP70h), un polipéptido de 55 kDa (p55), la proteína de la cápside mayor (CP), dos copias divergentes de la proteína de la cápside menor (CPm1 y CPm2), y dos polipéptidos de 21 kDa (p21) y 24 kDa (p24) de función desconocida (Fig. 10.3).

Las características epidemiológicas de GLRaV1 parecen ser similares a otros ampelovirus, y se pueden implementar estrategias de control integradas, que incluyen una combinación de material de plantación libre de virus, prácticas culturales y control de vectores, para minimizar la propagación del virus en los viñedos. En uva tinta los síntomas consisten en un enrojecimiento de las áreas intervenales de las hojas, mientras que las venas primarias y secundarias permanecen verdes. Por el contrario, las hojas de variedades de uvas blancas infectadas con GLRaV1, ya sea de forma aislada o en combinación con otros GLRaVs, presentan síntomas cloróticos leves que a menudo

son sutiles y pueden pasar desapercibidos en los viñedos.

Virus del enrollado de la hoja 3 de la vid. Grapevine leafroll-associated virus 3. *Ampelovirus trivitis.*

Este virus es la especie más prevalente y la económicamente más destructiva de entre todas las especies del grupo de los GLRaVs. Este virus es la especie tipo del género *Ampelovirus* y tiene el segundo genoma más grande entre los virus de plantas caracterizados con alrededor de 18.600 nt, después del virus de la tristeza de los cítricos, que tiene alrededor de 19.250 nt. Se han identificado diferentes grupos moleculares de variantes de GLRaV3 y se reconocen ocho grupos filogenéticos del virus. De hecho, el empleo de las tecnologías de secuenciación masiva (HTS) ha permitido un progreso considerable en la identificación de las múltiples variantes genéticas de esta especie y,

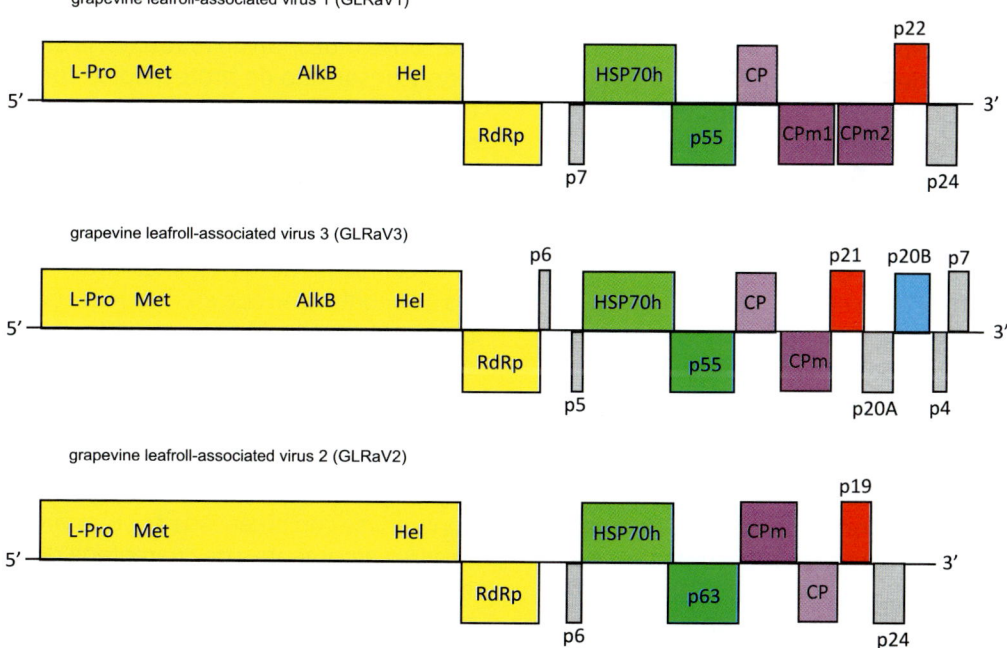

Figura 10.3. Composición del genoma de los ampelovirus GLRaV1 y GLRaV3 y del closterovirus GLRaV2. Se indican las proteínas conservadas y sus dominios: poliproteína con dominios L-Pro, Met, AlkB, Hel y RdRp en amarillo; proteína homóloga a HSP70, en verde claro; proteína homóloga a HSP90 (p55/p63), en verde oscuro; proteína de la cápsida (CP), en rosa; y proteína de la cápsida menor (CPm), en morado. Se indica el tamaño teórico del resto de proteínas de función desconocida y/o no conservadas.

mediante enfoques metagenómicos, ha establecido firmemente a GLRaV3 como el principal agente viral asociado al síndrome del enrollado de hoja de la vid.

Su genoma contiene doce ORFs. Como en el caso de GRLaV1 la ORF más cercana al extremo 5' del genoma está formado por ORF1a y ORF1b, que codifica las proteínas necesarias para la replicación del genoma viral. ORF1a codifica la poliproteína con dominios de proteasa (L-Pro), metiltransferasa (Met), desmetilasa (AlkB) y helicasa (Hel), y el ORF1b codifica la RdRp. La ORF2 y su posible expresión no está clara, ya que está ausente en aislados de algunas variantes, lo que sugiere que es poco probable que tenga una función esencial o conservada. Las siguientes cinco ORFs (ORFs 3–7) tienen sus homólogos con el resto de los miembros de la familia *Closteroviridae*: ORF3, una proteína de movimiento célula a célula que se dirige al retículo endoplásmico; ORF4, que codifica un homólogo de HSP70 celular (HSP70h), que en otros closterovirus facilita el movimiento célula a célula; ORF5, que codifica la proteína de alrededor de 60 kDa y que coopera con HSP70h para el ensamblaje de la cabeza del virión y en el movimiento célula a célula; ORF6, que codifica la proteína de la cápside (CP); y ORF7, que codifica la proteína menor de la cápside (CPm). El orden de la posición de las ORFs que codifican la CP y la CPm en GLRaV-3 está invertido, en comparación con los virus del género *Closterovirus*, pero es similar a la de los crinivirus bipartitos, también miembros de la familia *Closteroviridae*. El resto de ORFs, de la 8 a la 12, son genéticamente únicas en el género *Ampelovirus*. Las proteínas codificadas por las ORFs 8, 9 y 10 podrían estar involucradas en la supresión de la respuesta de defensa del ARN de interferencia del hospedante y en el transporte viral a larga distancia. Las ORFs 11 y 12 codifican pequeñas proteínas únicas de GLRaV-3, que son muy diversas entre los grupos variantes, lo que hace improbable que tengan una función conservada.

Como todos los virus, GLRaV3 se transmite mediante injerto y se propaga principalmente a través de la multiplicación con material infectado, haciendo imprescindible el empleo de material vegetal certificado tanto en la variedad como en el patrón. Además, GLRaV3 se transmite de manera semipersistente por cochinillas (*Pseudococcidae*) e insectos (*Coccidae*). Estudios epidemiológicos sobre la enfermedad del enrollado de la hoja en regiones productoras de uva en todo el mundo muestran como GLRaV3 se propaga por cochinillas mediante la combinación de dispersión aleatoria, desplazamiento natural, viento, asistencia activa por parte de hormigas y asistencia pasiva de humanos mediante los trabajadores o maquinaria.

Sintomatología del enrollado de la vid

En cuanto a la sintomatología general del enrollado, el patógeno degrada los tejidos primarios del floema de los tallos jóvenes, hojas y pedúnculos de los frutos. Las plantas afectadas muestran un retraso en la brotación y desarrollo de brotes, hojas con un tamaño ligeramente inferior al normal, y reducción de la longitud de los brotes con pérdida de vigor y rendimiento de cosecha. Los síntomas en hojas son más llamativos en las variedades tintas, y consisten en un enrojecimiento de las regiones internerviales que contrastan con el color verde de los nervios. La intensidad en la expresión de estos síntomas puede variar desde manchas rojas dispersas en las áreas internerviales (Fig. 10.4A) hasta manchas enrojecidas que cubren todas las zonas internerviales de la hoja (Fig. 10.4B). Esta sintomatología podría confundirse con la causada por otra virosis, un virus emergente y de cuarentena denominado con el nombre común de grapevine red blotch virus (GRBV), con genoma de ADN. Se trata de la especie *Grablovirus vitis*, perteneciente a la familia *Geminiviridae*. Sin embargo, el diagnóstico diferencial, además del molecular, es que GRBV no produce enrollado de la hoja, a diferencia de los virus

Figura 10.4. Síntomas de virus del enrollado en variedades tintas (A,B) y blancas (C); cuajado y maduración irregular en bayas (D) (Fuente: Fotos A-C: J.R. Úrbez-Torres; Foto D: A. Olmos).

del enrollado. En el caso de las variedades blancas, los síntomas causados por los virus del enrollado son menos llamativos, y se observan decoloraciones amarillas en las áreas internerviales de las hojas, manteniéndose los nervios de color verde, y observándose, eso sí, el enrollado de la hoja (Fig. 10.4C). Los síntomas aparecen a mediados de la estación de cultivo, manifestándose en primer lugar en las hojas dispuestas en la parte basal de la planta. El síntoma común del enrollado es que las hojas terminan enrollándose hacia abajo, lo que ha dado nombre a la enfermedad. La intensidad en la expresión de síntomas, tanto de decoloración como enrollado, depende de la especie del virus, su cepa, de la variedad de vid y su patrón. En consecuencia, las cepas afectadas acaban mostrando un decaimiento generalizado, y los racimos de las cepas afectadas sufren un retraso en la madurez del fruto, presentando maduración irregular de bayas, algunas de menor tamaño con

una baja concentración de azúcares y baja pigmentación, que las hacen depreciables comercialmente (Fig. 10D). La enfermedad, por tanto, puede afectar significativamente al rendimiento del fruto, con una pérdida anual promedio de entre un 10% y un 40%. Estas pérdidas podrían ser mayores dependiendo de la severidad de la infección viral en el viñedo. Las diferencias en las respuestas de las variedades a la infección, la edad del viñedo, la presencia de infecciones simples o coinfecciones con otros virus y los factores climáticos estacionales pueden influir sinérgicamente en la magnitud de las pérdidas anuales de rendimiento.

Otros virus del enrollado de importancia. Virus del enrollado de la hoja 2 de la vid. Grapevine leafroll-associated virus 2. *Closterovirus vitis*.

Este virus es otro de los seis virus implicados en la enfermedad del enrollado de la hoja de la vid. Sin embargo, también está asociado con desórdenes de incompatibilidad de injerto. Debido a su peculiar estructura genómica e historia evolutiva, *Closterovirus vitis* pertenece al género *Closterovirus* dentro de la familia *Closteroviridae*.

El genoma de GLRaV2 es un ARN de simple cadena de polaridad positiva, de aproximadamente 16.500 nucleótidos, que contiene nueve ORFs. Como el resto de los miembros del género el genoma, contiene las ORFs responsables de la replicación del genoma (ORF1a y ORF1b), los cinco genes necesarios para el movimiento intercelular (ORFs 2–6) y la ORF terminal 3' responsable de la defensa frente al ARN de interferencia de la planta. La poliproteína ORF1a carece de un dominio AlkB, a diferencia de todos los miembros del género *Ampelovirus* que infectan la vid. Otra diferencia con el resto de los miembros de virus que causan enrollado en vid es la posición de la proteína de la cápside (CP) y la proteína de la cápside menor (CPm). En GLRaV2, el gen de CPm se encuentra antes que el gen de la CP, mientras que en GLRaV1, GLRaV3 y GLRaV7, el gen de CPm está detrás del gen de la CP.

La diversidad genética de esta especie es muy alta, con al menos seis linajes que tienen una divergencia a nivel de nucleótidos en la CP de hasta un 25%. Cada linaje está representado por un aislado tipo. Estos linajes abarcan todo el polimorfismo genético del virus conocido hasta el momento. La cepa tipo de la especie *Closterovirus vitis* (GLRaV2) es PN, y muestra diferencias del 7.9% (nt) y 3.5% (aa) con el aislado tipo 93/955 que representa el segundo grupo filogenético y que es el más próximo al de PN. El tercer grupo filogenético incluye el aislado tipo H4, cuya secuencia difiere de la del aislado tipo PN en un 11.1% (nt) y 6.1% (aa). Los otros tres linajes están más alejados filogenéticamente, el aislado tipo RG, muestra una distancia genética del 23.7% (nt) y 9.1% (aa) y el aislado tipo BD tiene una divergencia del 25.3% (nt) y 13.4% (aa). El aislado tipo PV20 representa el sexto linaje

y muestra diferencias del 26.6% (nt) y del 19.2% (aa) con respecto al aislado tipo PN.

El virus está restringido al tejido del floema, y las células infectadas se caracterizan por una abundante presencia de vesículas membranosas, que son típicas de la infección por miembros del género *Closterovirus*. No se conoce ningún vector artrópodo para GLRaV2, pero el virus es transmisible por injerto y puede transmitirse mecánicamente a algunos hospedadores herbáceos, a diferencia de otros virus.

El virus se identificó por primera vez en vides afectadas por enrollado y, aunque a veces está presente en vides asintomáticas, otras veces se presenta en vides con síntomas. Además, la implicación de GLRaV2 en otros desórdenes de la vid, especialmente en diversas condiciones de incompatibilidad de injerto, se ha sospechado durante más de dos décadas. Actualmente, se sabe que GLRaV-2 no está involucrado en la enfermedad de la madera rugosa, a pesar de las sospechas planteadas a principios de la década de 1990. Sin embargo, sí que se ha observado la asociación de GLRaV2 con la incompatibilidad de injerto en Kober 5BB en muestras analizadas independientemente en diferentes países. También se ha demostrado la correlación entre infecciones mixtas de GLRaV2 y grapevine virus B (GVB), especie *Vitivirus betavitis*, con el síndrome de fracaso/decaimiento/declive de las vides jóvenes. Poco después, un virus aparentemente nuevo, provisionalmente llamado virus asociado a lesiones en el tallo del portainjerto de la vid (grapevine rootstock stem lession-associated virus) (GRSLaV), que luego se comprobó era una cepa altamente divergente de GLRaV2 (cepa "Redglobe" o abreviada RG), se asoció con un severo declive de la variedad Redglobe injertada en varios portainjertos, induciendo lesiones/necrosis en los portainjertos 3309C y Kober 5BB.

En diferentes estudios sobre declive de las vides jóvenes injertadas se encontró consistentemente GLRaV2 en muestras infectadas de varias selecciones clonales de 'Cabernet Sauvignon' injertadas en diversos portainjertos. Los aislados de GLRaV2 en este estudio pertenecían al linaje RG. Sin embargo, la asociación de GLRaV2 con el declive de la variedad Thompson Seedless injertada en los portainjertos Freedom y Harmony en Chile fue inconsistente. Los estudios sobre un síndrome de incompatibilidad de injerto observado en la variedad Merlot en Nueva Zelanda resultaron en la identificación de una nueva variante molecular de GLRaV2, a la que llamaron "Alphie". Es importante enfatizar que GLRaV2 no está implicado en la etiología de otros dos fenómenos de declive que se han descrito, el declive de Syrah y la incompatibilidad de injerto de Pinot noir injertado en el portainjerto 110R.

Las plantas injertadas con yemas de variedades de vid infectadas con la cepa GLRaV-2 RG sobre patrones susceptibles al virus, muestran un crecimiento débil, decaimiento de los brotes, y las hojas adquieren tonalidades rojizas durante la estación de cultivo, antes de que llegue el otoño. La zona del injerto se ensancha de manera exagerada adquiriendo una forma de muñón, y la planta finalmente muere.

Los mecanismos de interacción entre la cepa GLRaV2 RG y los patrones susceptibles se ciñe al efecto de malformación en el punto de injerto, aunque indirectamente repercute en el cambio de color de las hojas. En los estudios realizados hasta el momento, se ha observado que si el patrón es resistente al virus (p. ej., Freedom, 101-14 Mtg), aunque éste se injerte con yemas de la variedad infectada por la cepa del virus, no se producen malformaciones en el punto de injerto y la planta se desarrolla con normalidad. Actualmente, se ha evaluado la etiología de la enfermedad injertando yemas de 'Cabernet Sauvignon' infectadas por el virus sobre diversidad de patrones, observándose que los patrones 5C, 1103P, 1616C, 3309C y Kober 5BB son susceptibles a la enfermedad. El resto de patrones evaluados mostraron infecciones latentes (O39-16, 101-14Mtg, 110R, 140R, 420A, Boerner, Freedom, Harmony, Ramsey, Schwarzmann, *Vitis riparia*, Gloire, y *V. rupestris* St. George).

3) Complejo de la madera rizada

El complejo de la madera rizada está asociado con especies de virus del género *Vitivirus* y por una especie del género *Foveavirus* (Tabla 10.3). El progreso en la investigación de los vitivirus, mediante la tecnología de la secuenciación masiva (HTS), ha permitido el descubrimiento de nuevas especies de vitivirus que infectan vid, incluyendo en la actualidad 11 especies diferentes de vitivirus de vid. La actividad más crítica es ahora la clarificación definitiva del papel etiológico de cada una de estas especies en el complejo de la madera rizada.

Todos los virus asociados con el complejo de madera rizada están confinados al floema de la planta, por lo que pueden persistir de forma latente en la madera tanto de la variedad como del patrón, así como en la planta

Tabla 10.3. Virus asociados al complejo de la madera rizada (se incluyen las nuevas especies de vitivirus).

Nombre común	Abreviatura	Especie
Grapevine rupestris stem pitting-associated virus	GRSPaV	*Foveavirus rupestris*
Grapevine virus A	GVA	*Grapevine alphavitis*
Grapevine virus B	GVB	*Grapevine betavitis*
Grapevine virus D	GVD	*Grapevine deltavitis*
Grapevine virus E	GVE	*Grapevine epsilonvitis*
Grapevine virus F	GVF	*Grapevine phivitis*
Grapevine virus G	GVG	*Grapevine gammavitis*
Grapevine virus H	GVH	*Grapevine etavitis*
Grapevine virus I	GVI	*Grapevine iotavitis*
Grapevine virus J	GVJ	*Grapevine jeivitis*
Grapevine virus L	GVL	*Grapevine lambdavitis*
Grapevine virus N	GVN	*Grapevine nuvitis*

injertada, dispersándose a grandes distancias mediante el material vegetal de propagación (Meng et al., 2017). Además, se ha comprobado que algunos vitivirus se transmiten por cochinillas. GVA se transmite por *H. bohemicus, Planococcus citri, Pl. ficus, Pseudococcus comstocki, P. longispinus, P. affinis, Parthenolecanium corni, Neopulvinaria innumerabilis* y *Phenacoccus aceris*; GVB se transmite a través de *Planococcus citri, Pl. ficus, Pseudococcus longispinus, P. affinis* y *Phenacoccus aceris*; GVD no tiene un vector conocido; mientras que *P. comstocki* es el único vector descrito hasta la fecha para GVE. Varios estudios han descrito la transmisión simultánea de un vitivirus y un ampelovirus (GLRaV-1, GLRaV-3 o GLRaV-4) por cochinillas harinosas que indican la posibilidad de que pueda darse algún tipo de transmisión conjunta en la que los ampelovirus o vitivirus actúen como virus auxiliares que aportan un factor útil que promueve la transmisión del otro virus. Hay sospechas de que GRSPaV podría transmitirse a través del polen de plantas infectadas, pero no se ha demostrado todavía. Por otro lado, no se conocen insectos vectores.

El complejo de la madera rizada está compuesto por cuatro enfermedades distintas, que pueden diferenciarse en base a las respuestas diferenciales obtenidas en un conjunto de indicadores, incluyendo *Vitis rupestris* St. George, LN 33, y Kober 5BB (*V. berlandieri* × *V. riparia*). Estas enfermedades son:

Corky bark: caracterizada por hinchazón internodal y agrietamiento de brotes jóvenes, que se desarrollan unos meses después del injerto en chip sobre LN 33, acompañado de enanismo y surcos en la madera (Fig. 10.5A). Los síntomas foliares incluyen manchas amarillentas y cierto enrojecimiento.

Kober stem grooving: caracterizada por surcos en la madera de plantas injertadas de Kober 5BB (Fig. 10.5B).

LN 33 stem grooving: caracterizada por surcos en el tronco de plantas inoculadas de LN 33, pero sin la proliferación de floema ni la hinchazón internodal inducidas por Corky bark.

Picadura del tallo de la vid rupestre: caracterizada por acanaladuras de profundidad variable, en las que se generan protuberancias en la zona del cambio (Fig. 10.5C).

Vitivirus de vid

El genoma de los vitivirus consiste en un ARN de cadena sencilla de polaridad positiva

Figura 10.5. Síntomas de Corky bark (A), kober stem grooving (B) y la picadura del tallo de la vid (rupestris stem pitting; C) (Fuente: M. Fuchs).

grapevine virus (GVA)

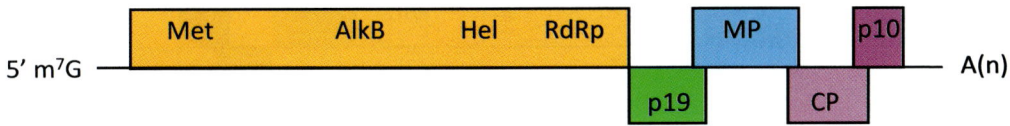

Figura 10.6. Composición del genoma de vitivirus de vid. Se indican las proteínas codificadas por las diferentes ORFs: poliproteína con dominios Met, AlkB, Hel y RdRp, en sepia; p19, en verde; proteína de movimiento (MP), en azul; proteína de la cápsida (CP), en rosa; y p10, en morado. Se indican la caperuza de guanosina modificada en el extremo 5' y la cola de poliadenilación en el extremo 3', A(n).

de aproximadamente 7.5 kb de longitud que contiene cinco ORFs (Fig. 10.6).

La ORF1 es la replicasa, y produce una poliproteína de unos 195 kDa que incluye los dominios metiltransferasa (Met), helicasa (Hel) y RdRp. La ausencia de proteasa en la replicasa de los vitivirus es una peculiaridad compartida con algunos otros géneros de la familia *Betaflexiviridae*. Por ello, como no hay evidencia experimental sobre el procesamiento del producto de traducción de ORF1, se hipotetiza que la poliproteína no fragmentada funciona mediante la activación oportuna de sus dominios funcionales. Una característica de la proteína codificada por la ORF1 es la presencia de un dominio AlkB anterior al dominio de la helicasa. Este dominio tiene un papel en el mantenimiento de la integridad del genoma de ARN viral mediante la reparación de daños por metilación perjudicial, desmetilando el ARN viral, y respalda la idea de que la reparación de ARN mediada por AlkB es biológicamente relevante. A diferencia de otros vitivirus, en el caso de GVE, el dominio AlkB está integrado dentro de la helicasa.

La ORF2 es única de los vitivirus y codifica un pequeño polipéptido de alrededor de 19 kDa que puede estar implicado en la transmisión del virus por vectores artrópodos. ORF3 y ORF4 codifican, respectivamente, una proteína de movimiento (MP) y la proteína de la cápside (CP). La ORF5

codifica una pequeña proteína de unión a ARN de 10 kDa (p10), que contiene un motivo básico rico en arginina y un dominio típico de dedo de zinc. Esta proteína suprime débilmente el silenciamiento de ARN, como se ha demostrado en los casos de GVA y GVD.

Se ha asociado GVA con el decaimiento de 'Shiraz' en Sudáfrica y Australia; GVB con decaimiento de vid joven por incompatibilidad de injerto en California; GVE con decaimiento de uva de mesa *Ribes* spp. en Alaska; y GVF con decaimiento por incompatibilidad de injerto de *V. vinifera* 'Cabernet Sauvignon'.

Virus asociado a la picadura del tallo de la vid *Vitis rupestris*. Grapevine rupestris stem pitting-associated virus. *Foveavirus rupestris*.

El genoma de GRSPaV es un ARN monocatenario de sentido positivo de alrededor de 8.700 nt. El genoma contiene cinco ORFs y una sexta ORF, a falta de verificarse si esta última se traduce en una proteína.

La ORF1 abarca alrededor de las tres cuartas partes del genoma viral y codifica una gran poliproteína de 244 kDa, necesaria para la replicación del genoma y la transcripción de ARNm. El producto de la traducción de la ORF1 contiene el dominio metiltransferasa (Met), helicasa (Hel) y un dominio de RdRp.

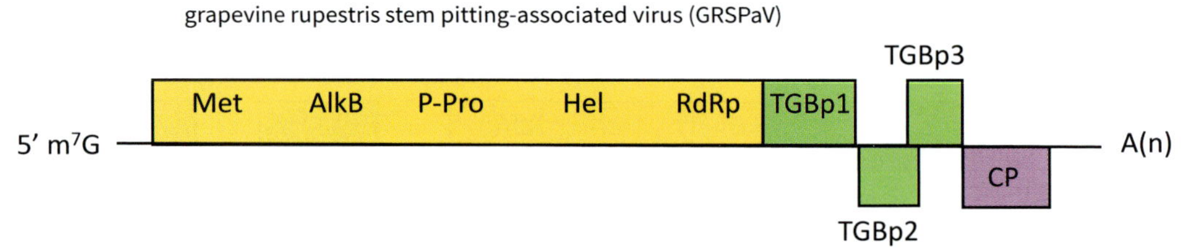

Figura 10.7. Composición del genoma de GRSPaV. Se indican las proteínas codificadas por las diferentes ORFs: poliproteína con dominios Met, AlkB, P-Pro, Hel y RdRp, en sepia; los tres componentes del bloque de tres genes (TGBp1, TGBp2 y TGBp3; y la proteína de la cápsida (CP). Se indican la caperuza de guanosina modificada en el extremo 5' y la cola de poliadenilación en el extremo 3', A(n).

Además, la replicasa de GRSPaV también contiene dos dominios adicionales: una proteasa de cisteína tipo papaína (P-Pro) y un dominio AlkB (Fig. 10.7).

Después de la ORF1, se encuentran tres ORFs, a las que se les denomina como el bloque de tres genes (TGB). El TGB es un módulo genético conservado entre varios géneros de virus pertenecientes a las familias *Alphaflexiviridae* (géneros *Potexvirus* y *Mandarivirus*) o *Betaflexiviridae* (géneros *Foveavirus* y *Carlavirus*). Las tres proteínas son proteínas de movimiento y trabajan en conjunto para lograr el movimiento célula a célula. La primera ORF del bloque de tres genes, TGBp1, es el equivalente funcional de la proteína de movimiento codificada por la mayoría de los virus de ARN y es responsable de aumentar el límite de exclusión de los plasmodesmos, lo que facilita el transporte activo de entidades virales nacientes, ya sea en forma de viriones o complejos ribonucleoproteicos. TGBp2 y TGBp3 contienen dominios transmembrana y se asocian con membranas intracelulares de células infectadas. A continuación, se encuentra la ORF5, que codifica la proteína de la cápside (CP). Se ha identificado una ORF6 que se superpone con el gen de la CP y potencialmente codifica un pequeño polipéptido de 119 aa, pero está por confirmarse si la ORF6 se traduce realmente en una proteína y, de ser así, se debería averiguar también cuál es su función en relación con el ciclo de replicación e infección del virus.

La variabilidad de esta especie es muy amplia y se han designado 8 filogrupos: GRSPaV-PN, GRSPaV-SY, GRSPaV-1, GRSPaV-SG1, GRSPaV-BS, GRSPaV-ML, GRSPaV-JF y GRSPaV-LSL. Los aislados de los filogrupos LSL y PN son los más divergentes, mientras que los de los filogrupos GRSPaV-1 y GRSPaV-SG1 están más estrechamente relacionados. A pesar de las diferencias en las secuencias genómicas, todos estos aislados comparten una estructura genómica idéntica.

El impacto real de la infección por GRSPaV en el crecimiento vegetativo, el rendimiento y la calidad de la fruta y del vino sigue siendo desconocido. GRSPaV es generalmente un virus que produce infecciones asintomáticas o leves, aunque puede ser que ciertas cepas tengan un impacto económico real que aún no se ha evaluado. Esta situación se debe a la compleja infección en la mayoría de los cultivares y clones comerciales de vid, que a menudo están coinfectados con múltiples virus y cepas virales. Es común que diferentes cepas de una especie viral tengan propiedades patológicas muy diferentes y niveles de severidad diferentes. Además, el resultado de una infección depende en gran medida de la combinación de variedad y portainjerto utilizada, y de la presencia de otros virus y viroides con potenciales efectos sinérgicos.

Sin embargo, no existe una prueba definitiva que respalde la relación causal entre GRSPaV y las enfermedades asociadas.

Basándose en la correlación entre la detección de GRSPaV y el estado de la enfermedad evaluado mediante indexaje con plantas indicadoras, GRSPaV parece estar asociado con dos enfermedades distintas: la picadura del tallo de la vid *V. rupestris* y la necrosis de las nervaduras. Es posible que diferentes cepas de GRSPaV sean responsables de diferentes enfermedades. Se ha visto que aislados de los filogrupos GRSPaV-1 y GRSPaV-SG1 están estrechamente asociados con la necrosis de las nervaduras, mientras que los aislados del filogrupo GRSPaV-BS tienen una correlación cercana con la picadura del tallo de *V. rupestris*.

En cuanto a la sintomatología de este complejo de virosis, las alteraciones y malformaciones de la madera de la vid se observaron por primera vez en Francia a principios de los 1900s, pero en ese momento no se asoció a ningún agente infeccioso natural. Estos síntomas se asociaron por primera vez a una enfermedad vírica de transmisión por injerto a principios de los 1960s en Italia.

Las plantas afectadas muestran menor vigor y retraso de la apertura de yemas en primavera, pudiendo llegar a morir a los pocos años de la plantación. Las plantas injertadas muestran la madera de la variedad hinchada por encima del punto de injerto, observándose una diferencia importante entre el diámetro de la madera de la variedad y del patrón. Internamente, puede observarse una decoloración rosada de la madera. En algunos cultivares, la corteza de la madera por encima del patrón se vuelve muy fina, de textura esponjosa y apariencia rugosa, síntoma que da nombre a la enfermedad. Sobre la madera afectada se desarrollan hendiduras y surcos. Estas alteraciones de la madera pueden observarse tanto en la variedad como en el patrón, o en ambos. En la mayoría de los casos, este síndrome no viene asociado con ningún síntoma específico en el follaje, aunque en determinados cultivares puede observarse enrollado, amarillez o enrojecimiento de hojas. Los cultivares altamente susceptibles pueden llegar a no fructificar. Es importante destacar que la infección permanece latente en la madera de la variedad y del patrón sin injertar, expresando los síntomas una vez la planta ha sido injertada, aunque las plantas injertadas también pueden permanecer asintomáticas durante un tiempo. La severidad de los síntomas depende fundamentalmente del clima, ya que en zonas frías y húmedas la enfermedad no se manifiesta, y en menor medida parece depender de la relación entre la variedad y el injerto.

La necrosis de la nervadura se ha observado en las zonas vitivinícolas de Europa, California, Brasil y Australia, donde generalmente se encuentra con una incidencia superior al 70%. La infección se encuentra latente en todos los cultivares de *V. vinifera* y en la mayoría de los patrones americanos. Se han reproducido los síntomas sobre el hospedante indicador *V. rupestris* × *V. berlandieri* 110R, observándose necrosis de las nerviaciones de las hojas. Estos síntomas se aprecian tanto en el haz como en el envés de la hoja, siendo más intensos en el envés. Cuando los ataques son severos, puede observarse necrosis de los zarcillos, seca de brotes, retraso del crecimiento e incluso la muerte de la planta.

4) El jaspeado de la vid

Este síndrome incluye varias sintomatologías que pueden identificarse mediante injerto en la planta indicadora *V. rupestris* St. George.

La primera sintomatología se describió como un mosaico asteroide caracterizado por la aparición de manchas translúcidas o cloróticas con forma de estrella en hojas de varios cultivares de *V. vinifera* y aclaramiento de las venas primarias y secundarias en *V. rupestris*. Más tarde se describió la enfermedad de las manchas ("fleck disease" en inglés) en vides de *V. vinifera* asintomáticas que, al ser injertadas en *V. rupestris*, mostraron síntomas distintos al mosaico asteroide

(Sabanadzovic et al., 2000). Dos estudios simultáneos revelaron la presencia de un virus isométrico no transmisible mecánicamente en los tejidos del floema de algunas vides. Los viriones eran isométricos, de aproximadamente 30 nm de diámetro, con un contorno redondeado y una estructura superficial prominente, con cúmulos de subunidades de la proteína de la cápside (CP) organizados como pentámeros y hexámeros. Se le dio el nombre común de grapevine fleck virus. El progreso en la investigación permitió que actualmente tres especies virales se asocien a esta enfermedad (Tabla 10.4).

El GFkV es el agente causante de la enfermedad del jaspeado ("fleck disease"), mientras que GAMaV está asociado con la enfermedad del mosaico asteroide ("asteroid mosaic disease"). GSyV-1 se incluye en este grupo porque comparte muchas características con los tres virus mencionados anteriormente, aunque aún no se ha asociado con ningún síndrome en particular.

Virus del jaspeado. Grapevine fleck virus. *Maculavirus vitis.*

El genoma del virus consiste en una molécula de ARN monocatenaria y de polaridad positiva de alrededor de 7 kb de longitud que contiene cuatro ORFs. La ORF1 codifica una poliproteína de 215 kDa que contiene los motivos metiltransferasa (Met), proteasa tipo papaína (Pro), helicasa (Hel) y Pol (RdRp). A continuación, está la ORF2 que codifica una proteína de alrededor de 24 kDa y que se ha identificado como la CP (Fig. 10.8).

Las ORF3 y ORF4 codifican proteínas de 31 kDa y 16 kDa, respectivamente, y sus proteínas parecen estar relacionadas con el movimiento del virus, puesto que tienen algo de relación con la proteína de movimiento de la especie tipo del género *Tymovirus, Tymovirus brassicae* (turnip yellow mosaic virus).

Virus del mosaico asteroide. Grapevine asteroid mosaic-associated virus. *Marafivirus asteroides.*

El genoma tiene una longitud de aproximadamente 6.7 kb, y contiene una ORF única que codifica una poliproteína de alrededor 2150 aa, con dominios conservados de Mtr, Pro, Hel, RdRp y CPs. La organización genómica es similar a la de los marafivirus que contienen una única ORF y dos proteínas de cápside. Se ha identificado el promotor de ARN subgenómico ("marafibox") antes de los sitios de inicio para la traducción de las dos CPs de 24 kDa y 21 kDa, respectivamente.

Tabla 10.4. Virus incluidos en el jaspeado.

Nombre común	Abreviatura	Especie
Grapevine fleck virus	GFkV	*Maculavirus vitis*
Grapevine asteroid mosaic-associated virus	GAMaV	*Marafivirus asteroides*
Grapevine Syrah virus 1	GSyV-1	*Marafivirus syrahense*

grapevine fleck virus (GFkV)

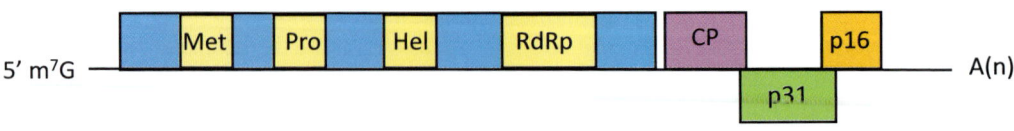

Figura 10.8. Composición del genoma de del virus del jaspeado, GFkV. Se indican las proteínas codificadas por las diferentes ORFs: poliproteína con dominios Met, Pro, Hel y RdRp, en sepia; la proteína de la cápside (CP), en rosa; p31, en verde; y p16, en naranja. Se indican la caperuza de guanosina modificada en el extremo 5' y la cola de poliadenilación en el extremo 3', A(n).

Los síntomas de los virus del jaspeado incluyen manchas translúcidas localizadas en las nerviaciones terciarias de las hojas (Figura 10.9), que en alguna ocasión se acaban arrugando, y enrollándose hacia arriba. También puede observarse necrosis de las nervaduras de la hoja. Las plantas afectadas muestran menor vigor y baja o nula producción. Los virus están limitados al floema, no se transmiten de forma mecánica y se propagan principalmente a través de material de propagación infectado. GFkV es ubicuo, mientras que los otros virus GAMaV y GSyV-1 solo se han descrito en ciertas áreas geográficas. No se ha identificado ningún vector para ninguno de los virus de este grupo.

5) Otras virosis de vid de importancia

El virus de la mancha roja de la vid. Grapevine red blotch virus. *Grablovirus vitis.*

La mancha roja es una enfermedad de vid que ha sido reconocida recientemente (Rumbaugh et al., 2021). El virus asociado a la mancha roja de la vid (GRBaV) se transmite por injerto y se ha clasificado en la familia *Geminiviridae* dentro del género *Grablovirus*. El virus afecta la calidad de la fruta, retrasa la maduración y reduce el rendimiento y el vigor.

Figura 10.9. Síntomas del virus del jaspeado de la vid (Fuente: A. Olmos y A.B. Ruiz).

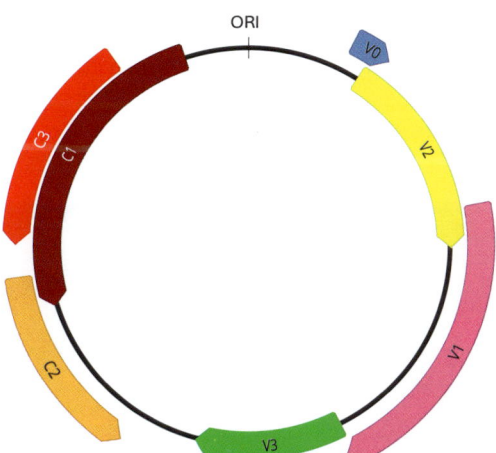

Figura 10.10. Composición del genoma del virus de la mancha roja de la vid. El genoma codifica siete pautas de lectura abiertas (ORFs) parcialmente solapadas. Las ORFs V0 (azul), V2 (amarillo), V1 (rosa) y V3 (verde) están orientadas en sentido horario (positivo), mientras que las ORFs C1 (RepA) (marrón), C2 (naranja) y C3 (rojo) se orientan en sentido antihorario (complementario). Se indica el origen de replicación (ORI).

GRBaV es un virus con un genoma compuesto por un único segmento de ADN circular de cadena sencilla que contiene siete ORFs, todas ellas se superponen parcialmente. El genoma circular tiene el origen de replicación conservado en la parte superior, con ORFs en sentido de las agujas del reloj (V2, V1 y V3) y otras ORFs en sentido complementario, en sentido contrario a las agujas del reloj (C1, C2 y C3). La séptima ORF se ha designado como V0 y fue la última en determinarse. La función de las proteínas solo está clara para la proteína de la cápside, codificada por V1, y una replicasa expresada a partir de un transcrito que abarca las ORFs C1 (RepA) y C2. Esta estrategia de expresión génica también se observa en otros miembros de la familia *Geminiviridae*. Las ORFs V0, V2 y V3 no muestran homologías de secuencia con otros genes virales, pero se ha sugerido que desempeñan un papel en el movimiento (Fig. 10.10).

En la actualidad se han identificado dos grupos filogenéticos en base a su variabilidad genética, con una variación nucleotídica de hasta el 9%. Los aislados dentro del clado I muestran un máximo de 5% de heterogeneidad en la secuencia, mientras que los del clado II son relativamente homogéneos, con un 2% o menos de variación nucleotídica. Estos niveles de variación son consistentes con la clasificación de todos los aislados como una sola especie. Los análisis filogenéticos posicionaron a este virus como el miembro tipo de un nuevo género en la familia *Geminiviridae* denominado *Grablovirus* que incluye como otros miembros a prunus geminivirus A – *Grablovirus pruni* y a wild vitis virus 1 - *Grablovirus silvestris*.

El virus se transmite por material vegetal de propagación. Sin embargo, debido a que se ha observado su dispersión rápida en campo parece ser que el virus podría transmitirse además a través de un vector. En este sentido, se ha demostrado que los cicadélidos *Erythroneura ziczac* y *Spissistilus festinus* tienen capacidad de transmisión del virus en condiciones experimentales en invernadero, aunque los estudios llevados a cabo en campo sugieren que el insecto vector probablemente sea *S. festinus*.

El principal impacto de la enfermedad radica en la calidad del fruto, ya que disminuye la concentración de azúcares y aumenta su acidez. Los síntomas se expresan en plantas de un amplio rango de edad, desde 2 hasta 25 años. Aparecen a finales del verano, sobre las hojas de la parte basal de los tallos, y consisten en manchas rojas que se manifiestan entre las nerviaciones secundarias y terciarias de las hojas; o bien se extienden al margen de la hoja. Las nerviaciones de la hoja se vuelven totalmente rojas (Fig. 10.11). Afecta a *V. vinifera* en general, siendo susceptibles tanto las variedades tintas como las blancas, aunque en las blancas los síntomas y daños apenas son apreciables. Ocasionalmente se ha

Figura 10.11. Síntomas del virus de la mancha roja de la vid (Fuente: J.R. Úrbez-Torres).

encontrado afectando a variedades de uva de mesa y algunos patrones.

El virus del aclaramiento de las nervaduras de la vid. Grapevine vein clearing virus. *Badnavirus venavitis.*

El virus de aclaramiento de las nervaduras de la vid (GVCV) es un virus de ADN descubierto recientemente, estrechamente asociado con una enfermedad severa que representa una gran amenaza para el crecimiento sostenible y la productividad de las vides en las regiones afectadas (Jagunić et al., 2022).

El genoma de GVCV consiste en un ADN circular de doble cadena de alrededor de 7.7 kb, característico de los virus del género *Badnavirus*, familia *Caulimoviridae* y contiene tres ORFs en la cadena positiva del genoma con una organización similar a otros badnavirus. Las ORF1 y ORF2 codifican proteínas de función desconocida con tamaños de 24.2 kDa y 14.3 kDa y la ORF3 codifica una poliproteína con tamaño de 219.5 kDa. Esta proteína contiene dominios para una proteína de movimiento (MP), una proteína de la cápside (CP), una proteasa (Pro), una transcriptasa inversa (RT) y una RNasa H.

La presencia de aislados genéticamente diversos de GVCV sugiere una evolución dinámica en curso de las poblaciones de GVCV en las vides cultivadas en viñedos. Esto genera un desafío para el manejo de la enfermedad y presenta dificultades para la detección mediante técnicas moleculares como PCR, ya que los cebadores ('primers')

diseñados pueden no ser capaces de detectar todos los aislados de una población y ser poco inclusivos.

Los síntomas incluyen el aclaramiento translúcido de las nervaduras secundarias y terciarias en hojas jóvenes, así como patrones de mosaico en las hojas maduras de las vides afectadas. El virus transmitido por injerto produce la aparición de síntomas severos en los cultivares Cabernet Sauvignon, Chardonnay, Chardonel y Vidal Blanc un mes después del injerto. El aumento de la incidencia en vides en los últimos años sugiere la transmisión del virus por un vector, cuya identidad se desconoce. Además, la posible existencia de reservorios de poblaciones genéticamente complejas del virus en vides silvestres presenta desafíos para el manejo de la enfermedad asociada a este virus. La creciente prevalencia de GVCV y la severidad de la enfermedad emergente con la que está asociado justifican que se realicen pruebas rutinarias para este virus en los programas de certificación de vides.

El virus del Pinot gris. Grapevine Pinot gris virus. *Trichovirus pinovitis.*

El virus del Pinot gris fue identificado en plantas de vid que mostraban síntomas de moteado clorótico y deformaciones foliares (Giampetruzzi et al., 2012). Este virus y la enfermedad asociada se han descrito en diferentes países del mundo, aunque la asociación entre los síntomas, los cultivares y las variantes de genoma viral que producen la enfermedad sigue en estudio.

grapevine Pinot gris virus (GPGV)

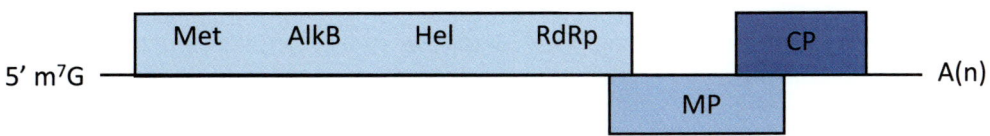

Figura 10.12. Composición del genoma del virus del Pinot gris, GPGV. Se indican las proteínas codificadas por las diferentes ORFs en diferentes tonos de azul: poliproteína con dominios Met, AlkB, Hel y RdRp; la proteína de movimiento (MP); y la proteína de la cápsida (CP). Se indican la caperuza de guanosina modificada en el extremo 5' y la cola de poliadenilación en el extremo 3', A(n).

GPGV es un virus emergente en la vid que no está incluido en las normativas para la producción de materiales de propagación de vid, aunque se recomienda realizar pruebas para su detección. GPGV clasificado como la especie *Trichovirus pinovitis* es un miembro establecido del género *Trichovirus*, familia *Betaflexiviridae*, cuya especie tipo es el virus de las manchas cloróticas del manzano, apple chlorotic leaf spot virus – *Trichovirus mali*.

El genoma de GPGV está compuesto por una molécula de ARN monocatenario de sentido positivo de una longitud aproximada de 7.3 kb y contiene tres ORFs. La ORF1 codifica la replicasa viral (RdRp) de 214 kDa, la ORF2 la proteína de movimiento (MP) de 42 kDa y la ORF3 la proteína de la cápside (CP) de 22 kDa. La replicasa contiene los dominios Met, Hel y RdRp característicos de las proteínas de replicación de los virus de ARN monocatenario de sentido positivo. También contiene un dominio similar a AlkB, que protege al ARN viral de la metilación. Se ha identificado además una pequeña ORF adicional dentro del ORF1, en un marco de lectura superpuesto (Fig. 10.12). La proteína, de 11.5 kDa, no presenta dominios conservados ni homología con proteínas conocidas en las bases de datos y no está presente en el genoma de otro trichovirus que infecta vid grapevine berry inner necrosis virus – *Trichovirus necroacini* - con el que muestra la mayor homología dentro del género.

Los estudios de diversidad genética de GPGV en Italia, para investigar su asociación con los síntomas, mostraron la presencia de seis residuos de aminoácidos adicionales en la MP de los aislados de vides sin síntomas debido a un polimorfismo C/T en el codón de parada. Este polimorfismo también se encontró en un análisis de GPGV realizado en Suiza y otro similar en España, que además mostró un nuevo polimorfismo. Sin embargo, no hay una demostración experimental que confirme la implicación de este polimorfismo en la expresión de los

síntomas, por lo que actualmente no hay un claro marcador para distinguir los aislados sintomáticos de los asintomáticos. La diversidad genética entre los aislados de GPGV procedentes de vides sintomáticas y asintomáticas respalda la existencia de variantes virales responsables de provocar síntomas de la enfermedad, observándose además que el título viral es significativamente más alto en vides sintomáticas en comparación con las asintomáticas. El virus produce un síndrome del decaimiento de la vid conocido como enfermedad del moteado y deformación foliar de la vid. La sintomatología puede dividirse en una expresión agresiva y otra no agresiva, que depende de la variedad y de las condiciones ambientales. En su forma agresiva, el virus induce síntomas visibles presentando una brotación irregular o retardada, hojas jóvenes con clorosis moteada o en mosaico, deformaciones laminares, acortamiento de entrenudos, y en casos severos, racimos pequeños y mal formados, con un retraso notable en la maduración de las bayas, lo que afecta tanto la calidad como el equilibrio tecnológico del fruto (Fig. 10.13). Esto conlleva a una disminución significativa del vigor vegetativo y del rendimiento, alcanzando pérdidas de hasta el 85 % en situaciones críticas, especialmente en variedades sensibles. Las formas no agresivas, en cambio, se caracterizan por la ausencia de sintomatología evidente, lo que dificulta su detección visual y favorece su diseminación inadvertida mediante prácticas de manejo convencionales.

GPGV se transmite por el ácaro *Colomerus vitis*. Esto, unido al hecho de que el virus tenga hospedantes herbáceos hace que la epidemiología sea compleja. Los síntomas aparecen a principios de primavera y son seguidos por un periodo de vegetación deficiente en los brotes infectados. Se observa necrosis de brotes en los cultivares Traminer y Pinot gris. Las vides tienen menos sarmientos y un menor número de racimos, así como un peso reducido de los racimos.

Figura 10.13. Sintomatología mosaico clorótico y deformaciones en hoja de GPGV (Fuente: P. Saldarelli).

Figura 10.14. Síntomas de GRLDaV (Fuente: A. Olmos y A.B. Ruiz).

6) Otras virosis de vid de menor impacto

Grapevine roditis leaf discoloration-associated virus. *Badnavirus decoloratiovitis.*

A principios de la década de 1980 se observó una nueva enfermedad de la vid a la que se le denominó decoloración foliar de Roditis *(roditis leaf discoloration disease)* en el centro de Grecia, principalmente en el cultivar local Roditis y, en menor medida, en el cultivar Savastiano.

La sintomatología que aparece a finales del verano incluye decoloraciones de coloración amarillo y/o rojiza a lo largo de los nervios, en las zonas intervenales y deformaciones en las hojas jóvenes o diseminadas en sectores deformados de la superficie de la hoja, especialmente cerca del peciolo (Fig. 10.14). El número y tamaño de bayas se reduce y presentan disminución en el contenido de azúcar.

El agente causal es el virus grapevine roditis leaf discoloration-associated virus. La naturaleza y la secuencia genómica del virus muestra una organización genómica típica de los virus pertenecientes al género *Badnavirus* y se le ha clasificado como la especie *Badnavirus decoloratiovitis* (Maliogka et al., 2015).

El genoma del virus es un segmento circular de DNA de doble cadena de alrededor de 6.9 kb. Se ha identificado el sitio de unión del cebador tARNmet tradicionalmente utilizado por los badnavirus, que se encuentra antes de una larga región no codificante en el extremo 5', seguida por 3 ORFs con la superposición típica de 4 pb entre el extremo 3' de las ORFs 1 y 2 con el extremo 5' de las ORFs 2 y 3, respectivamente. La ORF 4 no es típica de los badnavirus. Esta ORF4 se superpone con el final de la ORF 3. Las ORFs 1, 2 y 4 codifican proteínas con un tamaño estimado de 17.1, 15.1 y 16.2 kDa. La ORF3 codifica una poliproteína grande

135

de 211 kDa que contiene los motivos para las proteínas de movimiento (MP), cápside (CP), proteasa aspártica, transcriptasa inversa (RT) y dominios de RNasaH, que se encuentran comúnmente en las proteínas equivalentes de los badnavirus.

El análisis de similitud de secuencias muestra una divergencia significativa entre esta especie y la mayoría de las especies dentro del género *Badnavirus*, con valores de divergencia en todo el genoma que superan el 40% con todas las especies, excepto con la especie *Badnavirus fici* (fig badnavirus 1 - FBV1), con la que se observa una identidad total del 77.4%.

Las vides afectadas por GRLDaV presentan decoloraciones amarillas y/o rojizas en las hojas, localizadas a lo largo de las nervaduras o en las áreas intervenales. Estas decoloraciones pueden distribuirse uniformemente en toda la lámina foliar o afectar sectores específicos de forma variable. Además, las áreas decoloradas suelen exhibir venación anormal y enrollamiento descendente de las hojas. En cuanto a las bayas, los racimos son más pequeños, no desarrollan completamente su coloración, permaneciendo verdes y sin madurar adecuadamente, y presentan un contenido de azúcar reducido al momento de la cosecha, lo que puede afectar negativamente la calidad del vino producido. La distribución geográfica de GRLDaV aún no está completamente definida debido a su reciente identificación y a la limitada cantidad de estudios realizados. Hasta la fecha, se ha detectado en muestras de vid, tanto sintomáticas como asintomáticas, en países de la región EPPO, como Grecia, Italia, Turquía y Croacia, y en otros países terceros como Sudáfrica. El virus se transmite por injerto y se disemina por material vegetal de propagación. También se ha demostrado que especies comunes de cochinillas, como *Planococcus citri* y *Pseudococcus viburni*, tienen la capacidad de adquirir el virus, aunque no se ha demostrado su capacidad de transmisión.

Grapevine berry inner necrosis virus *Trichovirus necroacini*.

Esta enfermedad ha sido descrita en Japón y China (Fan et al., 2017). El agente causal es el virus grapevine berry inner necrosis virus (GINV), clasificado como la especie *Trichovirus necroacini*, miembro del género *Trichovirus*.

El genoma del virus consta de un ARN monocatenario de alrededor de 7.5 kb que contiene tres ORFs. La ORF1 contiene los motivos conservados de la polimerasa, la ORF2 codifica la MP de 39 kDa y la ORF3 la CP de 22 kDa.

GINV está filogenéticamente relacionado con el virus de la vid Pinot gris (GPGV), también del género *Trichovirus*, con el que forma un mismo clado en árboles filogenéticos y presenta una identidad a nivel de aminoácidos del 66% (ORF1), 65% (ORF2) y 71% (ORF3), respectivamente.

La severidad de los síntomas varía según el cultivar y la especie de *Vitis*. Las vides del cultivar Kyoho infectadas por GINV muestran bajo vigor, brotación tardía, sarmientos con entrenudos cortos y pardeamiento interno. Las hojas presentan moteado clorótico, anillos y patrones lineales, el proceso de maduración de los racimos se retrasa y las bayas son pequeñas, con decoloraciones externas y necrosis interna. Las plantas afectadas muestran retraso en la brotación y reducción del vigor. Cuando la infección es crónica, el volumen de la copa queda limitado como consecuencia del acortamiento de entrenudos y las decoloraciones vasculares ocasionadas en los tallos jóvenes. Las hojas desarrollan clorosis en forma de anillos y siguiendo patrones lineales a principios de primavera, manteniéndose estos síntomas a lo largo de la estación de cultivo. Las hojas acaban deformándose con el progreso de la enfermedad. Los frutos adquieren menor tamaño de lo habitual y desarrollan pequeñas manchas circulares negras sobre la piel, que se corresponde con tejido necrótico en la pulpa. Se produce un retraso en la maduración de la uva y la pulpa adquiere consistencia dura.

El virus se transmite por injerto y por inoculación mecánica a hospedantes herbáceos, y se disemina de manera natural en los viñedos, donde es transmitido por el ácaro eriófido *Colomerus vitis*.

Alfalfa mosaic virus. *Alfamovirus AMV.*

Alfalfa mosaic virus (AMV) se ha descrito infectando vides de países de la región EPPO como Alemania, Suiza, Hungría, Bulgaria y Turquía (Bercks et al., 1973). La sintomatología se expresa mostrando diversos patrones de decoloración foliar que incluyen moteado amarillo y aparición de anillos cloróticos que persisten a lo largo de toda la temporada vegetativa. El vigor de las plantas y el rendimiento no parecen verse afectados de manera apreciable. *Alfamovirus AMV* es la especie tipo del género *Alfamovirus*, presenta partículas de formas diversas, que varían desde cuasi-isométricas hasta baciliformes, con un tamaño de 30–57 nm.

Su genoma está compuesto por ARN tripartito, el ARN-1 con tamaño de 3.6 kb, el ARN-2 con tamaño de 2.6 kb, ambas que codifican proteínas de la replicasa P1 y P2, respectivamente, y el ARN-3 con tamaño de 2.0 kb que codifica la MP y la CP.

AMV se transmite eficientemente por áfidos de manera no persistente y puede causar brotes epidémicos. Sin embargo, en la vid, las infecciones son dispersas y ocasionales, lo que sugiere que el virus se propaga principalmente a través de material de plantación infectado. El virus se transmite mecánicamente a huéspedes herbáceos como *Chenopodium quinoa*, *Nicotiana tabacum*, *Ocimum basilicum* y *Phaseolus vulgaris*.

Esta virosis se ha detectado en la zona centro y norte de Europa y en Turquía. Se caracteriza por mostrar diferentes patrones de decoloración amarilla de las hojas conferidos en las zonas internerviales.

Grapevine line pattern virus. *Anulavirus GLPV.*

Este virus se aisló mediante inoculación mecánica en vides húngaras que mostraban decoloraciones amarillas brillantes en las hojas, en forma de anillos marginales, manchas dispersas, áreas moteadas o diversidad de patrones de manchas, desde anillos, círculos, hasta manchas difusas confinadas al área del peciolo o el haz de la hoja. Las vides afectadas presentan menor vigor y rendimiento (Elbeiano et al., 2020).

GPLV está clasificado como la especie *Anulavirus GLPV* dentro del género *Anulavirus* en la familia *Bromoviridae* y se ha descrito que sus partículas virales tienen formas diversas, que varían de cuasi-esféricas de 25–30 nm de diámetro a baciliformes de 40–75 nm de longitud, y un genoma multipartito (Lehoczky et al., 1989).

El genoma es multipartito con tres segmentos de ARN. El ARN-1, de 3.1 kb de longitud, contiene una única ORF, la ORF1, que codifica un polipéptido de 107 kDa, denominado dominio 1a y contiene motivos de Mtr/Hel. El ARN-2, de 2.5 kb, contiene la ORF2 de 2.0 kb, que codifica un polipéptido de 77 kDa, denominado dominio 2a y que es la ARN polimerasa dependiente de ARN (RdRp). El ARN-3, de 2.5 kb, contiene dos ORFs que codifican dos proteínas, denominadas 3a (proteína de movimiento, MP) de 32 kDa y 3b (proteína de la cápside, CP) de 22 kDa.

GLPV se transmite mecánicamente a huéspedes herbáceos y mediante injerto en vid. También se transmite a través de semillas de vid y se propaga mediante material de propagación infectado.

VIROIDES

Los viroides son organismos aún más sencillos que los virus, compuestos por una cadena simple de ARN, que no codifica ninguna proteína y que no tiene envoltura proteica (Flores et al., 2004). Aunque los viroides se han descrito como agentes causales de enfermedades importantes en otros cultivos, como cítricos, aguacate o patata, en vid no existen evidencias de que causen importantes daños. Actualmente, en vid se han descrito seis viroides, pero solo dos de ellos, asociados con el síndrome del punteado amarillo de la vid, denominado en inglés *grapevine yellow speckle*, se consideran sintomáticos en este cultivo.

Se conoce que la vid es huésped natural de viroides desde hace más de 30 años, cuando se detectó el hop stunt viroid (HSVd), clasificado como la especie *Hostuviroid impedihumuli* del género *Hostuviroid*, familia *Pospiviridae*, en vides. Posteriormente se identificó el citrus exocortis viroid (CEVd), clasificado como *Pospiviroid exocortiscitri* en el género *Posviroid* en la familia *Pospiviroidae*, en varias accesiones de vid provenientes de España y California. Unos años después, se descubrieron y caracterizaron el grapevine yellow speckle viroid 1 (GYSVd1), clasificado como *Apscaviroid alphaflavivitis* en el género *Apscaviroid*, familia *Pospiviroidae*; el Grapevine yellow speckle viroid 2 (GYSVd2), clasificado como especie *Apscaviroid betaflavivitis* del mismo género y familia que el anterior; el Australian grapevine viroid (AGVd), clasificado como *Apscaviroid austravitis* en el género *Apscaviroid* familia *Pospiviroidae*; y, más recientemente, el grapevine latent viroid (GLVd), clasificado como especie *Apscaviroid latensvitis*, género *Apscaviroid* familia *Pospiviroidae*.

El viroide del enanismo del lúpulo. Hop stunt viroid. *Hostuviroid impedihumuli.*

El viroide del enanismo del lúpulo (HSVd) puede causar enfermedades graves en algunos huéspedes, como lúpulo, pepino, cítricos o frutales de hueso. Sin embargo, permanece latente en la mayoría de las demás especies vegetales, incluida la vid. La ausencia de síntomas en muchos hospedadores naturales probablemente ha favorecido la dispersión mundial de este viroide.

Las variantes de HSVd en vid tienen tamaños que varían entre 296 y 302 nt y tienen una conformación de varilla que contiene las regiones típicas, la región central conservada (CCR) y la horquilla terminal conservada (TCH). El HSVd que infecta a la vid presenta características típicas de cuasi-especies, por lo tanto, al igual que otros viroides, una vid individual generalmente está infectada por una población polimórfica de variantes de HSVd que difieren ligeramente entre sí, y que generalmente se distribuyen alrededor de una secuencia predominante a la que se denomina la secuencia maestra.

Los estudios sobre la variabilidad de secuencia de HSVd en vid y en otros huéspedes, muestran que el viroide presenta una notable variabilidad de secuencia, que está principalmente restringida a algunas regiones genómicas específicas, como los dominios denominados patogénico (P) y variable (V), identificados también en varios miembros representativos de la familia *Pospiviroidae*.

Los viroides del moteado amarillo de la viña. Grapevine yellow speckle viroid 1. *Apscaviroid alphaflavivitis.* Grapevine yellow speckle viroid 2. *Apscaviroid betaflavivitis.*

Entre los viroides que infectan la vid, solo los viroides del moteado amarillo de la viña 1 y 2, (GYSVd-1) y (GYSVd-2) han sido identificados como los agentes causales de una enfermedad en la vid.

Después de que se determinase la secuencia nucleotídica de GYSVd1 se confirmó su presencia en muchos países y que está ampliamente distribuido. Por el contrario, la distribución de

GYSVd2 es más restringida, aunque diferentes nuevas descripciones en diversos países muestran que la distribución del viroide es más amplia de lo que se suponía. Los dos viroides tienen una conformación en forma de varilla que incluye los dominios CCR y TCH, conservados en otros miembros del género *Apscaviroid*. La identidad de secuencia entre las dos especies es de aproximadamente el 73%. Como otros viroides, existen como cuasi-especies en la vid. Se conoce que existen al menos tres tipos prevalentes de variantes en el caso de GYSVd1, que posiblemente difieren en su capacidad de provocar síntomas, y se han descrito variantes de GYSVd1 con la presencia simultánea de U y A en las posiciones 309 y 311, respectivamente, que podrían ser determinantes de patogenicidad e inducir los síntomas. Además, la sintomatología parece estar también muy relacionada con la temperatura y se manifiesta cuando la temperatura supera los 32°C.

Estos son los únicos viroides que causan síntomas en la vid. La enfermedad se transmite por injerto y se caracteriza por la aparición de pequeñas manchas o puntos amarillos dispersos en las hojas o distribuidos a lo largo de las venas foliares. Estos síntomas son efímeros, están frecuentemente presentes en pocos brotes de la misma planta y aparecen cuando se dan altas temperaturas, así como cuando las hojas están expuestas al sol. Los síntomas se expresan generalmente en las hojas basales de la planta, y suelen aparecer desde mediados de primavera, pero son más frecuentes al final del verano o en otoño.

Australian grapevine viroid. *Apscaviroid austravitis.*

El viroide australiano de la vid (AGVd) fue descubierto por primera vez en Australia y, aunque la vid es su único huésped natural conocido, este viroide se transmite a varias plantas herbáceas, como tomate, pepino o calabaza, mediante inoculación artificial, induciendo enanismo en pepino y enanismo, deformación de hojas y moteado en tomate.

Su secuencia consiste en una molécula circular de ARN monocatenario de entre 361 y 371 nt, que tiene una conformación de estructura en forma de varilla con una CCR y una TCH similares a las de otros miembros del género *Apscaviroid*.

El viroide presenta una amplia distribución mundial, pero, dado que no se han atribuido síntomas a AGVd en vid, este viroide no tiene relevancia económica.

Citrus exocortis viroid. *Pospiviroid exocortiscitri.*

El viroide de la exocortis de los cítricos (CEVd) fue aislado y caracterizado por primera vez en cítricos como el agente causal de la enfermedad de exocortis en 1972, siendo unos años después, en 1985, la primera descripción del viroide infectando una vid asintomática. La incidencia de CEVd parece estar restringida a unos pocos cultivares y áreas geográficas, sin un impacto económico evidente.

Grapevine latent viroid. *Apscaviroid latensvitis.*

El viroide latente de la vid (GLVd) fue identificado en una viña de más de 100 años en China. El ARN genómico circular de este viroide, está formado por 328 nt, teniendo una conformación de varilla con una CCR similar a la de los viroides del género *Apscaviroid*. También se encontraron otros motivos típicos conservados en los demás miembros de este género de viroides, incluidas la TCH y una secuencia rica en purinas en el dominio P. Se ha confirmado su replicación autónoma en vid y la ausencia de síntomas asociados con la infección.

MANEJO INTEGRADO DE LAS VIROSIS DE LA VID

El principal problema que presentan las virosis vegetales es que no se dispone de estrategias de control curativas, ya que no existen compuestos antivirales capaces de curar las enfermedades en plantas. Las medidas de control existentes pueden mitigar o prevenir sustancialmente su ocurrencia. Estas implican: 1) identificación temprana del virus; 2) estrategias de manejo del cultivo hospedante, que dependerán siempre del tipo de virus, de su mecanismo de transmisión, y de cómo sobrevive en ausencia de su hospedante; 3) medidas preventivas como uso de semilla o planta certificada libre de virus, eliminación de posibles reservorios del virus en la vegetación silvestre circundante, modificación de prácticas de siembra y cosecha, control o exclusión del vector, y utilización de resistencia a la infección viral. A continuación, se especifican las diferentes estrategias de control integrado que debemos tener en cuenta para combatir con éxito las infecciones víricas en plantas. Dentro del marco de la gestión integrada de plagas y enfermedades, veremos los distintos métodos de control por el siguiente orden, empezando siempre por las estrategias más respetuosas con el medio ambiente: regulatorios o legislativos; físicos y culturales; resistencia genética; y químicos. En este caso, no existen métodos de control biológico para combatir las virosis vegetales.

Métodos regulatorios o legislativos

Material libre de inóculo: entre los virus presentes en España, solo cinco están actualmente regulados: GFLV, ArMV, GFkV, GLRaV1 y GLRaV3. Esto significa que solo estos están incluidos en los programas oficiales de certificación sanitaria del material de multiplicación, lo que obliga a los viveros a garantizar que el material vegetal suministrado esté libre de estos virus. En cambio, otros virus de gran importancia como los asociados al complejo de la madera rizada, incluidos GVA, GVB o el virus del enrollado GLRaV2, no están regulados, a pesar de que este último ha sido vinculado al decaimiento de plantas jóvenes. La ausencia de regulación implica que no se exige su control ni análisis en los programas de certificación, por lo que su presencia en el material de plantación puede pasar inadvertida, inclu-

so en países donde se ha documentado su circulación, como España. Por otro lado, los virus que no están presentes en la región EPPO con efectos nocivos cumplen criterios de cuarentena, como GRBaV y GVCV, y su introducción podría tener un impacto muy significativo en la producción vitícola. La prevención de su entrada se basa principalmente en la prohibición del movimiento de material vegetal desde países terceros. En el caso específico de la vid, no se permite la importación de material vegetal desde fuera de la Unión Europea, lo cual actúa como una barrera efectiva frente a la introducción de estos patógenos exóticos. A nivel europeo, la Organización Europea y Mediterránea para la Protección de las Plantas (EPPO) proporciona directrices técnicas, estándares de diagnóstico y recomendaciones para la vigilancia y manejo de organismos nocivos, incluyendo virus de cuarentena. Sin embargo, son los Estados miembros y la Comisión Europea, en el marco del reglamento (UE) 2016/2031 sobre sanidad vegetal, quienes establecen y aplican la legislación vinculante para prevenir la introducción y propagación de estos patógenos dentro del territorio de la Unión Europea. Más información sobre los estándares técnicos puede consultarse en: https://www.eppo.int/index.

Análisis de material vegetal y control de viveros: la mayoría de los virus y viroides vegetales pueden permanecer latentes tanto en la madera de la variedad como en el patrón, así como en la planta una vez injertada en vivero. En consecuencia, estas infecciones pueden pasar desapercibidas por la ausencia de síntomas, dispersándose a largas distancias a través del material vegetal de propagación infectado. En el marco de la normativa fitosanitaria europea y española, y en aplicación del Reglamento (UE) 2016/2031 relativo a las medidas de protección contra las plagas de los vegetales, así como del Reglamento Técnico de Control y Certificación de Plantas de Vivero de Vid (modificado mediante el Real Decreto 929/1995 y posteriores actualizaciones), únicamente cinco virus presentes en *Vitis vinifera* están regulados como plagas no cuarentenarias que afectan al material de multiplicación: GFLV, ArMV, GFkV, GLRaV1 y GLRaV3. Para estos virus, la normativa exige que las plantas madre de las categorías de base, inicial y certificada sean sometidas no solo a inspección visual, sino también a muestreo y análisis en laboratorio conforme a protocolos de la EPPO u otros internacionalmente reconocidos. En el caso de materiales certificados, estos análisis se inician a los diez años de edad de las cepas madre y se repiten con la misma periodicidad, lo que, si bien cumple los requisitos oficiales, podría considerarse limitado para detectar infecciones recientes o de evolución lenta. En el caso del material estándar (CAC), de categoría inferior, se requiere únicamente inspección visual y que proceda de una fuente identificada libre de virus. Este sistema de certificación tiene como objetivo reducir la diseminación de los virus regulados, aunque su eficacia puede verse condicionada por la periodicidad de los controles y la exclusión de virus no regulados.

Estrategias de saneamiento de material vegetal y obtención de planta libre del patógeno: la termoterapia con agua caliente (50-53°C durante 30-45 min) es efectiva para el saneamiento del material vegetal de propagación en vivero. Esta técnica se viene utilizando cada vez más en las últimas décadas, debido a su facilidad de manejo, su bajo coste y su alta eficacia en el control de virosis y bacteriosis en plantas leñosas, siendo también efectiva en la reducción de inóculo de micosis de la madera. La importancia y relevancia de esta técnica queda patente en el aumento significativo que han tenido las publicaciones de investigación sobre este método. Finalmente, el cultivo de meristemos (*tejidos responsables del crecimiento vegetal compuestos por células no diferenciadas que se dividen activamente, denominadas células totipotentes por su habilidad de dar lugar a todos los tejidos vegetales*) consiste en el aislamiento *in vitro* de una yema apical con uno o varios primordios foliares. Esta técnica fue utilizada inicialmente para la eliminación de hongos y bacterias en plantas, y poco después, para la producción de plantas libres de virus. En la actualidad, se pueden obtener buenos resultados al combinar esta técnica con la termoterapia, y la subsecuente regeneración de plantas completas. En general, cuantos menos primordios foliares se aíslen junto con la yema apical, mayor será el porcentaje de plantas libres de virus obtenido, aunque éstos son necesarios para que se desarrolle la planta completa a partir de los meristemos apicales aislados *in vitro*.

Métodos físicos y culturales

Los métodos físicos y culturales van en busca de reducir la tasa de infección y transmisión tanto en vivero como en campo. Prácticamente todos los virus y viroides que afectan a la vid se transmiten por injerto a través del material vegetal de propagación. En este sentido, las medidas higiénicas en cuanto a la desinfección de las herramientas con soluciones de lejía al 10% o alcohol al 70% son esenciales para evitar la transmisión de virosis, así como otras enfermedades causadas por hongos y bacterias, tanto en vivero como en campo.

Se recomienda la erradicación de huéspedes alternativos tanto en campo como en vivero. Se requiere la eliminación y destrucción de todas las plantas con síntomas de virosis en vivero para evitar su dispersión. En campo se deben eliminar los restos de poda procedentes de plantas, tanto sintomáticas como asintomáticas, para evitar la presencia de inóculo en campo que podría dar lugar a futuras infecciones. Cuando se observen focos iniciales de una virosis, se deben eliminar dichos focos arrancando y destruyendo las plantas infectadas.

Resistencia genética

La resistencia genética es una estrategia muy importante a tener en cuenta en el control integrado de enfermedades. Existen numerosos programas de mejora genética nacionales y regionales, así como a nivel internacional, liderados tanto por empresas privadas como por organismos públicos, que tienen el objetivo principal de obtener nuevas variedades de un cultivo resistentes a las principales enfermedades que le afectan. En el caso de la vid, nos encontramos ante un cultivo muy tecnificado que actualmente cuenta con numerosas variedades, tanto tradicionales como mejoradas, así como diversidad de patrones tolerantes a diversas enfermedades y estreses abióticos. Sin embargo, a día de hoy, es escasa la información generada en relación a la obtención de variedades y patrones resistentes a las virosis de la vid. En estos últimos años se han identificado algunas variedades de *V. vinifera* y *V. rotundifolia*, entre otras especies de *Vitis*, no hospedantes de GFLV y su vector *X. index*. Todas ellas han sido sometidas a los métodos de mejora tradicionales, obteniéndose algunos patrones resistentes que actualmente están en evaluación.

En los programas de mejora que persiguen la resistencia a enfermedades, es esencial tener en cuenta tanto las variedades como los patrones utilizados, ya que las características de estos, tanto por separado como en su conjunto, pueden afectar positiva o negativamente al objetivo de mejora perseguido. Además, como hemos comentado a lo largo del tema, algunas de las virosis que afectan a la vid se transmiten por injerto y están asociados con síndromes de incompatibilidad por injerto entre la variedad y el patrón (GLRaV2 RD), aspecto que también debe tenerse en cuenta en los programas de mejora genética.

Pese a las grandes ventajas que posee la resistencia genética, tiene como principal limitación su durabilidad, es decir, el tiempo que la variedad mejorada será resistente a la enfermedad para la que ha sido mejorada. Esta durabilidad depende, tanto de la adaptación que la variedad mejorada presente al medio, como de la aparición de nuevos patógenos o nuevas razas del patógeno al que es resistente, que sean capaces de superar la resistencia de la variedad mejorada. Para conseguir una mayor durabilidad, se recomienda combinar diferentes genes de resistencia en una misma planta o utilizarlos en mezclas de variedades.

Métodos Químicos

En el caso de las virosis, no existe ningún compuesto de síntesis química eficaz para su control. En este caso, el control de insectos vectores es esencial para la prevención de las infecciones víricas. En el caso de virosis transmitidas por nematodos, como el GFLV, se debe tener en cuenta el control de las poblaciones de nematodos (*X. index*, etc.) en suelo mediante aplicaciones de nematicidas, aunque actualmente los tratamientos nematicidas tienen grandes limitaciones debido a la escasez de productos eficaces autorizados para su control. Se recomienda comprobar los productos autorizados por el MAPA para cada cultivo y enfermedad cada vez que tengamos que dar una recomendación sobre tratamientos químicos a aplicar. Finalmente, cabe destacar que, en los últimos años, se viene implementando el uso de productos bioestimulantes e inductores de resistencia, que mantienen a la planta en un estado vegetativo óptimo, activando los mecanismos de defensa de la planta y dificultando los procesos de infección de diversos agentes fitopatógenos. Éstos suponen una alternativa a los compuestos químicos de síntesis, considerándose respetuosos con el medio ambiente.

Capítulo 11

Nematodos fitoparásitos

Alba Nazaret Ruiz Cuenca y
Juan Emilio Palomares Rius

GENERALIDADES SOBRE LOS NEMATODOS FITOPARÁSITOS

Introducción

Los nematodos son organismos eucariotas pluricelulares, caracterizados por ser animales invertebrados, de origen acuático, vermiformes y no segmentados. Es uno de los tipos de organismos más abundantes de la fauna del suelo y están ampliamente distribuidos en todos los suelos naturales y cultivados del mundo (incluso de la Antártida).

Papel ecológico de los nematodos en el suelo

Los nematodos ocupan todos los niveles tróficos en la ecología del suelo (Fig. 11.1),

alimentándose de plantas (fitoparásitos), bacterias (bacterívoros), hongos (fungívoros), e incluso algunos de ellos son depredadores de otros microorganismos del suelo o la combinación de diversas opciones alimentarias (omnívoros). Estas relaciones tróficas ayudan a la mineralización de los flujos de nutrientes desde los productores primarios (vegetales) para volver a ser utilizados por las plantas. El estudio de las poblaciones de nematodos en el suelo, nos puede indicar las condiciones del suelo y son de gran utilidad por diversos motivos: 1) ocupan posiciones claves en las redes tróficas del suelo; 2) protocolos de extracción estandarizados; 3) identificación basada en morfología; 4) existe una clara relación entre la estructura de la cavidad bucal y su función ecológica; y 5) son los metazoos más abundantes. Sin embargo, muchas de

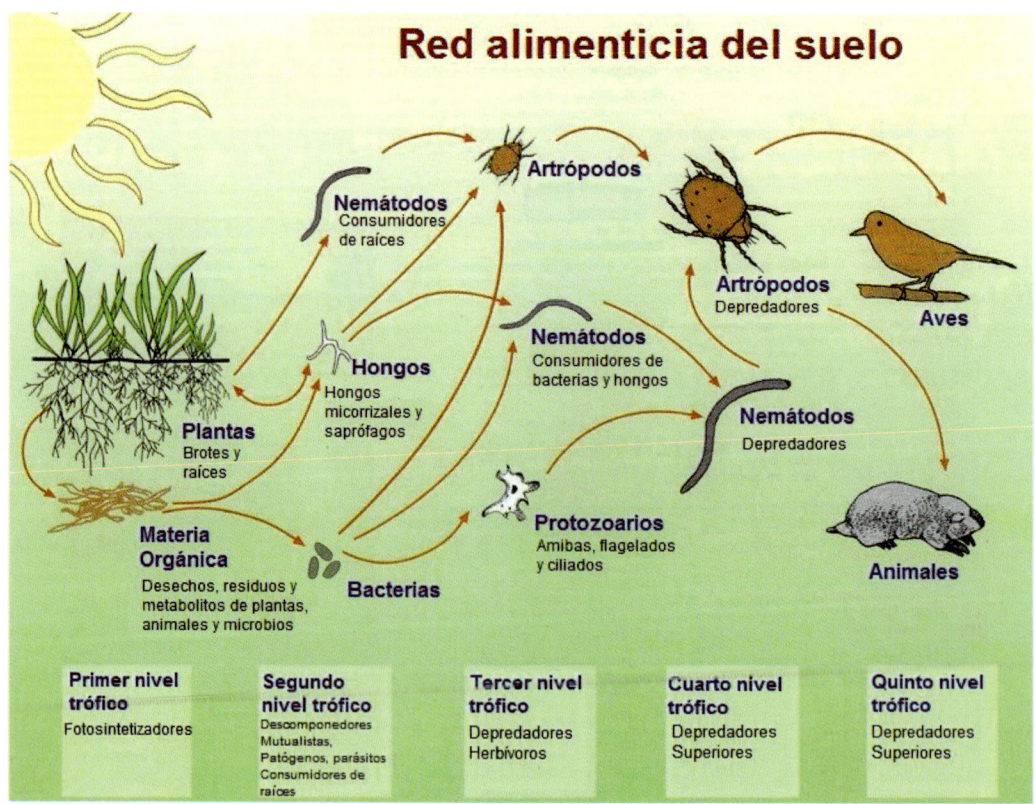

Figura 11.1. La red trófica del suelo (Fuente: adaptada de USDA Natural Resources Conservation Service; http://soils.usda.gov/sqi/soil_quality/soil_biology/soil_food_web.html).

las especies están aún por describir, pero la estructura bucal nos permite clasificarlos funcionalmente.

Los nematodos fitoparásitos suponen alrededor del 10-20% de los nematodos totales de las muestras de suelo en ambientes naturales (pueden existir excepciones en que se encuentren a densidades más altas). Por lo tanto, los desequilibrios poblacionales de este grupo de nematodos son los que causan enfermedad en las plantas (Fig. 11.2). La promoción de la salud del suelo mediante técnicas como el incremento de materia orgánica, la reducción de las alteraciones, rotación de cultivos, etc., generalmente están relacionadas con la reducción de los problemas con nematodos fitoparásitos.

Morfología y estructura de los nematodos

Los nematodos poseen una extraordinaria variabilidad morfológica. La mayoría de ellos presentan un cuerpo vermiforme, aunque existen otras formas como globosas, reniformes, piriformes, etc. Están cubiertos por una cutícula o capa impermeable de naturaleza proteica que puede ser lisa, o presentar anillos transversales con distinta morfología, y líneas longitudinales (campos laterales). Las características de la cutícula son importantes para su identificación. El tamaño de los nematodos fitoparásitos también es muy variable, desde las 300-400 micras del género *Paratylenchus* hasta los 11 mm de algunas especies de *Paralongidorus*. Generalmente en la mayoría de ellos, el tamaño es inferior a los dos milímetros. La morfología general de un nematodo fitoparásito se caracteriza por la presencia de estilete, esófago, bulbo medio (similar a una especie de bomba para inyectar secreciones del nematodo o ingerir alimento, en los fitoparásitos, contenido citoplasmático predigerido), glándulas esofágicas (para interactuar con la planta mediante secreciones) y un intestino (Fig. 11.3). Pueden presentar cambios morfológicos importantes durante

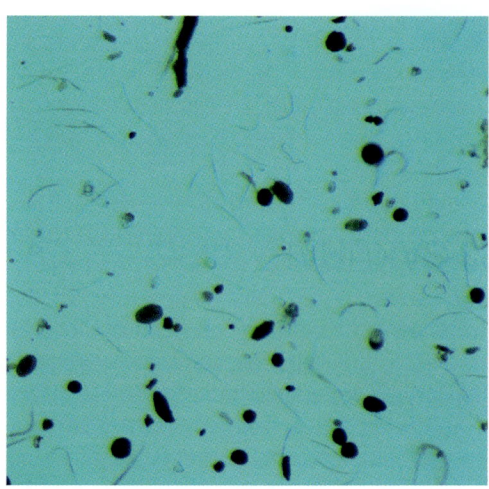

Figura 11.2. Nematodos aislados de una muestra de suelo de cultivo. Se puede observar la diversidad morfológica entre diferentes especies (Fuente: J.E. Palomares).

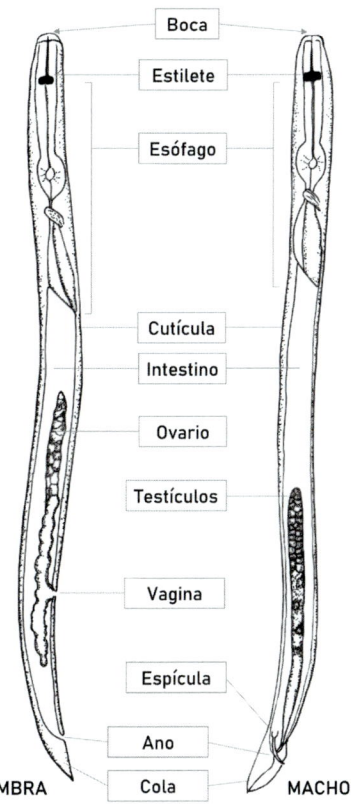

Figura 11.3. Esquema general de un nematodo fitoparásito hembra y macho (Fuente: adaptado de https://www.apsnet.org/edcenter/disandpath/nematode/intro/Pages/IntroNematodes.aspx).

su desarrollo en algunas especies (p.e. *Meloidogyne* spp. con hembras globosas y sedentarias) y en otras los estadios son similares entre sí (p.e. *Pratylenchus* spp.).

El estilete es el órgano que presentan todos los nematodos fitoparásitos (pero no todos los nematodos del suelo con estilete son fitoparásitos, algunos son fungívoros, omnívoros o depredadores). El estilete es una estructura hueca con la que penetran las células vegetales iniciando así la infección de la planta, posee un canal central llamado lumen, a través del cual pasan las secreciones del nematodo y el alimento. Es una estructura parecida a una aguja hipodérmica. El estilete es variable dependiendo del grupo del nematodo y determina su estrategia de alimentación. También es muy importante para identificar nematodos.

Síntomas en campo, patogenicidad y la necesidad de una correcta identificación

La sintomatología que causan los nematodos en las plantas en muchas ocasiones es inespecífica, y no resulta fácil distinguirla de otros problemas relacionados con el suelo de tipo biótico o abiótico sin un análisis y diagnóstico nematológico. Por lo que muchos autores los denominan como "los enemigos ocultos de la agricultura". Generalmente el daño se presenta en rodales o siguiendo las líneas de cultivo, ya que la diseminación de los nematodos por ellos mismos es lenta. La sintomatología y daños de las plantas infectadas puede ser variable, principalmente se presenta en viña como: 1) nódulos en las raíces; 2) necrosis en raíces; 3) debilitamiento-amarillez en las plantas; 4) reducción de la masa radicular; 5) incremento de raíces secundarias, etc. La naturaleza de las alteraciones producidas por los nematodos fitoparásitos, está determinada por su hábito alimenticio, por ello se suelen agrupar en endoparásitos (si la mayor parte de su ciclo vital está dentro de la raíz), semiendoparásitos (se embeben en la raíz parcialmente durante algunos periodos de su vida) y ectoparásitos (se alimentan exteriormente de la raíz y viven en el suelo). El daño de los nematodos puede verse incrementado por la interacción con otros microorganismos oportunistas o patógenos que producen un incremento de los daños. Algunos nematodos fitoparásitos pueden ser vectores de virus vegetales (nepovirus) (Trudgill et al., 1983).

Los daños generalmente están relacionados con las densidades de población de nematodos fitoparásitos iniciales (generalmente alguna especie problema). La densidad máxima de población de una especie problema que puede soportar una planta sin que se aprecien reducciones de producción se denomina "umbral de daño" o "límite de tolerancia". A medida que se incrementan las densidades de población iniciales, las pérdidas de producción se acentúan alcanzando la mínima producción. La determinación de la relación entre las densidades poblacionales y las pérdidas de producción es indispensable para diseñar estrategias de control. Otro parámetro importante es el "umbral de daño económico", que se define como la densidad de población a la cual el valor de las pérdidas de producción iguala el coste de las medidas de control. Estas estimaciones en muchos casos están estudiadas para algunos cultivos y herramientas específicas (nematicidas). Hay que tener en cuenta que los daños en las plantas están también relacionados con factores climáticos (sequía, altas temperaturas, el riego también aumenta la conductividad del suelo para estas enfermedades, etc.), edad de la planta (plantas pequeñas son más susceptibles a los daños) y la susceptibilidad del cultivo o cultivar (cultivares más sensibles, tolerantes o resistentes) (Sorribas y Verdejo-Lucas, 2011). En la vid (pre-plantación), los límites de tolerancia para *Meloidogyne* spp. (nematodos noduladores de la raíz), *Pratylenchus* spp. (nematodos lesionadores de la raíz) (depende de la especie), *Tylenchus semipenetrans* (nematodo de los cítricos), y *Xiphinema* spp. (depende de la especie) es de 20, 20, 50 y 1 individuos por 100 g de suelo, respectivamente (Talavera-Rubia, 2003). Algunas mejoras en el cultivo de la vid, como el regadío, la intensificación del cultivo (abonado excesivo o intentar rendimientos y calibre en uva de mesa), y la intensa mecanización pueden aumentar la extensión de los daños y el aumento de la superficie afectada respecto al cultivo en secano.

Las diferentes especies de nematodos fitoparásitos pueden ser muy similares entre sí, sin embargo, pueden presentar importantes diferencias fitopatológicas, por este motivo es importante determinar exactamente qué especies problemáticas tenemos en nuestra parcela. Así también algunas especies pueden presentar un elevado número de huéspedes alternativos, mayor capacidad supervivencia sin su planta huésped o a condiciones ambientales adversas, sensibilidad a nematicidas u otras medidas de control. Por este motivo, se debe realizar un análisis nematológico del suelo, para determinar las especies presentes y sus niveles, con lo que podremos hacer una elección correcta de las estrategias de manejo en campo. Actualmente, las técnicas moleculares complementan los métodos clásicos de identificación y permiten determinar las especies presentes, incluso en estadios que son difíciles de identificar las especies, como son huevo, machos, o juveniles.

PRINCIPALES NEMATODOS FITOPARÁSITOS DE LA VID

A continuación, se describen las principales enfermedades causadas por nematodos fitoparásitos en el cultivo de la vid. Generalmente sistemas más intensivos (uva de mesa) suelen tener unos problemas más específicos de nematodos (*Meloidogyne* spp.) que, para uva de vinificación, en los que el riego y el abonado pueden estar más restringidos e incrementar otro tipo de nematodos. Generalmente, la gravedad de la enfermedad es mayor en suelos arenosos

puesto que este tipo de suelo favorece el incremento poblacional, aunque, los nematodos pueden causar daños en cualquier tipo de suelo. Así también la temperatura del suelo es el principal factor ambiental del ciclo vital del nematodo, ya que condiciona el desarrollo embrionario del huevo, la eclosión de los juveniles, la invasión o parasitismo de las raíces, el desarrollo evolutivo de los estadios juveniles y el número de generaciones por cultivo o periodo vegetativo.

Nematodos noduladores de la raíz (*Meloidogyne* spp.)

Son nematodos endoparásitos sedentarios. El ciclo vital consta de huevo, cuatro estadios juveniles y adultos (machos y hembras). La hembra se encuentra dentro de nódulos en la planta (el macho abandona la raíz y no se alimenta) y deposita los huevos en una matriz gelatinosa en la parte posterior de la hembra. Esta matriz gelatinosa protege los huevos de factores externos como sequías o depredadores. La primera muda tiene lugar dentro del huevo del cual eclosiona el juvenil de segundo estadio (J2). Esta es la única fase móvil e infectiva, el juvenil busca activamente las raíces de las plantas huéspedes y es el estadio de desarrollo más sensible a la mayoría de los nematicidas. Los J2s localizan la raíz de la planta y penetran por la zona de elongación, justo detrás de la cofia, migran entre los espacios intercelulares del parénquima cortical hasta alcanzar el cilindro vascular donde establecen un sitio de alimentación constituido por varias células gigantes multinucleadas (con núcleos y nucléolos hipertróficos resultantes de varias cariocinesis sin citocinesis). El nematodo una vez inducido el sitio de alimentación, se vuelve sedentario. Los machos abandonan la raíz y no se alimentan. Los nematodos tienen que interaccionar continuamente con la planta para inducir el sitio de alimentación y el nódulo. Una hembra deposita entre 500 y 1500 huevos y puede haber varios ciclos durante la estación de crecimiento de la vid si las condiciones son favorables.

Las tres especies más frecuentes son *M. incognita*, *M. javanica* y *M. arenaria*. Aunque también pueden afectar al viñedo otras especies como *M. hispanica* (por ejemplo, en el Condado de Huelva), *M. nataliei*, *M. ethiopica* o la recientemente descrita, *M. vitis*, en China (Nicol et al., 1999; Castillo et al., 2009; Yang et al., 2021). Los síntomas de la enfermedad se caracterizan por una reducción del crecimiento de la planta, caída de hoja prematura, y la presencia de nódulos en las raíces. El número de plantas con nódulos, su ubicación y abundancia en el sistema radical aportan información sobre la incidencia y severidad de la enfermedad (Fig. 11.4).

Longidóridos (*Xiphinema* spp., *Longidorus* spp. y *Paralongidorus* spp.)

Los longidóridos comprenden varios géneros de nematodos fitoparásitos que se caracterizan por ser nematodos grandes (2-11 mm de longitud). Suelen ser frecuentes en suelos arenosos. Los estadios presentes son huevo, cuatro estadios juveniles y adultos. Todos los estadios viven libres en el suelo y se alimentan de las raíces como ectoparásitos migratorios. La supervivencia en ausencia del huésped es muy larga, puede alcanzar entre 9 y 10 meses, pero se ha demostrado que en viñedos (sin eliminar raíces) puede sobrevivir 4 ó 5 años (*Xiphinema*

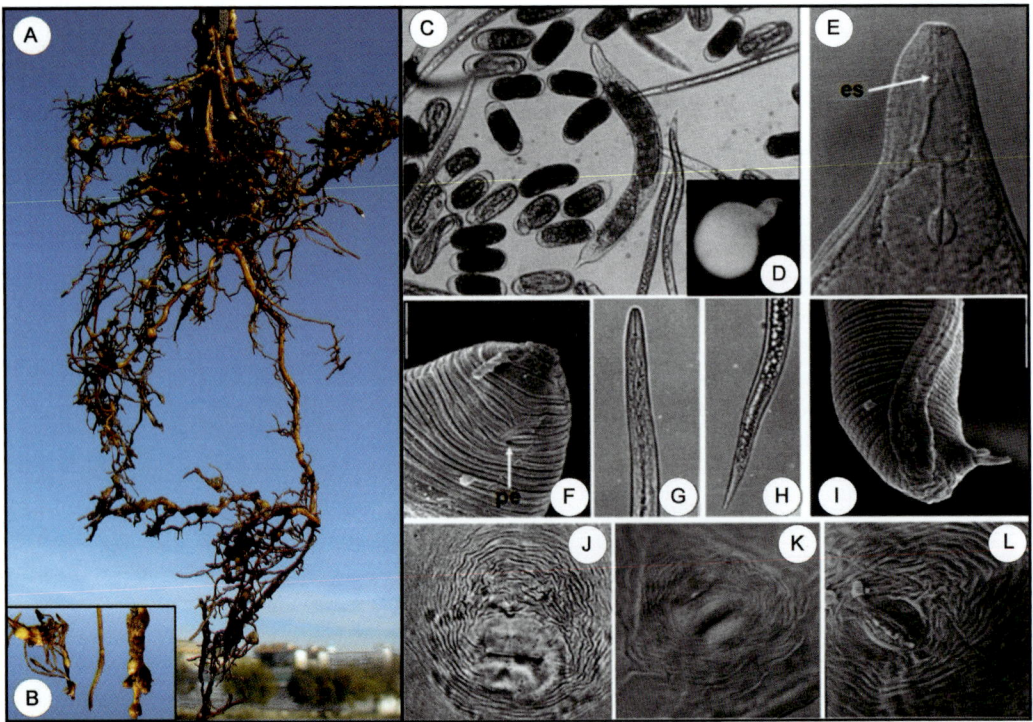

Figura 11.4. *Meloidogyne* spp. A, Raíces del portainjerto 41 B Millardet et De Grasset (*Vitis vinifera* Chasselas × *V. berlandieri*) con importantes síntomas de nodulación causada por *M. javanica*; B, detalle de nodulación y raíz sana; C, muestra de raíz con huevos, juveniles y juveniles engrosados; D, detalle de hembra de *Meloidogyne* spp.; E, parte anterior de una hembra; F, imagen de microscopio electrónico de barrido de la parte anterior de la hembra mostrando el poro excretor; G, parte anterior de un juvenil de segundo estadío; H, parte posterior de un juvenil de segundo estadío; I, imagen de microscopio electrónico de barrido de la parte posterior de un macho mostrando las espículas; J-L, patrones perineales de hembras de *Meloidogyne*, con importancia para su identificación. Abreviaturas: es, estilete; pe, poro excretor (Fuente: Gutiérrez-Gutiérrez et al., 2011).

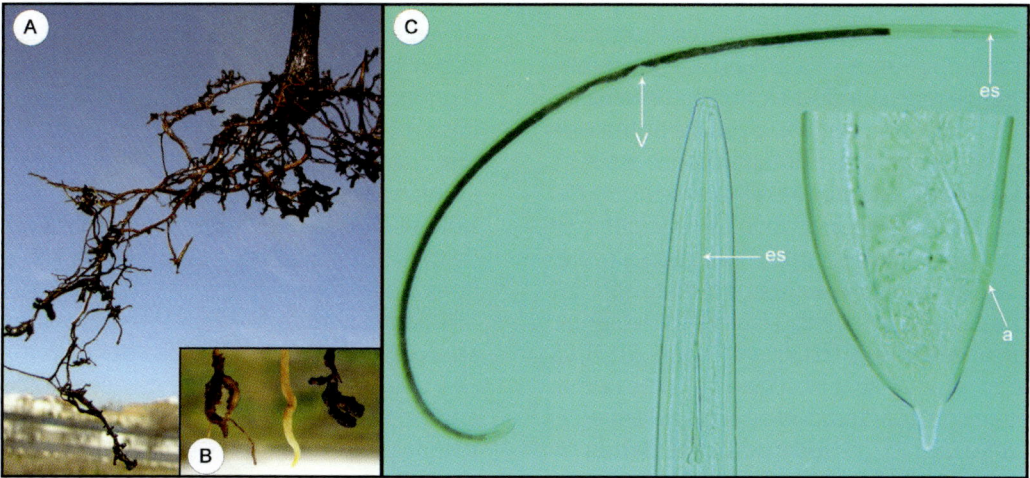

Figura 11.5. *Xiphinema index*. A, Raíces del portainjerto Paulssen 1103 (*Vitis berlandieri* × *V. rupestris*) mostrando nodulaciones terminales y falta de desarrollo de raíces secundarias provocado por *X. index*; B, detalles de nódulos terminales y raíz sana; C, hembra adulta de *X. index* junto con parte anterior y posterior del cuerpo. Abreviaturas: a, ano; es, estilete; v, vulva (Fuente: Gutiérrez-Gutiérrez et al., 2011).

index). Pueden habitar el suelo a grandes profundidades, lo que dificulta su muestreo y control.

La sintomatología es dependiente de la especie y/o grupo de nematodos. Por ejemplo *X. index* provoca nódulos similares a los de *Meloidogyne* spp., pero en el extremo de la raíz, mientras que otras especies, no provocan una sintomatología específica en las raíces (Fig. 11.5). Sin embargo, a parte del daño que puede ocasionar a la vid su parasitismo, son importantes vectores de virus (nepovirus) (Palomares-Rius et al., 2011). Los daños se asocian a rodales en los que puede estar presente o no GFLV en el viñedo (Fig. 11.6) Algunas especies son de cuarenta EPPO (*Xiphinema americanum sensu stricto*, *Xiphinema bricolense*, y *X. californicum*). Los nepovirus más importantes que afectan a la vid y sus vectores son: 1) Grapevine fanleaf virus (GFLV), vector *X. index*; 2) Arabis mosaic virus (ArMV), vectores *X. diversicaudatum*, *X. coxi* y *Longidorus caiespiticola*; 3) Strawberry latent ringspot virus (SLRSV), vectores *X. diversicaudatum* y *X. coxi*; y 4) Raspberry ringspot virus, vector *L. macrosoma*. Como se puede observar, existe una gran especificidad virus-especie de nematodo. En los viñedos

Figura 11.6. Rodal de plantas de vid afectado severamente por altas densidades de *Xiphinema index* en suelo e infectado con virus del entrenudo corto de la vid (GFLV) (Fuente: J.E. Palomares).

de Andalucía, la especie más prevalente es *X. pachtaicum,* en alrededor del 91% de las parcelas, seguida de *X. index* (30.3% de las parcelas), seguida por otras especies como *X. italiae, L. magnus, X. rivesi*, etc. en mucha menor proporción (Gutiérrez-Gutiérrez et al., 2011). Este grupo de nematodos presenta una gran biodiversidad en los viñedos y se puede alimentar de plantas adventicias, a parte de la vid. *Xiphinema index* es la especie más importante y dañina en vid por su alta tasa de reproducción en vid y por ser vector de GFLV. Es una especie cosmopolita que se ha dispersado principalmente a través de la acción humana con la expansión del cultivo de la vid. El origen de la especie se ha estimado mediante marcadores moleculares de microsatélites y mitocondriales que está en el Caúcaso, en el mismo centro de origen que la vid (Nguyen et al., 2019). La estrategia de supervivencia de estos nematodos de gran tamaño es profundizar en el suelo, por lo que los muestreos deben de ser a cierta profundidad para detectarlos en mayor frecuencia (en el caso de *X. index* entre los 40-110 cm). Como se ha mencionado la supervivencia de estos nematodos es alta en ausencia de la vid o pueden sobrevivir con los restos de raíces dispersos en la parcela al arrancar el cultivo. Esto limita los muestreos y los métodos de control disponibles, al sobrevivir en capas profundas del suelo y su elevada supervivencia en ausencia del huésped. La transmisión del virus se produce al adherirse las partículas virales temporalmente al odontóforo-canal faríngeo del nematodo. Durante la alimentación, se produce secreciones de las glándulas esofágicas, que altera el pH de esas zonas del tubo digestivo y provoca la liberación de las partículas virales y su transmisión a las plantas sanas.

Nematodos lesionadores de la raíz (*Pratylenchus* spp.)

Estos nematodos son endoparásitos migratorios que se alimentan migrando intracelularmente en la raíz. Todos los estadios, a excepción del huevo (J2 hasta adulto) son infectivos y pueden entrar y salir de la raíz. Esta migración y alimentación provoca la destrucción de tejidos que pueden ser invadidos por otros patógenos oportunistas del suelo. Las raíces suelen presentar necrosis y escaso crecimiento. Varias especies pueden alimentarse de la vid, pero solo dos especies pueden provocar daños importantes y causar enfermedad (*P. vulnus* y *P. penetrans*).

Pratylenchus penetrans es menos frecuente en España, predominando en climas templados y presenta un amplio rango de hospedadores, mientras que *P. vulnus* está más asociado a un clima mediterráneo y a plantas leñosas (Fig. 11.7A-B). En árboles frutales puede llegar a producir pérdidas de más del 30% de la cosecha con un menor vigor, producción y tamaño de fruto. Los daños generalmente están asociados en plantones y en situaciones de replante. Hay una respuesta variable de patogenicidad dependiendo de las poblaciones del nematodo.

Nematodo de los cítricos (*Tylenchus semipenetrans*)

Es un nematodo semiendoparásitos sedentario, ya que la hembra es sedentaria, embebiendo parte de su cuerpo en la raíz. Se alimentan induciendo sitios de alimentación y no producen nódulos en las raíces, pero sí masas de huevos gelatinosas. Es más restrictivo en el rango de huéspedes y los cultivos a los que causa enfermedades son los cítricos, viña o kaki. No se ha detectado infectando vid en España, pero sí en otros países, por lo que puede haber una diversidad patogénica asociada a esta especie. En España es muy frecuente su presencia infectando a cítricos.

Nematodos anillados (*Criconemoides xenoplax*)

Diversas especies dentro de este grupo de nematodos pueden alimentarse de la vid, sin embargo, se ha detectado decaimiento de las plantas, principalmente en replante en suelos arenosos ocasionado por la especie *Criconemoides xenoplux* (Fig. 11.7C-E). Estos nematodos son ectoparásitos sedentarios y presentan una amplia gama de huéspedes. Provocan necrosis de las raíces finas, lo que induce una mayor susceptibilidad a situaciones de estrés (sequía) y malnutrición, generalmente en rodales de la parcela.

CONTROL DE ENFERMEDADES CAUSADAS POR NEMATODOS EN LA VID

El manejo de estas enfermedades presenta cierta complejidad por tres razones principalmente: 1) son enfermedades de difícil control; 2) por la complejidad del sistema edáfico; y 3) por que las acciones deben ser de naturaleza preventiva.

El control Integrado de Nematodos implica la utilización combinada, secuencial o simultánea de todas las medidas de control disponibles. No es una mera suma de medidas, sino de la integración de éstas. La toma de decisiones debe estar basada en el conocimiento e información disponibles acerca de las características del patosistema en cuestión (por ejemplo, conocer las especies que tenemos en la parcela mediante un análisis nematológico del suelo de la parcela y/o la identificación correcta de la especie problema). Muchas de las medidas que se van a indicar, no erradican los nematodos problema, pero si reducen sus niveles y la suma de varias puede mantener los nematodos en niveles inferiores al umbral de daño.

Las medidas para bajar las densidades de nematodos del suelo a niveles no patogénicos para el cultivo se basan en:

1. Medidas preventivas.

2. Medidas para reducir la densidad de inóculo inicial.

3. Medidas para limitar la reproducción de nematodos.

Estas medidas se deben integrar entre sí para encontrar sinergias y/o mejorar los resultados dentro de un Control Integrado de Nematodos. A continuación, se describen las principales acciones a realizar mediante cada una de estas tres medidas.

Medidas preventivas

Evitar la entrada de nematodos fitoparásitos en la parcela es la medida más eficiente de control, ya que una vez establecida una población de la especie problema, es muy difícil erradicarla, y ya se deberían establecer medidas para manejar los niveles poblacionales de la especie hasta niveles por debajo del umbral de daño.

Entre las medidas más importantes están:

- Uso de plantones libres de nematodos y nepovirus. La ausencia de algunos nematodos y nepovirus en el material de plantación está claramente definido por la legislación. Sin embargo, se deben revisar y evitar plantones con raíces dañadas o con nódulos, etc.

- Evitar la entrada accidental mediante el suelo adherido a la maquinaria agrícola, movimiento de tierras, botas, etc. También se debe evitar dentro de la parcela diseminar rodales anteriores con problemas de nematodos en el laboreo, y se deben realizar al final. La dispersión de los

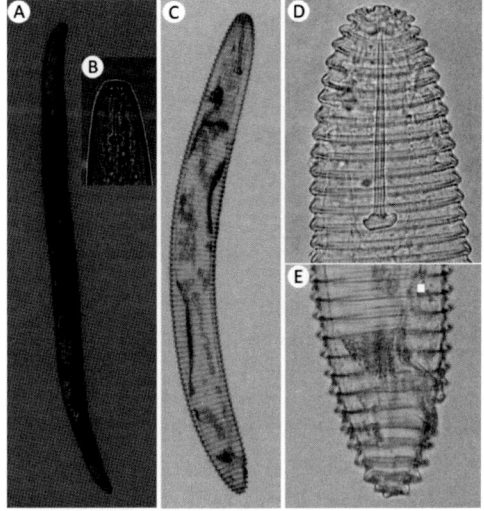

Figura 11.7. *Pratylenchus vulnus*. A, Hembra adulta; B, detalle parte anterior y estilete; C, *Criconemoides xenoplax*; C, hembra adulta; D, detalle parte anterior y estilete; E, parte posterior (Fuente: J.E. Palomares).

nematodos es de alrededor de 1 metro al año, sin embargo, la dispersión por otros medios (humanos) puede ser muy superior en la parcela.

- Evitar sedimentos por escorrentía o agua de riego que nos pueden introducir individuos de especies problemas en la parcela de parcelas con problemas.

Medidas para reducir la densidad de inóculo inicial.

Una vez introducido el/los nematodos problema en la parcela se debe evitar altos niveles de estos antes de la plantación/replantación de un nuevo viñedo. Las plantas pequeñas en la parcela con altos niveles de nematodos tienen una menor tolerancia al daño ocasionado por estos, por la situación de estrés en la que están y la alta densidad de nematodos afectando a pocas raíces. Plantas adultas en buenas condiciones vegetativas pueden tolerar niveles más altos de nematodos en el suelo. Hay diversas medidas que se pueden implementar en el cultivo:

Medidas culturales

Medidas culturales como el barbecho, control de plantas adventicias (que pueden multiplicar y ser reservorios de algunos nematodos), cultivos trampa, plantas antagonistas, rotaciones con cultivos no huésped o huéspedes pobres, etc., pueden ser efectivas para reducir la densidad inicial antes de la plantación, sin embargo, se debe conocer claramente cuáles son las especies problema que están presentes en la parcela (en algunos casos con infestaciones multiespecíficas y con variabilidad patogénica) para elegir y diseñar la mejor estrategia respecto a su ecología y ciclo de vida. Por ejemplo, la rotación se debe elegir muy bien con especies con un amplio rango de huéspedes como *Meloidogyne* spp., *Pratylenchus* spp. (*P. penetrans* vs. *P. vulnus*), *Xiphinema* spp. y *Longidorus* spp. Sin embargo, si se conoce claramente la especie problema

se pueden elegir cultivos apropiados, por ejemplo *P. penetrans* presenta un amplio rango de huéspedes alternativos, mientras que *P. vulnus* se multiplica principalmente en plantas leñosas. En otros casos, hay géneros (*Xiphinema* spp. y *Longidorus* spp.) con una prolongada supervivencia en ausencia del huésped, lo que dificulta la aplicación de estas medidas. La eliminación de raíces (y/o tratamiento con herbicida antes del arranque) del viñedo anterior disminuye la supervivencia de estos nematodos.

Medidas físicas

Herramientas como la solarización y la biofumigación mediante las cuales se incrementan las temperaturas del suelo y se favorece la producción de gases tóxicos para los nematodos pueden reducir las densidades iniciales de nematodos fitoparásitos, otros patógenos y malas hierbas. Sin embargo, son medidas caras (láminas de plástico gruesas, incorporación de materia orgánica, etc.) y solo pueden ser viables económicamente en uva de mesa por su mayor valor de producción. Otras medidas pueden ser la aplicación de vapor de agua mediante maquinaría especializada, aunque no es común encontrar este tipo de maquinaria en la actualidad, y generalmente, presenta un coste alto. En algunos lugares concretos, la inundación durante varios días de las parcelas también ha sido utilizada.

Control químico

Actualmente no hay ningún nematicida autorizado en España para aplicarse a la vid. Se han realizado autorizaciones excepcionales con fumigantes para el control de nematodos durante algunas campañas. Esta herramienta se aplica en otros países, generalmente en uva de mesa por el mayor beneficio asociado con esta producción y en algunos casos donde se detecten problemas de nematodos importantes en uva de vinificación. El ozono se está aplicando en algunos casos como nematicida, sin embargo, se necesitan más estudios para garantizar su efecto como nematicida.

Medidas para limitar la reproducción de nematodos.

Esta es la última línea de herramientas disponibles, y es importante incidir que las anteriores son las más importantes para reducir pérdidas importantes en el cultivo.

Portainjertos resistentes

Esta es una de las medidas más efectivas, económicas y respetuosas para el medio ambiente. Sin embargo, no todos los portainjertos están disponibles para algunas de las condiciones de la viticultura españolas (altos niveles de caliza activa y sequía). Los planes de mejora se han centrado principalmente para *Meloidogyne* spp. y *X. index*. En el caso de *X. index,* se busca la resistencia al nematodo y su capacidad de ser vector de virus, ya que con pruebas de alimentación del nematodo de 5 min ya pueden infectar a una planta con GFLV. Para *Meloidogyne* spp., algunos estudios indican cierta tolerancia con los portainjertos 110R y SO4. Se han detectado resistencias de genes mayores en algunas especies de *Vitis* y en *Muscadinia rotundifolia*. Existen portainjertos resistentes como "Harmony" y "Freedom" que han sido sobrepasados por poblaciones virulentas de *M. incognita* y *M. arenaria* (Saucet et al., 2016). Para *X. index*, se han detectado resistencias en vides silvestres y en diversos géneros, pero los planes de mejora están centrados con *M. rotundifolia* (Esmenjaud et al., 2010). Actualmente se ha desarrollado por el INRA el portainjerto "Nemadex Alan Bouquet", que es parcialmente resistente a *X. index* y retrasa la aparición de síntomas de GFLV, sin embargo, no está adaptado a muchas de las condiciones de la viticultura española con elevados niveles de caliza activa y sequía. En la Universidad de California Davis (USA), se ha desarrollado un programa de mejora de portainjertos de vid incluyendo varias especies de *Meloidogyne*, *X. index*,

P. vulnus, C. xenoplax, T. semipenetrans y *Paratylenchus hamatus* que han demostrado buenos niveles de resistencia y adaptados a las condiciones de California (serie UCD GRN1-UCD GRN5), algunos de estos portainjertos ya están siendo comercializados (Ferris et al., 2012). Se han detectado resistencias para *T. semipenetrans* y *P. vulnus,* pero no hay planes de mejora centrados en estas especies. Los patrones comunes en la viticultura española son susceptibles a *Meloidogyne* spp. y a *X. index*, aunque puede haber diferentes grados de tolerancia (Gutiérrez-Gutiérrez et al., 2011).

Agentes protectores y de control biológico

Existen microorganismos que interaccionan con las plantas y pueden mejorar la respuesta defensiva y la tolerancia de la planta frente a los nematodos fitoparásitos, mientras que hay otros microorganismos que pueden atacar y alimentarse de nematodos fitoparásitos.

Las micorrizas pueden mejorar la capacidad defensiva de la planta mediante mecanismos de sensibilización de la respuesta defensiva de la planta ("priming"), por la cual la planta expresa mecanismos de defensa más potentes cuando ha sido inoculada con micorrizas en comparación a la respuesta defensiva sin micorrizas. También se han observado interacciones con la microbiología del suelo (interacción con agentes de biocontrol) y de repulsión de los nematodos en plantas inoculadas con micorrizas. Se han obtenido disminuciones de la multiplicación de *Meloidogyne* spp. y *X. index* en plantas micorrizadas frente a plantas no micorrizadas (Hao et al., 2012; Li et al., 2006). Adicionalmente, las plantas micorrizadas soportan mejor las condiciones de estrés de la planta (sequía, nutrición, etc.) por lo que pueden ser más tolerantes a los daños causados por los nematodos fitoparásitos.

Los agentes de biocontrol son variados, con una ecología específica, y pueden estar presentes o no en la parcela, y ser específicos de algunos grupos de nematodos. Muchos de estos agentes de control biológico pueden sobrevivir en la parcela como saprofitos, y necesitan un cierto nivel de nematodos en el suelo para activarse sus mecanismos de parasitismo y biocontrol. Muchos de ellos pueden activar la respuesta defensiva de la planta y favorecer el crecimiento. En muchos casos, la aplicación de un agente de biocontrol comercial en campo no significa que sea efectivo, ya que puede no colonizar el suelo y/o la planta y se debe determinar la eficacia con análisis nematológicos. Los diferentes agentes de biocontrol se pueden clasificar en (Topalović et al., 2020):

- Hongos formadores de trampas: estos hongos habitan el suelo como saprofitos, pudiendo formar distintos tipos de trampas con diversas estructuras anatómicas (anillos, hifas adhesivas, etc.) con las que atrapan nematodos y se alimentan de ellos. Los géneros más importantes son *Arthrobothrys, Dactylellina, Drechsierella* y *Mortierella*.

- Hongos endoparásitos: los conidios/zoosporas de estos hongos penetran las cutículas de los nematodos, produciendo la muerte de estos. Los géneros más importantes son *Haptocillium, Hirsutella* y *Catenaria*.

- Hongos parásitos de huevos y hembras: suelen ser más específicos de algunos tipos de nematodos sedentarios (p.ej. *Meloidogyne*). Los géneros más importantes son *Pochonia, Purpureocillium, Dactylella, Nematophthora* y *Trichoderma*.

- Bacterias endoparásitas: las más importantes pertenecen al género *Pasteuria*, con diferentes especies especializadas en diversos tipos de nematodos.

- Bacterias parásitas oportunistas y formadoras de cristales: algunas especies de *Bacillus* tienen estas características.

- Rizobacterias: producen toxinas o compuestos orgánicos volátiles. Algunas son inductoras de resistencia sistémica en la planta. Los géneros más importantes son *Pseudomonas, Rhizobium, Streptomyces, Lysobacter, Arthrobacter,* y *Varivorax*.

OTROS PUNTOS QUE CONSIDERAR PARA LA PREVENCIÓN Y MANEJO

Muestreos

Los muestreos para determinar las especies de nematodos fitoparásitos van a depender del momento de la plantación (si van a ser antes de la plantación o con plantas en la parcela). Otros factores que se deben conocer para determinar el número de muestras a tomar son el tamaño de la parcela y homogeneidad, rodales presentes en el cultivo, la historia de la parcela (cultivos anteriores, para saber si podemos tener algunos problemas de nematodos, p.e. *Meloidogyne* spp. en cultivos hortícolas, *X. index* en parcelas plantadas de vid) y el tipo de suelo. Generalmente con una muestra cada 2-3 ha si la parcela es muy homogénea es suficiente, pero si la parcela tiene diferentes historiales de cultivo o tipos de suelos, se debe, realizar un muestreo independiente por cada historial o tipo de suelo.

La muestra consiste en varias submuestras que se mezclan en una muestra homogénea. Esta muestra se debe enviar a un laboratorio de diagnóstico para su análisis, bien etiquetada y en el menor tiempo posible. La condición del suelo puede dificultar el tipo de extracción (suelo seco, contenido excesivo de materia orgánica, etc.) existiendo además diferentes tipos de extracciones para diferentes tipos de nematodos. Es aconsejable eliminar los primeros centímetros de suelo y se debe muestrear el suelo donde se localicen las raíces activas de los cultivos (alrededor de los 10-30 cm de profundidad). Específicamente, para algunos grupos, como los longidóridos, se deben realizar muestreos a más profundidad (superiores a los 30 cm), ya que pueden estar a elevadas profundidades con sequía y elevadas temperaturas. En el caso que se precise la extracción de las raíces (nódulos de *Meloidogyne*, raíces necrosadas por *Pratylenchus* spp.), se pueden incluir dentro de la muestra de suelo para su extracción y análisis.

Muestreos en preplantación sin problemas en cultivos anteriores.

Se debe realizar entre 30-60 catas por hectárea. Se deben mezclar estas submuestras en una muestra y una cantidad de la muestra combinada es la que se envía al servicio de diagnóstico.

Muestreos en plantaciones sin problemas.

Se deben realizar entre 30-60 catas por hectárea. Cada planta de viña puede ser una submuestra, se debe muestrear debajo de la copa de la vid, y cada vid en una dirección de cardinal diferente. El muestreo se debe realizar donde se localizan las raíces activas y esto a su vez, puede depender de la distribución del riego en la parcela. Estas submuestras se deben combinar en una muestra.

Muestreos en plantaciones con rodales.

En el caso que existan viñedos con vides con menor crecimiento en rodales (distribución agregada) o daños siguiendo las líneas de trabajo del tractor en la parcela. Se debe obtener una muestra (combinación de varias submuestras) de dentro del rodal y otra muestra (combinación de varias submuestras) de fuera del rodal. La cuantificación de los nematodos fitoparásitos dentro y fuera del rodal nos permitirá determinar si los daños causados están relacionados con alguna especie en concreto al relacionar los daños en las plantas con sus densidades, ya que generalmente los daños causados de los nematodos son densidad-dependientes a sus niveles en el suelo.

Capítulo 12

Alteraciones causadas por agentes abióticos. Nutricionales, meteorológicos, contaminantes, fisiopatías

Carlos Agustí Brisach, Ana López Moral, Antonio Rafael Sánchez Rodríguez y Antonio Trapero Casas

En este último capítulo del libro se abordan los daños ocasionados en la vid por factores abióticos, incluyendo deficiencias nutricionales, factores relacionados con el suelo y el clima, fitotoxicidades y quimeras. Con frecuencia, los síntomas de los daños causados por estos agentes se confunden con las enfermedades debidas a agentes bióticos, por lo que es importante considerarlos para evitar errores en el diagnóstico de las enfermedades.

DEFICIENCIAS NUTRICIONALES

Las deficiencias nutricionales en la vid se manifiestan mediante cambios en la forma y color de los tejidos, y en la composición química y rendimiento de la cosecha. El conjunto de síntomas causados por factores abióticos, en ocasiones, puede llegar a confundirse con los síntomas de otras enfermedades. En este sentido, además de los síntomas específicos que se pueden observar, la apariencia de la planta entera, de varias de ellas o del viñedo en su conjunto, puede ayudar en el diagnóstico. Por su parte, el análisis de suelo y de peciolos sirve para confirmar si existen desequilibrios nutricionales. Estos datos, combinados con el conocimiento del suelo, la sensibilidad del cultivar y las condiciones ambientales, aumentan la precisión del diagnóstico.

Clorosis férrica

La deficiencia de hierro (Fe), también denominada clorosis férrica, es la carencia más frecuente y especialmente común en regiones, fincas o zonas de una finca con suelos de pH básico (tamponado alrededor de 8.0 debido a la presencia de carbonatos) y con un alto contenido de caliza activa (> 10-15%) (Pouget, 1974). Esta carencia generalmente se observa en rodales, viéndose los primeros síntomas en las partes húmedas del viñedo. Aunque el Fe no forma parte de la molécula de clorofila, es imprescindible en su síntesis, por lo que cuando existen problemas de disponibilidad de Fe para la vid se dificulta la síntesis de clorofila. Este síntoma es evidente entre las nerviaciones de las hojas, apreciándose una clorosis o amarilleamiento (Tagliavini y Rombolà, 2001), mientras que la apariencia de desvanecimiento (en un estadio más avanzado) comienza en los márgenes de las hojas, progresando de forma irregular. Los síntomas se desarrollan principalmente cuando se abren las yemas, por almacenamiento insuficiente de Fe, o durante la temporada vegetativa, especialmente en primavera, en función de la demanda de este elemento y de su disponibilidad en el suelo. Finalmente, si la deficiencia continúa agravando el estado de la vid, las hojas pueden secarse y caer (Fig. 12.1). Durante la primavera pueden desarrollarse síntomas transitorios de deficiencia de Fe en climas fríos y suelos húmedos, al favorecerse el incremento en la concentración del ion bicarbonato en la disolución del suelo (Boxma, 1972). Los síntomas visuales de la clorosis férrica son la forma más fiable de identificación de esta carencia nutricional, ya que, en ocasiones ocurre la paradoja de la clorosis férrica; ocurrencia de clorosis a pesar de una elevada concentración de Fe foliar o peciolar, debido a que el Fe puede estar en una forma no disponible o puede no ser movilizado dentro de la planta. Cabe destacar que *Vitis labrusca* tiende a ser más susceptible a la clorosis férrica que *V. vinifera* (Pérez-Marín, 2012; Wilcox et al., 2015). La intensidad de la clorosis varía de un año a otro dependiendo de variables relacionadas con la vid y variables ambientales, como temperatura y lluvia (Tagliavini y Rombolà, 2001), y rendimientos, e incluso dentro de la misma finca e incluso del mismo individuo (Tagliavini et al., 2000). Tanto el rendimiento como la calidad de la fruta se ven afectados por el desarrollo de la clorosis férrica, además de poder comprometerse la fructificación del año posterior, al afectar a las yemas florales.

Figura 12.1. A, B, Clorosis férrica en vid (Fuente: C. Agustí-Brisach).

Deficiencia de potasio (K)

El potasio (K) tiene un rol determinante en la calidad de la uva y, consecuentemente, del vino producido (Nieves-Cordones et al., 2019; Villette et al., 2020). Los síntomas de la deficiencia de potasio (K) varían con el estado y el desarrollo de las hojas cuando el contenido de K en los tejidos cae por debajo del nivel crítico. Durante la primera parte de la estación de cultivo, las hojas muestran áreas que se aclaran en color y aparecen algunas manchas necróticas a lo largo del margen de las hojas jóvenes. Durante los periodos de clima seco, las áreas necróticas, que varían en forma, número y tamaño, se desarrollan esporádicamente en el tejido internervial. Los márgenes de las hojas se secan y se enrollan (chamuscado foliar). A finales del verano, la superficie de las hojas más viejas en la base de los brotes que reciben luz solar directa se vuelve marrón violeta a marrón oscuro ("hoja negra"), especialmente cerca de los racimos. El síndrome de la "hoja negra" comienza entre las nerviaciones foliares, pudiendo progresar hasta cubrir completamente la superficie de la hoja. El pardeamiento de las hojas es especialmente pronunciado en las vides con alta producción ya que, después del envero, las bayas maduras se convierten en un "sumidero" de K causando déficit en el resto de la planta. Los síntomas de deficiencia de potasio son más comunes en años secos y se agravan en suelos ricos en

magnesio (Mg) (Wilcox et al., 2015) al existir una competencia entre ambos elementos por ocupar los sitios del complejo de cambio del suelo.

Deficiencia de magnesio (Mg)

La deficiencia de Mg ocurre principalmente bajo tres circunstancias: 1) en suelos ligeros y ácidos con un bajo contenido de Mg; 2) en suelos arenosos con un contenido relativamente alto de K y; 3) en suelos calcáreos con alto contenido de carbonato de calcio (Ca). Las aplicaciones elevadas o frecuentes de K (que compite con el Mg por la absorción) o de amonio (que acidifica el suelo) pueden inducir síntomas de deficiencia de Mg en suelos que normalmente no son deficientes en este elemento.

La deficiencia de Mg se expresa de dos formas a lo largo de la estación de cultivo. A principios de la estación se manifiesta en forma de necrosis foliar, mientras que durante el verano y el otoño se manifiesta en forma de amarilleo internervial. Los primeros síntomas normalmente aparecen antes de la floración y pueden manifestarse como pequeñas manchas de color marrón verdoso cerca de los márgenes y en los tejidos internerviales de las hojas jóvenes en crecimiento, las cuales mantienen sus márgenes verdes. A principios o finales de verano, se observa un brillo en los tejidos de entre los nervios principales que evoluciona en una amarillez progresiva que se extiende desde el margen de la hoja hacia la unión del peciolo en forma de cuña entre las nerviaciones primarias y secundarias. La deficiencia de Mg se diferencia de las deficiencias causadas por otros nutrientes como el manganeso (Mn), K, zinc (Zn) y boro (B) por su llamativo patrón de clorosis amarillo pajizo y su aparición primero en las hojas basales o, a veces, en el centro del brote. En ocasiones, los síntomas de deficiencia de Mg son confundidos con el síndrome de mosaico amarillo producido por infecciones del virus del entrenudo corto infeccioso (Wilcox et al., 2015).

Deficiencia de calcio (Ca)

La deficiencia de Ca aparece ocasionalmente en suelos desarrollados sobre grava de cuarzo, que son muy ácidos (pH < 4.5). Se expresa mostrando un borde necrótico en el margen de las hojas afectadas que avanza gradualmente hacia el punto de unión del peciolo. Se desarrollan lesiones de color marrón oscuro, de apariencia granulosa y de hasta 1 mm de diámetro en la corteza de los entrenudos. Los racimos en crecimiento se secan a partir de la punta, recordando a una necrosis severa del raquis (Wilcox et al., 2015).

Enfermedad de los suelos ácidos ('Säureschäden'): deficiencias de Ca, Mg y fósforo (P)

La 'enfermedad de los suelos ácidos' se atribuye principalmente a síntomas asociados con deficiencias de Ca, Mg y fósforo (P), y ocurre en suelos extremadamente ácidos (pH 3.4-4.5), con bajo contenido en Ca y Mg y reducida disponibilidad de P. También puede participar el exceso de K, aluminio (Al) y, especialmente, Mn, en suelo.

Poco después de la floración, los márgenes de las hojas más viejas se vuelven amarillos o marrones claros. Se desarrollan manchas marrones a lo largo del margen de la hoja, que progresan a manchas grandes, alargadas, de color marrón óxido con contornos irregulares, y que acaban por coalescer. Las hojas basales pueden caerse. Las variedades de uva tinta pueden mostrar manchas rojas brillantes. Al igual que en la deficiencia de Ca, el área dañada muere lentamente. En climas secos, los síntomas progresan rápidamente. Con frecuencia, estos síntomas aparecen junto con los de la deficiencia de Mg. A principios del verano se puede observar una gran variedad de combinaciones y transiciones de estos síntomas. Los racimos de las vides afectadas rara vez maduran completamente, y los sarmientos que no llegan a lignificar no toleran las bajas temperaturas invernales (Wilcox et al., 2015).

Deficiencia o exceso de nitrógeno (N)

La deficiencia de nitrógeno (N) es común en vid (Havlin et al., 2022). El follaje de la vid se vuelve verde pálido y, más tarde, amarillo. Los brotes jóvenes, pecíolos y tallos del racimo se vuelven rosados o rojos. El crecimiento del brote se reduce considerablemente. En ocasiones, aparecen áreas de tejido muerto de color marrón claro entre los nervios principales de las hojas basales y, en casos extremos, las hojas pueden marchitarse y caer. Las bayas pueden ser pequeñas. No hay patrones específicos de malformación de órganos asociados con la deficiencia de N. En las plantaciones comerciales, los primeros síntomas pueden aparecer después del envero de las bayas, ya que el N se transloca desde las hojas cerca de los racimos hasta las bayas.

Cabe destacar que cuando se dan largos períodos de clima frío y húmedo, las vides pueden desarrollar el síndrome conocido como "clorosis de clima frío", el cual puede confundirse con la deficiencia de N. Las bajas temperaturas reducen la síntesis de clorofila, y la clorosis desaparece tan pronto como aumentan las temperaturas. Las lesiones mecánicas y el daño en las raíces por enfermedades (p.ej. nematodos) y plagas (p.ej. filoxera)pueden dificultar la absorción y el transporte de nutrientes y provocar síntomas que también pueden confundirse con la deficiencia de N.

Por su parte, el exceso de N también es frecuente cuando la fertilización no se realiza de forma adecuada (Verdenal et al., 2021). Éste produce el crecimiento de los brotes de forma excesiva; los entrenudos se vuelven largos y grandes, y las hojas se vuelven de color verde intenso, y gruesas. Las vides son más tolerantes al alto contenido de N cuando otros micro- y macronutrientes están a una concentración adecuada y cuando el sistema de espaldera permite una exposición adecuada de la hoja a la luz solar. Niveles excesivos de urea foliar pueden causar fitotoxicidad que se presenta como quemadura foliar (Wilcox et al., 2015).

Deficiencia de zinc (Zn)

Los suelos muy arenosos o donde se ha eliminado la capa superficial del suelo son deficientes en Zn. La disponibilidad de Zn también puede verse afectada por el alto contenido de P, que precipita el Zn como fosfato de Zn insoluble, o en suelos de pH elevado (por encima de 7.5), normalmente relacionado con presencia de carbonatos que tamponan el pH. Los primeros síntomas de la deficiencia de Zn se expresan en un menor tamaño de las hojas, las cuales presentan un dentado muy acusado de los márgenes. Las hojas son comúnmente asimétricas, siendo una mitad de la hoja más grande que la otra. Las áreas internerviales se vuelven de color verde claro a amarillo en forma de mosaico, y pueden volverse rojizas en cultivares tintos. Los nervios de las hojas también se vuelven claros, con bordes estrechos de color verde. Las áreas cloróticas más avanzadas pueden volverse necróticas. La intensidad de los síntomas varía entre cultivares. La deficiencia de Zn reduce el rendimiento debido a que las plantas afectadas producen racimos con menor número de bayas, y éstas además son pequeñas (Wilcox et al., 2015).

Deficiencia de manganeso (Mn)

Otra deficiencia común es la deficiencia de Mn (Brataševec et al., 2013) que se observa principalmente en suelos arenosos con alto contenido de humus, y en suelos calizos pobres en Mn. A principios del verano, las hojas en la base de los brotes se vuelven pálidas y, poco después, aparecen pequeñas manchas amarillas en el tejido internervial. Las manchas se disponen en forma de mosaico, entre los nervios verdes más pequeños. Los síntomas son más severos en las hojas expuestas al sol que en las sombreadas. Las hojas no presentan malformaciones como en la deficiencia de Zn. La deficiencia avanzada de Mn afecta al crecimiento de brotes, hojas y bayas, y la maduración de los racimos se retrasa. En suelos altamente ácidos, el Mn puede encontrarse en exceso y ser tóxico para la planta, estando involucrado en este caso en la enfermedad de los suelos ácidos vista anteriormente (Wilcox et al., 2015).

Deficiencia o exceso de boro (B)

La deficiencia de B puede tener efectos drásticos en el crecimiento y fructificación de la vid. Se observa especialmente en suelos fuertemente ácidos (pH 3.5-4.5) y con menos frecuencia en suelos neutros y alcalinos (pH 7.0-8.5). El suelo seco en el área de desarrollo radicular dificulta la absorción efectiva de B. Los viñedos en áreas con elevadas precipitaciones y aquellos que se riegan con agua desprovista de B también son susceptibles, especialmente en suelos arenosos fáciles de lixiviar.

Los primeros síntomas de deficiencia de B aparecen en los zarcillos, cerca de la punta del brote antes de la floración, donde se forman protuberancias oscuras, que se vuelven necróticas y pueden ocasionar la muerte de los racimos de flor. Durante el período de crecimiento rápido de los brotes los entrenudos más jóvenes se hinchan ligeramente en uno o varios lugares y la médula se vuelve necrótica, causando la muerte de los tejidos vegetales. Las hojas muestran peciolos cortos y delgados y, ocasionalmente, lesiones longitudinales y áreas necróticas. A su vez, las hojas se deforman y muestran clorosis internervial o necrosis. Las yemas de vides con deficiencia de B dan lugar a brotes cortos, espesos, ramificados y estériles en la estación siguiente. La deficiencia de B también afecta al desarrollo de las bayas y los racimos. Sólo un número reducido de bayas cuaja, las cuales son pequeñas y sin semillas. Respecto a las raíces, éstas son cortas y finas.

Por su parte, el exceso de B también afecta al desarrollo de todas las partes aéreas de la planta. Las hojas jóvenes pueden mostrar deformaciones severas. En los márgenes de las hojas viejas se desarrollan necrosis que progresan hacia las áreas interverviales. Los tallos principales de la planta se vuelven más cortos mientras que se observa un mayor alargamiento de los brotes laterales, dando lugar a vides con aspecto débil y tupido (Wilcox et al., 2015).

ESTRESES MEDIOAMBIENTALES

Sequía

A pesar de que la vid es muy resistente a la sequía, los años de inviernos secos dan lugar a una brotación raquítica de la planta y una ralentización, o incluso cese, del crecimiento de los brotes. Las plantas se quedan pequeñas, con escaso follaje y con tendencia a desarrollar pocos racimos con bayas pequeñas. Bajo condiciones prolongadas y severas de sequía, las hojas basales muestran necrosis marginal y, posteriormente, se secan y caen. En condiciones de secano, el viñedo entero muestra síntomas de estrés hídrico; mientras que en viñedo en regadío los síntomas de estrés se observan en zonas aisladas donde el suelo tiene poca

capacidad de retención de agua, o bien, en áreas donde el crecimiento radicular puede estar limitado por otros tipos de estreses bióticos y/o abióticos (Wilcox et al., 2015).

Exceso de agua

Los daños por exceso de agua se dan en terrenos muy húmedos o en zonas bajas del viñedo donde se acumula agua de escorrentía durante el año. Los síntomas se manifiestan durante el verano, en forma de necrosis marginal de las hojas que progresa a toda la superficie foliar, a la vez que se curva hacia arriba en forma de cuchara. Si las condiciones de saturación del suelo persisten, la planta puede llegar a morir por asfixia radicular (Wilcox et al., 2015).

Corrimiento

Las lluvias abundantes en floración junto con las deficiencias nutricionales, entre otras causas como la mala formación de las flores, o el ataque de patógenos, pueden dar lugar a una caída importante de granos por abscisión del peciolo justo tras el cuajado, observándose racimos con muy pocos granos o prácticamente ninguno. Este fenómeno se conoce como 'corrimiento' y es frecuente en la variedad 'Garnacha' (Wilcox et al., 2015).

Salinidad

La vid es moderadamente sensible a la salinidad (cloruro) pudiendo mostrar lesiones en ambientes altamente salinos. El primer síntoma es la necrosis marginal de las hojas maduras (chamuscado foliar). El grado de toxicidad a la salinidad puede variar sustancialmente en los viñedos debido a las diferencias de susceptibilidad de las variedades y la capacidad de los portainjertos de excluir el ión cloruro. Las plantas también pueden verse afectadas por la brisa marina en viñedos cercanos a zonas costeras. Los viñedos con riego por aspersión también pueden verse afectados por las sales aplicadas sobre la superficie foliar cuando el agua de riego contiene más de 3 meq de sodio o cloruro. En estos casos, la toxicidad salina es más frecuente durante los periodos de alta evaporación coincidiendo con el mayor desarrollo de la planta en primavera (Wilcox et al., 2015).

Altas temperaturas (Golpe de sol)

Poco después de la exposición a altas temperaturas, los tejidos no lignificados de los brotes se marchitan y decoloran. Posteriormente, la médula se seca y los brotes se desecan y se vuelven marrones. Los tejidos más suculentos como los extremos de los brotes, las hojas jóvenes y los zarcillos son los tejidos más susceptibles al daño por altas temperaturas. Las bayas también pueden verse afectadas como se muestra a continuación en los trastornos en fruto causados por alta transpiración, como efecto indirecto de las altas temperaturas (Wilcox et al., 2015).

Alta transpiración

Como consecuencia de las altas temperaturas, sobre todo si van acompañadas de viento cálido y seco, puede tener lugar la deshidratación de los racimos por la transpiración del agua de la propia baya, lo que resulta en un marchitamiento lento y una alta concentración de azúcares. Las bayas sintomáticas generalmente están distribuidas por todo el racimo y, se observan hacia el final de la maduración en climas más cálidos, pero también se pueden encontrar en regiones más frías. En ocasiones, para la obtención de determinados vinos, el efecto de la deshidratación (peso reducido de la baya debido a la pérdida de agua) se considera positivo debido a la concentración de solutos en la baya (Wilcox et al., 2015).

Radiación solar

El exceso de radiación solar, además de las altas temperaturas, puede dañar la piel de las bayas y hacer que éstas se marchiten. A menudo, las bayas dañadas se encuentran expuestas al sol, pasificadas, y de color más claro, aunque la apariencia física depende del cultivar y la etapa de desarrollo. En general, las quemaduras solares a principios de la estación de cultivo aparecen como una decoloración marrón en el lado del racimo expuesto al sol, mientras que cuando el daño por radiación solar tiene lugar tras el envero las bayas presentan menos coloración y una apariencia brillante. Este tipo de lesión ocurre en climas cálidos, aunque también es común en climas más fríos cuando la retirada de hojas alrededor del área de los racimos al final de la estación de cultivo viene seguida de días soleados. Las quemaduras solares se pueden limitar o incluso evitar en climas más cálidos al reducir o cesar las prácticas de manejo que los exponen a la luz solar directa, como la eliminación de hojas, o bien mediante la aplicación foliar de una película de caolín (Wilcox et al., 2015).

Figura 12.2. Daños de helada invernal en la parte baja de un viñedo (Fuente: A. Trapero).

Frío invernal

Con frecuencia, el daño por frío invernal se restringe a las áreas bajas del viñedo, o a zonas del viñedo donde la maduración de la vid de la temporada anterior estuvo restringida por un crecimiento excesivamente vigoroso o por efectos del desarrollo de enfermedades como la defoliación prematura por mildiu. En la Figura 12.2 se ilustran daños por helada invernal en la parte baja de un viñedo en Montilla (Córdoba).

Las yemas y el floema son los tejidos de la vid más sensibles al daño por frío durante el periodo de hibernación, viéndose afectadas las yemas a temperaturas de -10 a -15°C. De -15 a -35°C se ven afectados el tronco y los brazos, mientras que las raíces tienen menor resistencia, siendo afectadas a temperaturas entre -7 y -14°C. Las lesiones en las yemas se pueden detectar antes de que las plantas entren en actividad, seccionando las yemas que se han descongelado durante más de 24h. Los primordios afectados adquieren un color marrón oscuro o negro en lugar del verde pálido normal. El crecimiento de los brotes en las vides con elevados daños por frío en las yemas es escaso e irregular. Muchas yemas no crecen, y las yemas secundarias y terciarias de los nudos generalmente comienzan a desarrollarse más tarde que las yemas primarias sanas. En algunos casos, el primordio del brote sobrevive, pero los primordios de la hoja basal están lesionados. Estas hojas a menudo son muy pequeñas, pueden estar deformadas y presentar clorosis irregular. Estos síntomas pueden confundirse con los ocasionados por enfermedades virales o con daños por herbicidas (Wilcox et al., 2015).

Heladas primaverales

Después de que los brotes comienzan a hincharse, los tejidos de la planta se vuelven mucho menos tolerantes a las bajas temperaturas. La malformación de los tejidos dentro de la yema expandida, que resulta en el posterior desarrollo de hojas deformadas, puede ocurrir a temperaturas más altas que las que causarían lesiones similares a mediados de invierno. Dichas malformaciones pueden confundirse con los síntomas foliares causados por *Diaporthe ampelina* (excoriosis). Después de la brotación, los tejidos jóvenes son más sensibles a las heladas, bastando temperaturas de -0.5 a -1°C para que se produzcan graves daños. Poco después

Figura 12.3. A, Daños por granizo al inicio de la estación dañando los brotes del año; y B, daños por granizo en un viñedo al final de temporada causando la ruptura de brotes, hojas y racimos (Fuente: Foto A: C. Agustí-Brisach; Foto B: D. Gramaje).

de la descongelación, el tejido congelado se colapsa y se vuelve marrón. A menudo, el daño por frío se limita a zonas bajas del viñedo. Las plantas dañadas por las heladas de primavera pueden producir poca o ninguna cosecha, dependiendo del momento, el número y la gravedad de los eventos de congelación y, por lo tanto, el posterior rebrote puede ser extremadamente vigoroso (Wilcox et al., 2015).

Granizo

Los daños por granizo en el viñedo suceden por contacto. Al inicio de la estación de cultivo el granizo puede causar la ruptura de brotes, hojas o racimos o dañar partes de los entrenudos. En estos casos, los daños ocasionados por el granizo se asemejan a las pequeñas agallas o heridas realizadas por insectos (Fig. 12.3A). Cuando el granizo ocurre al final de la estación de cultivo, éste causa la ruptura de brotes, hojas y frutos (Fig. 12.3B). Las bayas dañadas al inicio de su desarrollo terminan cayendo o bien se marchitan y se vuelven marrones. La fruta dañada al final de la estación de cultivo puede ser infectada por *Botrytis cinerea* u otros patógenos causantes de podredumbres de racimo. Los frutos dañados tras el envero normalmente se pudren (Wilcox et al., 2015).

Rayo

El daño causado por los rayos en las vides puede ser difícil de diagnosticar debido a la naturaleza variable y general de la respuesta de la vid. En algunos casos, la única respuesta

Figura 12.4. A, B, Síntomas de bronceado y necrosis de las hojas y racimos de una cepa afectada por la caída de un rayo; C, colapso y muerte de una cepa por la caída de un rayo (Fuente: D. Gramaje).

es el bronceado y la necrosis de las hojas y racimos (Fig. 12.4A-B), que recuerda a las quemaduras producidas por compuestos químicos. En otros casos, toda la cepa puede colapsar y morir (Fig. 12.4C). La médula de los brotes puede secarse. La caída de rayos se puede identificar mediante el patrón de cepas afectadas en el viñedo. En ocasiones, cuando un rayo golpea los alambres de la espaldera se observa la necrosis de los tejidos de la planta que están en contacto con el alambre. Generalmente, en viñedos tradicionales en vaso una sola cepa o una pequeña área de cepas se ve afectada. La evidencia de la caída de rayos en la estructura de la espaldera, como la observación de alambres descoloridos o postes y estacas rotos, a veces ayuda a confirmar el diagnóstico más que las propias observaciones de las plantas afectadas (Wilcox et al., 2015).

Viento

Las vides que crecen en regiones ventosas pueden exhibir retraso en el crecimiento o daños estructurales, como el desgajado de los pámpanos. Además, las vides sometidas a fuertes vientos pueden tener brotes rotos, lo que resulta en patrones inusuales de ramificación. Cuando soplan fuertes vientos al final de la estación de cultivo los racimos sufren lesiones y el fruto se acaba pudriendo. A su vez, la presencia de arena en el viento puede causar el desarrollo de un menor número de brotes, retraso en el crecimiento, defoliación parcial y/o hojas deformadas. Estos daños se limitan a las vides situadas en el lado de viento dominante en el viñedo. El viento también puede agravar los síntomas de otras enfermedades, como ocurrió en viñedos de Mollina (Málaga) en 1991. En este año las vides jóvenes con crecimiento activo sufrieron un grave desgajado

Figura 12.5. A,B, Desgajado de pámpanos por fuertes vientos observándose estrechamiento y lesiones necróticas en la base del pámpano (C), las cuáles se asociaron con la infección de *Diplodia seriata* (*Botryosphaeriaceae*) (D) (Fuente: A. Trapero).

de pámpanos asociado con vientos no excesivamente intensos (Fig. 12.5A-B), lo que llevó a realizar un estudio para conocer las causas de esta caída anormal de pámpanos. En la base de los pámpanos caídos se pudieron apreciar necrosis que, con frecuencia, ocasionaban su estrechamiento y se extendían a la madera del año anterior (Fig. 12.5C). Asociado consistentemente con estas necrosis se identificó el hongo *Diplodia seriata*, un patógeno de la familia *Botryosphaeriaceae* reconocido como causante de enfermedades de la madera de la vid (Fig. 12.2D). Se pudo concluir, por tanto, que el desgajado de pámpanos estaba provocado por efecto del viento sobre pámpanos previamente debilitados por dicho patógeno.

FITOTOXICIDAD

La aplicación incorrecta de fungicidas, insecticidas, herbicidas o reguladores del crecimiento puede causar una respuesta fitotóxica generando daños en la planta. La fitotoxicidad puede ser el resultado de una aplicación excesiva, una aplicación de mezclas de plaguicidas incompatibles, una aplicación en una etapa sensible del desarrollo de la vid, una aplicación durante o antes de condiciones ambientales no viables o una aplicación a cultivares inusualmente sensibles. Los síntomas de fitotoxicidad varían según los productos químicos, su concentración y la etapa de desarrollo de la vid en el momento de la aplicación. A continuación, se exponen algunos ejemplos.

Herbicidas

Aunque algunos de los productos herbicidas mencionados a continuación no están autorizados para su uso en España, o están en vías de eliminación del registro de productos fitosanitarios, se indican ejemplos de los efectos fitotóxicos que éstos pueden causar debido a su potencial uso en otros países productores de vid en el mundo.

Paraquat: los daños por paraquat se producen por contacto. Generalmente, las lesiones aparecen en las hojas como pequeñas manchas rodeadas por un halo clorótico. Los brotes del suelo que han sido tratados con el herbicida muestran una quemadura general. En raras ocasiones, el paraquat aplicado cerca del nivel del suelo se absorbe y se transloca a la copa, lo que resulta en una clorosis general, y ocasionalmente, pueden provocar necrosis a lo largo de las nerviaciones de las hojas.

Simazina: en general, aparecen manchas cloróticas en los márgenes de las hojas, sin mostrar deformación de éstas. Las hojas basales suelen ser las más afectadas. Los síntomas son causados por la translocación del herbicida desde las raíces. La lesión generalmente se asocia con la aplicación de altas dosis del herbicida en suelos con poca materia orgánica y/o la aplicación excesiva de agua.

Diurón: el principal síntoma son las nerviaciones amarillas en las hojas. Los síntomas más comunes son causados por la translocación de las raíces. La lesión es más común cuando el crecimiento de las raíces es poco profundo, o se aplica un exceso de agua. La lesión por contacto es poco frecuente, y cuando ocurre puede parecerse a la fitotoxicidad causada por simazina.

Glifosato: la fitotoxicidad por glifosato tiene repercusión durante el año que se produce y el siguiente. Durante el año de aplicación las hojas adquieren forma de flecha y son muy rugosas, a la vez que se endurecen y se encorvan hacia el haz en forma de cuchara, con o sin clorosis internervial. Los entrenudos pueden ser más cortos. La dominancia apical puede romperse, lo que resulta en el crecimiento de numerosos brotes laterales. Durante al año siguiente al de aplicación, el crecimiento temprano del brote se atrofia, mostrando hojas severamente afectadas que pueden confundirse con los síntomas de eutipiosis. En general, la lesión se debe a la translocación del glifosato aplicado a los brotes del suelo o a la deriva del material aplicado debajo de la espaldera. Las aplicaciones a finales de verano u otoño pueden producir síntomas graves durante la primavera siguiente. Las mezclas de glifosato con otros herbicidas normalmente utilizados en viñedo como el diflufenican ocasionan clorosis y encorvamiento de las hojas hacia el envés.

Herbicidas hormonales (auxinas sintéticas): las hojas se deforman, mostrando gran variedad de patrones, con senos muy abiertos, ahuecados, y alargados. Los brotes jóvenes pueden torcerse y deformarse. En brazos y troncos pueden llegar a producirse cantidades ingentes de agallas como consecuencia de una inducción severa de la brotación en respuesta al tratamiento hormonal (Fig. 12.6). Las lesiones graves pueden provocar necrosis en los nuevos brotes en crecimiento. Las bayas son altamente sensibles a estos herbicidas. Las lesiones se asocian comúnmente con la deriva, ya que estas materias activas se usan comúnmente en muchos otros cultivos

y para el control de malas hierbas de hoja ancha en entornos no agrícolas, como bordes de carreteras, zanjas, etc. (Wilcox et al., 2015).

Reguladores del crecimiento

Al igual que ocurre con el glifosato, los daños por fitotoxicidad por reguladores del crecimiento como el ácido giberélico se manifiestan durante el año de la aplicación y el siguiente. En este caso, durante el primer año de aplicación se observan racimos alargados, con largos pedicelos y abundancia de frutos cuajados, con los ovarios retenidos sin llegar a desarrollarse de forma normal. Los raquis de los racimos se vuelven leñosos y enrollados. En el segundo año tras la aplicación la brotación se reduce y es irregular. Los racimos de flor se reducen en número y tamaño. El cuajado es normal, aunque se acaban desarrollando muy pocas bayas (Wilcox et al., 2015).

Figura 12.6. A,B, Proliferación de agallas en los brazos y el tronco de cepas de vid como consecuencia de tratamientos hormonales, que muestran un menor vigor y desarrollo en comparación con las cepas no afectadas (C) (Fuente: C. Agustí-Brisach).

Fungicidas

Azufre: la lesión en el follaje aparece como un blanqueamiento internervial que se vuelve necrótico. A su vez, también puede producirse defoliación. Las bayas lesionadas muestran una especie de tejido cicatricial de color marrón a negro que en muchos casos se agrieta, dependiendo de la etapa de desarrollo de la baya en el momento de la exposición al tratamiento (Fig. 12.7). La lesión en *V. vinifera* está asociada con la exposición a temperaturas superiores a 30°C y, a menudo, es más grave en condiciones húmedas. Algunos cultivares y portainjertos de otras especies de *Vitis* o híbridos interespecíficos son altamente susceptibles a lesiones por azufre incluso a temperaturas más bajas.

Cobre: los síntomas varían desde un ligero bronceado de las hojas hasta la necrosis foliar y defoliación. Las bayas afectadas pueden mostrar áreas necróticas negras. Los daños son más frecuentes cuando se aplican formulaciones de cobre de alta persistencia de cobre en forma iónica (Cu^{2+}) en la hoja. La lesión también se ve agravada por las condiciones que mantienen los iones en solución y promueven su absorción, tales como ambientes fríos y altamente húmedos.

Dióxido de azufre (SO$_2$): el blanqueamiento de las bayas es el tipo de lesión más común por dióxido de azufre en uva de mesa en postcosecha, que es más pronunciado alrededor del pedicelo o de cualquier ruptura en la epidermis. El tejido por debajo del área blanqueada se seca, colapsa y forma una depresión. Los cambios en el color generalmente van acompañados de cambios apreciables en el sabor.

Dinocap: las lesiones varían desde hojas atrofiadas y deformadas con sectores necróticos hasta grandes áreas de quemaduras necróticas en las hojas expuestas al sol. Los síntomas en las bayas varían desde puntos negros circulares hasta áreas oxidadas donde los residuos de la aplicación se han secado. La deformación de la hoja ocurre cuando el dinocap se

Figura 12.7. Daños en racimos por fitotoxicidad de tratamientos con azufre en el mes de julio (Fuente: C. Agustí-Brisach).

aplica a hojas jóvenes, desplegadas o en expansión. La quemadura foliar generalmente se asocia con la exposición a temperaturas superiores a 30°C y es independiente de la variedad. Las formulaciones de concentrados emulsionables son más fitotóxicas que las formulaciones de polvo mojable.

Triazoles: la fitotoxicidad de los triazoles se expresa frecuentemente como efecto de regulador de crecimiento, mostrando acortamiento de entrenudos con hojas pequeñas, finas, de color verde oscuro y arrugadas, encorvadas hacia el envés. En cultivares más susceptibles puede verse también clorosis internervial y necrosis (Wilcox et al., 2015).

QUIMERAS

Las quimeras son alteraciones de las diferentes partes de la planta debidas a cambios genéticos espontáneos de los tejidos meristemáticos y su subsiguiente proliferación. Las alteraciones pueden ser muy variadas, y se clasifican fundamentalmente en tres tipos: 1) variegación, cambios anormales de color de los tejidos, tanto en hojas como en racimos; 2) fasciación, aplastamiento de los tallos y; 3) deformación, malformaciones de las hojas que se vuelven más pequeñas, sinuosas, y con poco desarrollo de color verde, aunque el sarmiento mantiene un desarrollo normal en tamaño. La mayoría de estos síntomas se asemejan a daños causados por fitoplasmas o virosis. En este sentido, las pruebas de diagnóstico pertinentes son altamente recomendables para descartar cualquier tipo de enfermedad (Wilcox et al., 2015).

ESTRATEGIAS DE CONTROL FRENTE A FACTORES ABIÓTICOS

El control de los factores abióticos no es posible en la mayoría de los casos, aunque como veremos a continuación, algunos de ellos como los nutricionales o los atmosféricos pueden corregirse o mitigarse mediante distintos métodos de lucha.

Control de factores nutricionales

Los análisis de suelo antes de realizar la plantación son fundamentales para conocer las características físico-químicas del suelo. Esto nos permitirá elegir los portainjertos más adecuados para el terreno donde se vaya a establecer el viñedo. Una vez observemos los primeros síntomas de deficiencias nutricionales, el diagnóstico es esencial para descartar la confusión de síntomas con los de alguna enfermedad. Se recomienda realizar análisis de suelo y foliares, y aplicar correctores nutricionales comerciales para su control. En el caso de la clorosis férrica, ésta se puede prevenir con el aporte de quelatos de Fe al suelo o pulverizados sobre la copa (Lucena et al., 2000), presentando problemas ambos métodos; la absorción radicular puede verse impedida por la compleja dinámica del Fe en suelos con limitada disponibilidad, mientras que la aplicación foliar debe repetirse debido a la baja movilidad de Fe en el floema. Algunos autores recomiendan los tratamientos foliares por su mayor efectividad en condiciones de baja disponibilidad de Fe (Zebec et al., 2021). Otros métodos son la aplicación de mezclas de sulfato ferroso y ácido cítrico por pulverización foliar, o bien, con aplicación directa con brocha en los cortes de poda. Sin embargo, el Fe del sulfato ferroso se oxida rápidamente limitando su fitodisponibilidad. La vivianita, un fosfato de Fe, se ha inyectado al suelo en frutales para incrementar la disponibilidad de Fe y combatir la clorosis férrica (Rosado et al., 2000). Los fertilizantes de base orgánica que mejoren el contenido de carbono orgánico del suelo, y, por tanto, el ciclado de nutrientes, también son una alternativa para incrementar la disponibilidad de Fe para la vid, así como la utilización de cubiertas vegetales con capacidad para producir fitosideróforos o compuestos orgánicos de bajo peso molecular con afinidad por el Fe, emitidos por las monocotiledóneas principalmente.

Control de fenómenos atmosféricos

El control de los daños producidos por fenómenos atmosféricos es un tema de interés, principalmente acrecentado en los últimos años debido al efecto del cambio climático en los viñedos (Bernardo et al., 2018). Los daños por el exceso de agua se pueden prevenir mediante el cultivo en caballones y mediante la realización de zanjas de drenaje. Frente al granizo, la medida de control más eficaz es el uso de mallas protectoras antigranizo, aunque tienen el inconveniente de su elevado coste y la posible alteración de las propiedades organolépticas de la uva producida bajo malla. También pueden utilizarse cañones antigranizo en aquellas áreas geográficas donde esté permitido por la administración competente. Frente al viento, las barreras cortavientos y la orientación de la plantación en el sentido del viento dominante son los métodos de control más efectivos. También se recomienda la poda en corto para favorecer el vigor de la planta, y los despuntes tempranos, sobre todo en plantaciones conducidas en vaso, para atenuar el desgajado de los pámpanos. Entre los métodos de control preventivos para las heladas, encontramos: 1) la instalación de estufas para elevar la temperatura alrededor de la cepa; 2) el uso de ventiladores para mover el aire y evitar que se concentren las masas de aire frío sobre la superficie del viñedo; 3) la inducción de humos o nieblas artificiales con un fin similar al de los ventiladores; y 4) el riego por aspersión controlada (riego antihelada). Éste último trata de mantener una cierta cantidad de agua en el punto de congelación sobre la planta durante el tiempo que dura la helada. El efecto de la liberación de calor cuando el agua pasa de estado líquido a sólido a 0°C evita que se alcance el umbral crítico de temperatura de la planta.

Agrios, G.N. 2005. Plant Pathology (5ª ed.). Academic Press, Nueva York, EE.UU., 917 pp.

Agustí-Brisach, C., Alaniz, S., Gramaje, D., Pérez-Sierra, A., Armengol, J., Landeras, E., Izquierdo, P.M. 2012. First report of *Cylindrocladiella parva* and *C. peruviana* associated with black-foot disease of grapevine in Spain. Plant Disease, 96: 1381-1382.

Agustí-Brisach, C., Armengol, J. 2013. Black-foot disease of grapevine: an update on taxonomy, epidemiology and management strategies. Phytopathologia Mediterranea, 52: 245-261.

Agustí-Brisach, C., Armengol., J. 2014. El pie negro de la vid: agentes causales, epidemiología y estrategias de control. Phytoma-España, 260: 32-35.

Agustí-Brisach, C., Gramaje, G., Armengol, J., García-Jiménez, J. 2013a. Hongos de la madera en planta joven de vid: situación actual y estrategias para su control. Tierras, 202: 108-113.

Agustí-Brisach, C., Gramaje, G., Armengol, J., García-Jiménez, J. 2013b. Detección de hongos de la madera en viveros de vid y estrategias para su control. Phytoma-España, 260: 26-30.

Agustí-Brisach, C., Gramaje, D., García-Jiménez, J., Armengol, J. 2013c. Detection of black-foot and Petri disease pathogens in soils of grapevine nurseries and vineyards using bait plants. Plant and Soil, 364: 5-13.

Agustí-Brisach, C., Gramaje, D., García-Jiménez, J., Armengol, J. 2013d. Detection of black-foot disease pathogens in the grapevine nursery propagation process in Spain. European Journal of Plant Pathology, 137: 103-112.

Agustí-Brisach, C., López-Moral, A., Trapero, A. (eds.). 2023. Patología vegetal aplicada. Ediciones DON FOLIO, Córdoba, España, 314 pp.

Alaniz, S., Agustí-Brisach, C., Gramaje, D., Aguilar, M.I., Pérez-Sierra, A., Armengol, J. 2011. First report of *Campylocarpon fasciculare* causing black-foot disease of grapevine in Spain. Plant Disease, 95: 1028-1028.

Alaniz, S., León, M., Vicent, A., García-Jiménez, J., Abad-Campos, P., Armengol, J. 2007. Characterization of *Cylindrocarpon* species associated with black-foot disease of grapevine in Spain. Plant Disease, 91: 1187-1193.

Almeida, R.P.P., Hashim, J., Purcell, A.H. 2005. Vector transmission of *Xylella fastidiosa* to dormant grape. Plant Disease, 89: 419-424.

Almeida, S., Vettore, A.L., Zago, M.A., Zatz, M., Meidanis, J., Setubal, J.C. 2000. The genome sequence of the plant pathogen *Xylella fastidiosa*. Nature, 406: 151-157.

American Phytopathological Society. https://www.apsnet.org/edcenter/disandpath/nematode/intro/Pages/IntroNematodes.aspx (acceso 04/05/2025).

Armengol, J., Vicent, A., Torné, L., García-Figueres, F., García-Jiménez, J. 2001. Fungi associated with esca and grapevine declines in Spain: A three-year survey. Phytopathologia Mediterranea, 40: S325-S329.

Aroca, A., García-Figueres, F., Bracamonte, L., Luque, J., Raposo, R. 2006. Survey of trunk disease pathogens within rootstocks of grapevines in Spain. European Journal of Plant Pathology, 115: 195-202.

Aroca, A., Gramaje, D., Armengol, J., García-Jiménez, J., Raposo, R. 2010. Evaluation of the grapevine nursery propagation process as a source of *Phaeoacremonium* spp. and *Phaeomoniella chlamydospora* and occurrence of trunk disease pathogens in rootstock mother vines in Spain. European Journal of Plant Pathology, 126: 165-174.

Aroca, A., Luque, J., Raposo, R. 2008a. First report of *Phaeoacremonium viticola* affecting grapevines in Spain. Plant Pathology, 57: 386.

Aroca, A., Raposo, R., Gramaje, D., Armengol, J., Martos, S., Luque, J. 2008b. First report of *Lasiodiplodia theobromae* associated with decline of grapevine rootstock mother plants in Spain. Plant Disease, 92: 832-832.

Baillod, M, Baggiolini, M. 1993 Les stades repères de la vigne. Revue Suisse de Viticulture, Arboriculture et Horticulture, 25: 7-9.

Baldacci, E. 1947. Epifitie di *Plasmopara viticola* (1941–46) nell'Oltrepó Pavese ed adozione del calendario di incubazione come strumento di lotta. Atti Istituto Botanico, Laboratorio Crittogamico, 8: 45-85.

Baltimore, D. 1971. Expression of animal virus genomes. Bacteriological Reviews, 35: 235-241.

Barrios, G., Coscollá, R., Lucas, A., Pérez de Obanos, J.J., Pérez-Marín, J.L., Toledo, J. (eds.). 2004. Los parásitos de la vid (5ª ed.). Ediciones Mundi-Prensa, Madrid, España, 391 pp.

Batlle, A., Altabella, N., Sabaté, J., Laviña, A. 2009. Study of the transmission of stolbur phytoplasma to different crop species, by *Macrosteles quadripunctulatus*. Annals of Applied Biology, 152: 235-242.

Baumgartner, K., Fujiyoshi, P.T., Travadon, R., Castlebury, L.A., Wilcox, W.F., Rolshausen, P.E. 2013. Characterization of species of *Diaporthe* from wood cankers of grape in eastern north American vineyards. Plant Disease, 97: 912-920.

Berbegal, M., Ramón-Albalat, A., León, M., Armengol, J. 2020. Evaluation of long-term protection from nursery to vineyard provided by *Trichoderma atroviride* SC1 against fungal grapevine trunk pathogens. Pest Management Science, 76: 967-977.

Bercks, R., Lesemann, D., Querfurth, G. 1973. On the detection of Alfalfa mosaic virus in a grapevine. Phytopathologische Zeitschrift, 76: 166-171.

Berlanas, C., Andrés-Sodupe, M., López-Manzanares, B., Maldonado-González, M.M., Gramaje, D. 2018. Effect of white mustard cover crop residue, soil chemical fumigation and *Trichoderma* spp. root treatment on black-foot disease control in grapevine. Pest Management Science, 74: 2864-2873.

Berlanas, C., López-Manzanares, B., Gramaje, D. 2017. Estimation of viable propagules of black-foot disease pathogens in grapevine cultivated soils and their relation to production systems and soil properties. Plant and Soil, 417: 467-479.

Berlanas, C., Ojeda, S., López-Manzanares, B., Andrés-Sodupe, M., Bujanda, R., Martínez-Diz, M.P., Díaz-Losada, E., Gramaje, D. 2020. Occurrence and diversity of black-foot disease fungi in symptomless grapevine nursery stock in Spain. Plant Disease, 104: 94-104.

Bernardo, S., Dinis, LT., Machado, N., Moutinho-Pereira, J. 2018. Grapevine abiotic stress assessment and search for sustainable adaptation strategies in Mediterranean-like climates. A review. Agronomy for Sustainable Development, 38: 66.

Bertsch, C., Ramírez-Suero, M., Magnin-Robert, M., Larignon, P., Chong, J., Abou-Mansour, E., Spagnolo, A., Clément, C., Fontaine, F. 2013. Grapevine trunk disease: Complex and still poorly understood. Plant Pathology, 62: 243-265.

Billones-Baaijens, R., Ayres, M., Savocchia, S., Sosnowski, M. 2017. Monitoring inoculum dispersal by grapevine trunk disease pathogens using Burkard spore traps. The Wine and Viticulture Journal, 32: 46-50.

Bleyer, G., Lösch, F., Schumacher, S., Fuchs, R. 2020. Together for the better: Improvement of a model-based strategy for grapevine downy mildew control by addition of potassium phosphonates. Plants, 9: 710.

Bobeş, I., Comes, I., Dracea, A., Lazar, A. 1972. Fitopatologie, Editura Didactics Pedagogics, Bucarest, Rumanía.

Bouquet, A. 2005. Breeding for durable resistance to grapevine fungal diseases: retrospective and perspectives. Acta Horticulturae, 528: 111-118.

Bove, F., Luigi, B., Caffi, T., Rossi, V. 2019. Assessment of resistance components for improved phenotyping of grapevine varieties resistant to downy mildew. Frontiers in Plant Science, 10: 1559.

Boxma, R. 1972. Bicarbonate as the most important soil factor in lime-induced chlorosis in The Netherlands. Plant and soil, 37: 233-243.

Brataševec, K., Sivilotti, P., Vodopivec, B.M. 2013. Soil and foliar fertilization affect mineral contents in *Vitis vinifera* L. cv. Rebula leaves. Journal of Soil Science and Plant Nutrition, 13: 650-663.

Brent, K.J., Hollomon, D.W. 2007. Fungicide resistance in crop pathogens: how can it be managed? FRAC, Monograph nº1.

Burbano-Figueroa, Ó. 2020. Resistencia de plantas a patógenos: Una revisión sobre los conceptos de resistencia vertical y horizontal. Revista Argentina de Microbiología, 52: 245-255.

Burdman, S., Bahar, O., Parker, J.K., De La Fuente, L. 2011. Involvement of type IV *pili* in pathogenicity of plant pathogenic bacteria. Genes, 2: 706-735.

Burr, T.J., Otten, L. 1999. Crown gall of grape: Biology and disease management. Annual Review of Phytopathology, 37: 53-80.

Burr, J.T., Bazzi, C., Süle, S., Otten, L. 1998. Crown gall of grape: Biology of *Agrobacterium vitis* and the development of disease control strategies. Plant Disease, 82: 1288-1297.

Burr, T.J., Bishop, A.L., Katz, B.H., Blanchard, L.M., Bazzi, C. 1987. A rootspecific decay of grapevine caused by *Agrobacterium tumefaciens* and *A. radiobacter* biovar 3. Phytopathology, 77: 1424-1427.

Burr, T., Johnson, K., Reid, C., Orel, C.D., Yepes, M., Fuchs, M. 2016. Environmental sources of *Agrobacterium vitis*, the cause of crown gall on grape. New York Fruit Quarterly, 24: 15-18.

Caffi, T., Legler, S.E., Bugiani, R., Rossi, V. 2013. Combining sanitation and disease modelling for control of grapevine powdery mildew. European Journal of Plant Pathology, 135: 817-829.

Caffi, T., Legler, S.E., Rossi, V. 2019. Disinnascare l'oidio agendo a fine stazione. Vite and Vino, 5: 45-50.

Caffi, T., Rossi, V., Cossu, A., Fronteddu, F. 2007. Empirical vs. mechanistic models for primary infections of *Plasmopara viticola*. EPPO Bulletin, 37: 261-271.

Caffi, T., Rossi, V., Legler, S.E., Bugiani, R. 2011. A mechanistic model simulating ascosporic infections by *Erysiphe necator*, the powdery mildew fungus of grapevine. Plant Pathology, 60: 522-531.

Cambra, M.A., Palacio-Bielsa, A., López, M.M. 2018. Necrosis bacteriana de la vid causada por *Xylophilus ampelinus*. En: López, M.M., Murillo, J.,

Montesinos, E., Palacio-Bielsa, A. (eds.), Enfermedades de plantas causadas por bacterias (pp. 577-592). Sociedad Española de Fitopatología (SEF)-Bubok Publishing S.L., Madrid, España.

Campia, P., Venturini, G., Moreno-Sanz, P., Casati, P., Toffolatti, S.L. 2017. Genetic structure and fungicide sensitivity of *Botrytis cinerea* populations isolated from grapevine in northern Italy. Plant Pathology, 66: 890-899.

Carbone, M.J., Alaniz, S., Mondino, P., Gelabert, M., Eichmeier, A., Tekielska, D., Bujanda, R., Gramaje, D. 2021. Drought influences fungal community dynamics in the grapevine rhizosphere and root microbiome. Journal of Fungi, 7: 686.

Carter, M.D., Khokhani, D., Allen, C. 2023. Cell density-regulated adhesins contribute to early disease development and adhesion in *Ralstonia solanacearum.* Applied and Environmental Microbiology, 89: e01565-22.

Caserta, R., Takita, M.A., Targon, M.L., Rosselli-Murai, L.K., de Souza, A.P., Peroni, L., Stach-Machado, D.R., Andrade, A., Labate, C.A., Kitajima, E.W., Machado, M.A., de Souza, A.A. 2010. Expression of *Xylella fastidiosa* fimbrial and afimbrial proteins during biofilm formation. Applied and Environmental Microbiology, 76: 4250-4259.

Castiblanco, L.F., Sundin, G.W. 2016. New insights on molecular regulation of biofilm formation in plant-associated bacteria. Journal of Integrative Plant Biology, 58: 362-372.

Castillo, P., Gutiérrez-Gutiérrez, C., Palomares-Rius, J.E., Cantalapiedra-Navarrete, C., Landa, B.B. 2009. First report of root-knot nematode *Meloidogyne hispanica* infecting grapevines in Southern Spain. Plant Disease, 93: 1353-1353.

Chuche, J., Thiéry. D. 2014. Biology and ecology of the Flavescence dorée vector *Scaphoideus titanus*: A review. Agronomy for Sustainable Development, 34: 381-403.

Comisión Europea. 2023-2027. Plan de acción nacional para el uso sostenible de productos fitosanitarios (PAN). https://ec.europa.eu (acceso 03/04/2025).

Caudwell, A. 1957. Deux années d'études sur la flavescence doreé, nouvelle maladie grave de la vigne. Annales d'Amé Lioration des Plantes, 4: 359-356.

Cavalier-Smith, T. 1998. A revised six-kingdom system of life. Biological Reviews, 73: 203-266.

Crous, P.W. et al. 2023. Fungal Planet description sheets: 1478-1549. Persoonia, 50: 158-310.

Davis, M.J., Purcell, A.H., Thompson, S.V. 1978. Pierce's disease of grapevines: isolation of the causal bacterium. Science, 199: 75-77.

De Francisco, M.T., Martin, L., Cobos, R., García-Benavides, P., Martin, M.T. 2009. Identification of *Cylindrocarpon* species associated with grapevine decline in Castilla y León (Spain). Phytopathologia Mediterranea, 48: 167.

De la Cruz, F., Davies, J. 2000. Horizontal gene transfer and the origin of species: lessons from bacteria. Trends in Microbiology, 8: 128-133.

De La Fuente, L., Chacón-Díaz, C., Almeida, R.P.P. 2017. Enfermedades causadas por *Xylella fastidiosa* en Estados Unidos y Costa Rica. En: Landa, B.B., Marco-Noales, E., López, M.M. (eds.), Enfermedades causadas por la bacteria *Xylella fastidiosa* (pp. 149-210). Cajamar Caja Rural, España.

De Prado-Ordás, N. 2020. Métodos para la predicción y control del mildiu de la vid. Vida Rural, 475: 36-41.

De Vicente, A., Pérez-García, A., Cazorla, F.M. 2018. Bacterias fitopatógenas: introducción a su biología, ecología y taxonomía. En: López, M.M., Murillo, J., Montesinos, E., Palacio-Bielsa, A. (eds.), Enfermedades de plantas causadas por bacterias (pp. 33-57). Sociedad Española de Fitopatología (SEF)-Bubok Publishing S.L., Madrid, España.

Dietzgen, R.G., Mann, K.S., Johnson, K.N. 2016. Plant virus–insect vector interactions: current and potential future research directions. Viruses, 8: 303.

Dubuis, P.H., Viret, O., Bloesch, B., Fabre, A.L., Naef, A., Bleyer, G., Krause, R. 2012. Lutte contre le mildiou de la vigne avec la modèle VitiMeteo-Plasmopara. Revue Suisse de Viticulture, Arboriculture, Horticulture (Switzerland), 44: 192-198.

Eden-Green, S. 2010. Phytoplasmas: Genomes, plant hosts and vectors. Plant Pathology, 59: 1177-1178.

Edwards, R.A., Puente, J.L. 1998. Fimbrial expression in enteric bacteria: a critical step in intestinal pathogenesis. Trends in Microbiology, 6: 282-287.

EFSA. 2014. Scientific opinion on the pest categorisation of *Xylophilus ampelinus* (Panagopoulos) Willems et al. EFSA Journal, 12: 3291.

EFSA. 2015. Scientific opinion on hot water treatment of *Vitis* sp. for *Xylella fastidiosa*. EFSA Journal, 13: 4225.

EFSA. 2024. Update of the *Xylella* spp. Host plant database - Systematic literature search up to 31 December 2023. EFSA Jornal, 22: e8898.

Eichmeier, A., Pečenka, J., Peňázová, E., Baránek, M., Català-García, S., León, M., Armengol, J., Gramaje, D. 2018. High-throughput amplicon sequencing-based analysis of active fungal communities inhabiting grapevine after hot-water treatments reveals unexpectedly high fungal diversity. Fungal Ecology, 36: 26-38.

Elbeaino, T., Kontra, L., Demian, E., Jaksa-Czotter, N., Ben Slimen, A., Fabian, R., Lazar, J., Tamisier, L., Digiaro, M., Massart, S., Varallyay, É. 2020. Complete sequence, genome organization and molecular detection of Grapevine line pattern virus, a new putative anulavirus infecting grapevine. Viruses, 12: 602.

elBullifoundation. 2024. Vinos. El origen y la evolución del vino (Volumen VII). Bullipedia, 592 pp.

Elmer, P.A.G., Michailides, T.J. 2007. Epidemiology of *Botrytis cinerea* in orchard and vine crops. En: Elad, Y., Williamson, B., Tudzynski, P., Delen, N. (eds.), *Botrytis*: Biology, pathology and control (pp. 243-272). Springer, Dordrecht, Paises Bajos.

EPPO. 2009. PM 7/96(1) *Xylophilus ampelinus*. EPPO Bulletin, 39: 403-412

EPPO. 2022. EPPO Datasheet: Grapevine flavescence dorée phytoplasma. PHYP64. https://gd.eppo.int/taxon/PHYP64/datasheet (acceso 19/06/2025).

EPPO. 2024. Reporting Service, 07: 2024/154.

Esmenjaud, D., van Ghelder, C., Voisin, R., Bordenave, L., Decroocq, S., Bouquet, A., Ollat, N. 2010. Host suitability of *Vitis* and *Vitis–Muscadinia* material to the nematode *Xiphinema index* over one to four years. American Journal of Enology and Viticulture, 61: 96-101.

Fan, X., Zhang, Z., Ren, F., Hu, G., Li, Z., Zhou, J. 2017. Occurrence and genetic diversity of Grapevine berry inner necrosis virus in China. Plant Disease, 101: 145-151.

FRAC. 2024. FRAC Code List: Fungicides sorted by mode of action. http://www.frac.info/frac/publication/anhang/ FRAC_CODE_LIST.pdf. (acceso 27/04/2025).

Feil, H., Feil, W.S., Lindow, S.E. 2007. Contribution of fimbrial and afimbrial adhesins of *Xylella fastidiosa* to attachment to surfaces and virulence to grape. Phytopathology, 97: 318-324.

Ferris, H., Zheng, L., Walker, M.A. 2012. Resistance of grape rootstocks to plant-parasitic nematodes. Journal of Nematology, 44: 377-86.

Flores, R. 2011. Viroides: Lecciones y perspectivas de los últimos treinta años de investigación sobre estos pequeños RNAs infecciosos y las enfermedades que inducen. Phytoma-España, 233: 12-18.

Flores, R., Delgado, S., Gas, M.E., Carbonell, A., Molina, D., Gago, S., De La Peña, M. 2004. Viroids: The minimal non-coding RNAs with autonomous replication. FEBS Letters, 567: 42-48.

Fontaine, M.C., Labbé, F., Dussert, Y., Delière, L., Richart-Cervera, S., Giraud, T., Delmotte, F. 2021. Europe as a bridgehead in the worldwide invasion history of grapevine downy mildew, *Plasmopara viticola*. Current Biology, 31: 2155-2166.

Fuchs, M. 2024. Grapevine viruses: Did you say more than a hundred? Journal of Plant Pathology, 107: 217-227.

Fuchs, M., Schmitt-Keichinger, C., Sanfaçon, H. 2017. A renaissance in nepovirus research provides new insights into their molecular interface with hosts and vectors. En: Kielian, M., Mettenleiter, T.C., Roossinck, M.J. (eds.), Advances in virus research (Vol. 97, pp. 61-105). Academic Press, Nueva York, EE.UU.

Gadoury, D.M., Cadle-Davidson, L., Wilcox, W.F., Dry, I.B., Seem, R.C., Milgroom, M.G. 2012. Grapevine powdery mildew (*Erysiphe necator*): A fascinating system for the study of the biology, ecology and epidemiology of an obligate biotroph. Molecular Plant Pathology, 13: 1-16.

Gadoury, D.M., Seem, R. C., Ficke, A., Wilcox, W.F. 2003. Ontogenic resistance to powdery mildew in grape berries. Phytopathology, 93: 547-555.

Galet, P. 1979. A practical ampelography: Grapevine identification (L. T. Morton, Trad.). Comstock Publishing Associates, Ithaca, Nueva York, EE.U.U, 248 pp.

Gardner, M.W., Hewitt, W.B. 1974. Pierce's disease of grapevine: The anaheim disease and the California vine disease. University of California Press, Berkeley, CA, EE.UU.

Gelvin, S.B. 2017. Integration of *Agrobacterium* T-DNA into the plant genome. Annual Review of Genetics, 51: 195-217.

Gessler, C., Pertot, I., Perazzoli, M. 2011. *Plasmopara viticola*: A review of knowledge on downy mildew of grapevine and effective disease management. Phytopathologia Mediterranea, 50: 3-44.

Ghica, M. 2010. Solutii biologice de combatere a bacteriozelor patogene la plantele horti-viticole. Editura Do-MinoR: Rawex Coms, Bucarest, Rumanía.

Giampetruzzi, A., Roumi, V., Roberto, R., Malossini, U., Yoshikawa, N., La Notte, P., Terlizzi, F., Credi, R., Saldarelli, P. 2012. A new grapevine virus discovered by deep sequencing of virus- and viroid-derived small RNAs in cv. Pinot gris. Virus Research, 163: 262-268.

Gómez, J. 2000. Historia y geografía de los vinos españoles. Alianza Editorial, Madrid, España.

González-Domínguez, E., Caffi, T., Ciliberti, N., Rossi, V. 2015. A mechanistic model of *Botrytis cinerea* on grapevines that includes weather, vine growth stage, and the main infection pathways. PLOS One, 10: e0140444.

González-Domínguez, E., Caffi, T., Legler, S. E., Rossi, V. 2020. Nuevas estrategias para controlar el oídio de la vid. Vida Rural, 484: 26-31.

González-Domínguez, E., Caffi, T., Rossi, V. 2019. ¿Estamos controlando correctamente mildiu y odio en viña? Descubrimientos recientes proponen cambios en las estrategias de manejo. Enoviticultura, 59: 28-41.

González-Domínguez, E., Legler, S.E. 2024. Evolución de los sistemas de ayuda a la toma de decisiones en el contexto de la producción integrada y la agricultura de precisión. Phytoma-España, 356: 20-25.

González-Domínguez, E., Reyes-Aybar, J., Ramos-Sáez de Ojer J.L., Legler, S., Rossi, V. 2022. Premios mildiu en la Rioja y el Penedés: evaluación de vite.net para predecir las primeras infecciones de *Plasmopara viticola*. XX Congreso de la Sociedad Española de Fitopatología. Valencia, 24-26 de octubre de 2022.

Gobbin, D., Jermini M., Loskill B., Pertot I., Raynal M., Gessler C. 2005. Importance of secondary inoculum of *Plasmopara viticola* to epidemics of grapevine downy mildew. Plant Pathology, 54: 522-534.

Grall, S., Manceau, C. 2003. Colonization of *Vitis vinifera* by a green fluorescence protein-labeled, gfp-marked strain of *Xylophilus ampelinus*, the causal agent of bacterial necrosis of grapevine. Applied and Environmental Microbiology, 69: 1904-1912.

Grall, S., Roulland, C., Guillaumes, J., Manceau, C. 2005. Bleeding sap and old wood are the two main sources of contamination of merging organs of vine plants by *Xylophilus ampelinus*, the causal agent of bacterial necrosis. Applied and Environmental Microbiology, 71: 8292-8300.

Gramaje, D. 2015. Manejo de las enfermedades fúngicas de la madera de la vid en viveros y nuevas plantaciones. Phytoma-España, 274: 83-85.

Gramaje, D. 2016. Uso de la termoterapia con agua caliente para el control de las enfermedades fúngicas de la madera de la vid. Vida Rural, 3: 48-57.

Gramaje, D., Aguilar, M. I., Armengol, J. 2011a. First report of *Phaeoacremonium krajdenii* causing Petri disease of grapevine in Spain. Plant Disease, 95: 615-615.

Gramaje, D., Alaniz, S., Pérez-Sierra, A., Abad-Campos, P., García-Jiménez, J., Armengol, J. 2007. First report of *Phaeoacremonium mortoniae* causing Petri disease of grapevine in Spain. Plant Disease, 91: 1206-1206.

Gramaje, D., Alaniz, S., Pérez-Sierra, A., Abad-Campos, P., García-Jiménez, J., Armengol, J. 2008. First report of *Phaeoacremonium scolyti* causing Petri disease of grapevine in Spain. Plant Disease, 92: 836-836.

Gramaje, D., Armengol, J. 2011. Fungal trunk pathogens in the grapevine propagation process: Potential inoculum sources, detection, identification, and management strategies. Plant Disease, 95: 1040-1055.

Gramaje, D., Armengol, J., Barajas, E., Berbegal, M., Chacón, J.L., Cibriain, J.F., Díaz-Losada, E., López-Manzanares, B., Muñoz, R.M., Martínez-Diz, M.P., Rubio-Cano, J.A., Sagües-Sarasa, A. 2020. Guía sobre las enfermedades fúngicas de la madera de la vid. Ministerio de Agricultura, Pesca y Alimentación (España). NIPO: 003200229 (papel); 003200230.

Gramaje, D., Armengol, J., Colino, M.I., Santiago, R., Moralejo, E., Olmo, D., Luque, J., Mostert, L. 2009a. First report of *Phaeoacremonium inflatipes, P. iranianum*, and *P. sicilianum* causing Petri disease of grapevine in Spain. Plant Disease, 93: 964.

Gramaje, D., Armengol, J., Mohammadi, H., Banihashemi, Z., Mostert, L. 2009b. Novel *Phaeoacremonium* species associated with Petri disease and esca of grapevine in Iran and Spain. Mycologia, 101: 920-929.

Gramaje, D., Aroca-Mañanas, F., Lerma, M.L., Muñoz, R.M., García-Jiménez, J., Armengol, J. 2014. Effect of hot-water treatment on grapevine viability, yield components and composition of must. Australasian Journal of Grape and Wine Research, 20: 144-148.

Gramaje, D., Mostert, L., Armengol, J. 2011b. Characterization of *Cadophora luteo-olivacea* and *C. melinii* isolates obtained from grapevines and environmental samples from grapevine nurseries in Spain. Phytopathologia Mediterranea, 50: S112-S126.

Gramaje, D., Úrbez-Torres, J.R., Sosnowski, M.R. 2018. Managing grapevine trunk diseases with respect to etiology end epidemiology: Current strategies and future perspectives. Plant Disease, 102: 12-39.

Grasso, S., Moller, W.J., Refatti, E., Magnano Di San Lio, G., Granata, G. 1979. The bacterium *Xanthomonas ampelina* as causal agent of a grape decline in Sicily. Rivista di Patologia Vegetale, Series IV, 15: 91-106.

Guarnaccia, V., Groenewald, J.Z., Woodhall, J., Armengol, J., Cinelli, T., Eichmeier, A., Ezra, D., Fontaine, F., Gramaje, D., Gutiérrez-Aguirregabiria, A., Kaliterna, J., Kiss, L., Larignon, P., Luque, J., Mugnai, L., Naor, V., Raposo, R., Sándor, E., Váczy, K.Z., Crous, P.W. 2018. *Diaporthe* diversity and pathogenicity revealed from a broad survey of grapevine diseases in Europe. Persoonia – Molecular Phylogeny and Evolution Fungi, 40: 135-153.

Gubler, W.D., Baumgartner, K., Browne, G.T., Eskalen, A., Rooney-Latham, S., Petit, E., Bayramian, L.A. 2004. Root diseases of grapevines in California and their control. Australasian Plant Pathology, 33: 157-165.

Gubler, W.D., Rademacher, M.R., Vasquez, S.J. 1999. Control of powdery mildew using the UC Davis Powdery Mildew Risk Index. APSnet Features. http://www.apsnet.org/publications/apsnetfeatures/pages/ucdavisrisk (acceso 24/05/2025).

Gubler, W.D., Sutton, T.B. 2014. Diseases of grapes: A comprehensive guide. En: Diseases of fruit crops (pp. 233-250). Academic Press, Nueva York, EE.UU.

Gutiérrez-Gutiérrez, C., Palomares Rius, J.E., Cantalapiedra-Navarrete, C., Landa, B.B., Castillo, P. 2011. Prevalence, polyphasic identification, and molecular phylogeny of dagger and needle nematodes infesting vineyards in southern Spain. European Journal of Plant Pathology, 129: 427-453.

Halleen, F., Fourie, P.H. 2016. An integrated strategy for the proactive management of grapevine trunk disease pathogen infections in grapevine nurseries. South African Journal of Enology and Viticulture, 37:104-114.

Halleen, F., Holz, G. 2000. Cleistothecia and flag shoots: Sources of primary inoculum for grape powdery mildew in the Western Cape Province, South Africa. South African Journal of Enology and Viticulture, 21: 66-68.

Hao, Z., Fayolle, L., van Tuinen, D., Chatagnier, O., Li, X., Gianinazzi, S., Gianinazzi-Pearson, V. 2012. Local and systemic mycorrhiza-induced protection against the ectoparasitic nematode *Xiphinema index* involves priming of defence gene responses in grapevine. Journal of Experimental Botany, 63: 3657-3672.

Havlin, J.L., Austin, R., Hardy, D., Howard, A., Heitman, J.L. 2022. Nutrient management effects on wine grape tissue nutrient content. Plants, 11: 158.

Hidalgo, L. 2002. Tratado de viticultura general (3ª ed.). Ediciones Mundi-Prensa, Madrid, España, 1235 pp.

Hildebrand, P.D. 2002. Dispersal of plant pathogens. Encyclopedia of pest management (pp. 193-196).

Hogenhout, S.A., Loria, R. 2008. Virulence mechanisms of Gram-positive plant pathogenic bacteria. Current Opinion in Plant Biology, 11: 449-456.

Hopkins, D.L., Purcell, A.H. 2002. *Xylella fastidiosa*: Cause of Pierce's disease of grapevine and other emergent diseases. Plant Disease, 86: 1056-1066.

Hrycan, J., Hart, M., Bowen, P., Forge, T., Úrbez-Torres, J.R. 2020. Grapevine trunk disease fungi: Their roles as latent pathogens and stress factors that favour disease development and symptom expression. Phytopathologia Mediterranea, 59: 395-424.

Ichinose, Y. 2024. Flagella-mediated interactions between plants and plant pathogenic bacteria. Journal of General Plant Pathology, 90: 353-355.

INRAE-Montpellier. 2025. Research on grapevine hybrids and disease resistance. https://www.inrae.fr (acceso 03/04/2025).

Jagunić, M., De Stradis, A., Preiner, D., La Notte, P., Al Rwahnih, M., Almeida, R.P.P., Vončina, D. 2022. Biology and ultrastructural characterization of Grapevine Badnavirus 1 and Grapevine Virus G. Viruses, 14: 2695.

Janse, J.D., Obradovic, A. 2010. *Xylella fastidiosa*: Its biology, diagnosis, control and risks. Journal of Plant Pathology, 92: 35-48.

Jeffries, A. 2016. Pierce's disease-resistant grapes coming soon. Growing Produce, March 31. https://www.growingproduce.com/fruits/grapes/pierces-disease-resistant-grapes-coming-soon/ (acceso 24/04/2025).

Jiménez-Díaz, R.M., Montesinos, E. 2010. Enfermedades de las plantas causadas por hongos y oomicetos. Naturaleza y control integrado. Phytoma, Valencia, España, 339 pp.

Johnson, H., Robinson, J. 2021. Atlas mundial del vino (8ª ed.). Editorial Blume, Barcelona, España, 400 pp.

Kannan, V. Rajesh, Bastas, K.K. (eds.). 2015. Sustainable approaches to controlling plant pathogenic bacteria. CRC press, Boca Ratón, Florida, EE.UU.

Kaper, J.M., Waterworth, H.E. 1977. Cucumber Mosaic Virus-Associated RNA 5: Causal agent for tomato necrosis. Science, 196: 429-431.

Kawaguchi, A. 2022. Risk assessment of inferior growth and death of grapevines due to crown gall. European Journal of Plant Pathology, 164: 613-618.

Kawaguchi, A., Inoue, K., Tanina, K. 2015. Evaluation of the nonpathogenic *Agrobacterium vitis* strain ARK-1 for crown gall control in diverse plant species. Plant Disease, 99: 409-414.

Kearns, D.B. 2010. A field guide to bacterial swarming motility. Nature Reviews Microbiology, 8: 634-44.

Kennelly, M.M., Gadoury, D.M., Wilcox, W.F., Magarey, P.A., Seem, R.C. 2005. Seasonal development of ontogenic resistance to downy mildew in grape berries and rachises. Phytopathology, 95: 1445-1452.

Kennelly, M.M., Gadoury, D.M., Wilcox, W.F., Magarey, P.A., Seem, R.C. 2007. Primary infection, lesion productivity, and survival of sporangia in the grapevine downy mildew pathogen *Plasmopara viticola*. Phytopathology, 97: 512-522.

Kirdat, K., Tiwarekar, B., Sathe, S., Yadav, A. 2023. From sequences to species: Charting the phytoplasma classification and taxonomy in the era of taxogenomics. Frontiers in Microbiology, 14: 1123783.

Kiss, L., Russell, J.C., Szentiványi, O., Xu, X., Jeffries, P.J.B.S. 2004. Biology and biocontrol potential of *Ampelomyces* mycoparasites, natural antagonists of powdery mildew fungi. Biocontrol Science and Technology, 14: 635-651.

Koledenkova, K., Esmaeel, Q., Jacquard, C., Nowak, J., Clément, C., Ait-Barka, E. 2022. *Plasmopara viticola* the causal agent of downy mildew of grapevine: From its taxonomy to disease management. Frontiers in Microbiology, 13: 889472.

Krastanova, S.V., Balaji, V., Holden, M.R., Sekiya, M., Xue, B., Momol, E.A., Burr, T.J. 2010. Resistance to crown gall disease in transgenic grapevine rootstocks containing truncated virE2 of *Agrobacterium*. Transgenic Research, 19: 949-58.

Landa, B.B., Marco-Noales, E., López, M.M. (eds.). 2017. Enfermedades causadas por la bacteria *Xylella fastidiosa*. Cajamar Caja Rural, España.

Langer, M., Maixner, M. 2004. Molecular characterisation of Grapevine Yellows Associated Phytoplasmas of the Stolbur-group Based on RFLP-analysis of non-ribosomal DNA. Vitis, 43: 191-199.

La Torre, A., Iovino, V., Caradonia, F. 2018. Copper in plant protection: Current situations and prospects. Phytopathologia Mediterranea, 57: 201-236.

LaTourrette, K., García-Ruiz, H. 2022. Determinants of virus variation, evolution, and host adaptation. Pathogens, 11: 1039.

Laviola, C., Burruano, S., Conigliaro, G., Cannizzaro, G. 2006. Simple techniques for long-term storage of *Plasmopara viticola*. Phytopathologia Mediterranea, 45: 271-275.

Lavin, J.L., Kiil, K., Resano, O., Ussery, D.W., Oguiza, J.A. 2007. Comparative genomic analysis of two-component regulatory proteins in *Pseudomonas syringae*. BMC Genomics, 8: 397.

Leal, C., Bujanda, R., Carbone, M.J., Kiss, T., Eichmeier, A., Gramaje, D., Maldonado-González, M.M. 2024. Drought influences the structure, diversity, and functionality of the fungal community inhabiting the grapevine xylem and enhances the abundance of *Phaeomoniella chlamydospora*. Phytobiomes, 8: 529-539.

Leal, C., Bujanda, R., López-Manzanares, B., Ojeda, S., Berbegal, M., Villa-Llop, A., Santesteban, L.G., Palacios, J., Gramaje, D. 2024. Evaluating treatments for the protection of grapevine pruning wounds from natural infection by trunk disease fungi. Plant Disease, 108: 3052-3062.

Leal, C., Gramaje, D., Fontaine, F., Richet, N., Trotel-Aziz, P., Armengol, J. 2023. Evaluation of *Bacillys subtilis* PTA-271 and *Trichoderma atroviride* SC1 to control Botryosphaeria dieback and black-foot pathogens in grapevine propagation material. Pest Management Science, 79: 1674-1683.

Lecomte, P., Darrieutort, G., Liminana, J.M., Comont, G., Muruamendiaraz, A., Legorburu, F.J., Choueiri, E., Jreijiri, F., El Amil, R., Fermaud, M. 2012. New insights into esca of grapevine: The development of foliar symptoms and their association with xylem discoloration. Plant Disease, 96: 924-934.

Legler, S. E., Caffi, T., Rossi, V. 2012. A nonlinear model for temperature-dependent development of *Erysiphe necator* chasmothecia on grapevine leaves. Plant Pathology, 61: 96-105.

Lehoczky, J., Boscia, D., Burgyán, J., Castellano, M. A., Beczner, L., Farkas, G. 1989. Line pattern, a novel virus disease of grapevine in Hungary. 9th meeting of ICVG, Kiryat Anavim, Israel.

Li, H.Y., Yang, G.D., Shu, H.R., Yang, Y.T., Ye, B.X., Nishida, I., Zheng, C.C. 2006. Colonization by the arbuscular mycorrhizal fungus *Glomus versiforme* induces a defense response against the root-knot nematode *Meloidogyne incognita* in the grapevine (*Vitis amurensis* Rupr.), which includes transcriptional activation of the class III chitinase gene VCH3. Plant and Cell Physiology, 47: 154-163.

Llácer, G., López, M.M., Trapero, A., Bello, A. (eds.). 1996. Patología Vegetal. Sociedad Española de Fitopatología (SEF), Madrid, España, 1165 pp.

López, M.M. 1998. Tuberculosis de la vid. En: Arias-Giralda, A. (ed.), Los parásitos de la vid (4ª ed.; pp. 225-227). MAPA-Mundi-Prensa, Madrid, España.

López, M.M., Landa, B.B., Marco-Noales, E. 2017. Métodos de inspección, diagnóstico y detección. En: Landa, B.B., Marco-Noales, E., López, M.M. (eds.), Enfermedades causadas por la bacteria *Xylella fastidiosa* (pp. 95-116). Cajamar Caja Rural, España.

Lorenz, D.H., Eichhorn, K.W., Bleiholder, H., Klose, R., Meier, U., Wever, E. 1995. Phenological growth stages of the grapevine *Vitis vinifera* L. ssp. *vinifera*. Codes and descriptions according to the extended BBCH scale. Australian Journal of Grape and Wine Research, 1: 100-103.

Lucas-Espadas, A., Abadía-Cámara, V., Hermosilla-Cerón, A., Cánovas-Lucas, P. 2015. Producción de cleistotecios de oídio (*Erysiphe necator=Uncinula necator*) en uva de mesa. Acción de tratamientos otoñales contra oídio sobre los cleistotecios. Agrícola Vergel, 385: 223-240.

Lucena, J.J., Albadalejo, R., Green, C., Chaney, R.L. 2000. Iron nutrition of green stressed cucumber plants from different Fe-chelates. 10th International symposium on iron nutrition and interactions in plants (p. 27). Houston, Texas, EE.UU.

Luque, J., García-Figueres, F., Legorburu, F.J., Muruamendiaraz, A., Armengol, J., Trouillas, F.P. 2012. Species of *Diatrypaceae* associated with grapevine trunk diseases in Eastern Spain. Phytopathologia Mediterranea, 51: 528-540.

Luque, J., García-Figueres, F., Torres, E., Sierra, D. 2006. *Cryptovalsa ampelina* on Grapevines in NE Spain: Identification and pathogenicity. Phytopathologia mediterranea, 45: S1000-S1009.

Luque, J., Martos, S., Aroca, A., Raposo, R., García-Figueres, F. 2009. Symptoms and fungi associated with declining mature grapevine plants in northeast Spain. Journal of Plant Pathology, 91: 381-390.

Luque, J., Martos, S., Phillips, A. J. 2005. *Botryosphaeria viticola* sp. nov. on grapevines: A new species with a *Dothiorella* anamorph. Mycologia, 97: 1111-1121.

Madigan, M.T., Bender, K.S., Buckley, D.H., Sattley, W.M., Stahl, D.A. 2024. Brock Biology of Microorganisms (16ª ed.). Pearson Global Edition. Londres, Reino Unido.

Magarey, P.A., Gadoury, D.M., Emmett, R.W., Biggins, L.T., Clarke, K., Wachtel, M.F., Wicks, T.J. Seem, R.C. 1997. Cleistothecia of *Uncinula necator* in Australia. Viticulture and Enological Science, 52: 210-218.

Maixner, M., Reinert, W., Darimont, H. 2000. Transmission of Grapevine Yellows by *Oncopsis alni* (Schrank) (Auchenorrhyncha: Macropsinae). Vitis, 39: 83-84.

Malembic-Maher, S. et al. 2020. When a Palearctic bacterium meets a Nearctic insect vector: Genetic and ecological insights into the emergence of the grapevine Flavescence dorée epidemics in Europe. PLoS Pathogens, 16: e1007967.

Maliogka, V.I., Olmos, A., Pappi, P.G., Lotos, L., Efthimiou, K., Grammatikaki, G., Candresse, T., Katis, N.I., Avgelis, A.D. 2015. A novel grapevine badnavirus is associated with the Roditis leaf discoloration disease. Virus Research, 203: 47-55.

Manceau, C. 2006. Bacterial necrosis of grapevine: Biology of *Xylophilus ampelinus* and development of disease control strategies. Grapevine Crown Gall, 3-4 de julio de 2006. Bolonia, Italia.

MAPA. 2023. Estadísticas de Agricultura Ecológica.

MAPA. 2025. Registro de productos fitosanitarios para el mildiu de la vid. https://servicio.mapa.gob.es/regfiweb# (acceso 29/04/2025).

Marco-Noales, E., Barbé, S., Monterde, A., Navarro-Herrero, I., Ferrer, A., Dalmau, V., Aure, C. M., Domingo-Calap, M. L., Landa, B. B., Roselló, M. 2021. Evidence that *Xylella fastidiosa* is the causal agent of almond leaf scorch disease in Alicante, Mainland Spain (Iberian Peninsula). Plant Disease, 105: 3349-3352.

Margulis, L., Schwart, K.V. 1985. Cinco reinos: Guía ilustrada de los phyla de la vida en la tierra. Labor, Barcelona, España, 335 pp.

Martín, M.T., Cobos, R. 2007. Identification of fungi associated with Grapevine Decline in Castilla y León (Spain). Phytopathologia Mediterranea, 46: 18-25.

Martínez-Cutillas, A., Ruiz-García, L. 2009. El cambio climático y la resistencia a plagas marcan el futuro de la mejora genética de la vid. Vida Rural, 292: 45-49.

Martínez de Toda, F., Martínez-Olarte, J. L., Pérez-Moreno, I. 1998. Niveles de ataque de Eutipa (*Eutypa lata* Tul. y C. Tul) en viñedos de Rioja Alta. Phytoma-España, 95.

Martínez-Diz, M.P., Díaz-Losada, E., Andrés-Sodupe, M., Bujanda, R., Maldonado-González, M.M., Ojeda, S., Yacoub, A., Rey, P., Gramaje, D. 2021. Field evaluation of biocontrol agents against black-foot and Petri diseases of grapevine. Pest Management Science, 77: 697-708.

Martínez-Diz, M.P., Díaz-Losada, E., Armengol, J., León, M., Berlanas, C., Andrés-Sodupe, M., Gramaje, D. 2018. First report of *Ilyonectria robusta* causing black-foot disease of grapevine in Spain. Plant Disease, 102: 2381.

Martínez-Mora, C., Fuentes-Denia, A., Salmerón, E., Martínez-Jiménez, J.A., Hita, I., Martínez-Cutillas, A., Ruiz-García, L. 2024. Nuevos híbridos de Monastrell tolerantes a oídio y mildiu. IMIDA. https://www.imida.es/documents/13436/1477631/6_Celia+MArt%C3%ADnez+rev2.pdf/131b709a-b7ae-4ab4-be62-a97d544954b0 (Acceso 27/04/2024).

Martos, S., Luque, J. 2004. Identificación y caracterización de aislados del género *Botryosphaeria* en *Vitis*. XII Congreso de la Sociedad Española de Fitopatología (SEF). Lloret de Mar, Gerona, España.

Mateu, J., Sabater, H. Sabaté, J. 2024. Estrategia de control integrado de *Scaphoideus titanus* para la erradicación de la Flavescencia Dorada. Phytoma-España, 358: 20-28.

Meng, B., Martelli, G. P., Golino, D. A., Fuchs, M. (eds.). 2017. Grapevine viruses: Molecular biology, diagnostics and management. Springer Nature, Cham, Suiza.

Millardet, A. 1887. Instruction pratique pour le traitement du Mildiou et du rot de la vigne. Feret et fils, Burdeos, Francia.

Moralejo, E., Borràs, D., Gomila, M., Montesinos, M., Adrover, F., Juan, A., Nieto, A., Olmo, D., Seguí, G., Landa, B.B. 2019. Insights into the epidemiology of Pierce's disease in vineyards of Mallorca, Spain. Plant Pathology, 68: 1458-1471.

Morente, M., Fereres, A. 2018. Vectores de *Xylella fastidiosa*. En: Landa, B.B., Marco-Noales, E., López, M.M. (eds.), Enfermedades causadas por la bacteria *Xylella fastidiosa* (pp. 73-93). Cajamar Caja Rural, España.

Mousavi, S.A., Willems, A, Nesme, X., de Lajudie, P., Lindström, K. 2015. Revised phylogeny of *Rhizobiaceae*: Proposal of the delineation of *Pararhizobium* gen. nov., and 13 new species combinations. Systematic and Applied Microbiology, 38: 84-90.

Moyo, P., Allsopp, E., Roets, F., Mostert, L., Halleen, F. 2014. Arthropods vector grapevine trunk disease pathogens. Phytopathology, 104: 1063-1069.

Mugnai, L., Graniti, A., Surico, G. 1999. Esca (Black Measles) and brown wood-streaking: Two old and elusive diseases of grapevines. Plant Disease, 83: 404-418.

Nadal, M., Sánchez-Ortiz, A. 2013. Innovacions enològiques els darrers cent anys. Dossiers Agraris, Institució Catalana d'Estudis Agraris, 16: 29-35.

Naidu, R.A., Maree, H.J., Burger, J.T. 2015. Grapevine leafroll disease and associated viruses: A unique pathosystem. Annual Review of Phytopathology, 53: 613-634.

Navas-Cortés, J.A., Montes-Borrego, M., Landa, B.B. 2018. Métodos de control. En: Landa, B.B., Marco-Noales, E., López, M.M. (eds.), Enfermedades causadas por la bacteria *Xylella fastidiosa* (pp. 135-148). Cajamar Caja Rural, España.

Nester, E.W. 2015. *Agrobacterium*: Nature's genetic engineer. Frontiers in Plant Science, 5: 730.

Nguyen, V.C., Villate, L., Gutiérrez-Gutiérrez, C., Castillo, P., Van Ghelder, C., Plantard, O., Esmenjaud, D. 2019. Phylogeography of the soil-borne vector nematode *Xiphinema index* highly suggests Eastern origin and dissemination with domesticated grapevine. Scientific Reports, 9: 7313.

Nicol, J.M., Stirling, G.R., Rose, B.J., May, P., Heeswijck, R.V. 1999 Impact of nematodes on grapevine growth and productivity: Current knowledge and future directions, with special reference to Australian viticulture. Australasian Journal of Grape Wine Research, 5: 109-127.

Nieves-Cordones, M., Andrianteranagna, M., Cuéllar, T., Chérel, I., Gibrat, R., Boeglin, M., Moreau, B., Paris, N., Verdeil, J.L. 2019. Characterization of the grapevine Shaker K+ channel VvK3.1 supports its function in massive potassium fluxes necessary for berry potassium loading and pulvinus-actuated leaf movements. New Phytologist, 222: 286-300.

Olmo, D., Nieto, A., Adrover, F., Urbano, A., Beidas, O., Juan, A., Marco-Noales, E., López, M.M., Navarro, I., Monterde, A., Montes-Borrego, M., Navas-Cortes, J. A., Landa, B.B. 2017. First detection of *Xylella fastidiosa* infecting cherry (*Prunus avium*) and *Polygala myrtifolia* plants in Mallorca Island, Spain. Plant Disease, 101: 1820.

Ophel, K., Kerr, A. 1990. *Agrobacterium vitis* sp. nov. for strains of *Agrobacteriurn* biovar 3 from grapevines. International Journal of Systematic Bacteriology, 40: 236-241.

Oren, A., Garrity, G.M. 2021. Valid publication of the names of forty-two phyla of prokaryotes. International Journal of Systematic and Evolutionary Microbiology, 71: 005056.

Organización Internacional de la Viña y el Vino (OIV). 2017. Focus OIV 2017: Distribución global de las distintas variedades de uva y su evolución a lo largo del tiempo. https://www.oiv.int (acceso 03/04/2025).

OIV. 2023. Producción mundial de uva y análisis del balance global. https://www.oiv.int (acceso 03/04/2025).

Palomares-Rius, J.E., Gutiérrez-Gutiérrez, C., Castillo, P. 2011. Transmisor del virus del entrenudo corto de la vid (*Xiphinema index*). En: Andrés-Yeves, M.F., Verdejo-Lucas, S. (eds.), Enfermedades causadas por nematodos fitoparásitos en España (pp. 235-247). Phytoma, Valencia, España.

Panagopoulos, C.G. 1969. The disease "Tsilik marasi" of grapevine: Its description and identification of the causal agent (*Xanthomonas ampelina* sp. nov.). Annales de l'Institut Phytopathologique Benaki, 9: 59-81.

Panagopoulos, C.G. 1988. *Xanthomonas ampelina* Panagopoulos. En: Smith, I.M., Dunez, J., Lelliot, R.A., Phillips, D.H., Arche, S.A. (eds.), European Handbook of Plant Diseases (pp. 157-158). Blackwell Scientific Publications, Oxford, Londres, Edinburgo, Reino unido; Boston, Palo Alto, EE.UU.; Melbourne, Australia.

Panitrur-De La Fuente, C., Valdés-Gómez, H., Roudet, J., Acevedo-Opazo, C., Verdugo-Vásquez, N., Araya-Alman, M., Lolas, M., Moreno, Y., Fermaud, M. 2018. Classification of winegrape cultivars in Chile and France according to their susceptibility to *Botrytis cinerea* related to fruit maturity. Australian Journal of Grape and Wine Research, 24: 145-157.

Panopoulos, N.J., Peet, R.C. 1985. The molecular genetics of plant pathogenic bacteria and their plasmids. Annual Review of Phytopathology, 23: 381-419.

Pérez-Marín, J.L. 2012. Plagas y enfermedades del viñedo en La Rioja. Gobierno de La Rioja, Logroño, España.

Pfeilmeier, S., Delphine, L., Caly, D.L., Malone, J.G. 2016. Bacterial pathogenesis of plants: future challenges from a microbial perspective: Challenges in bacterial molecular plant pathology. Molecular Plant Pathology, 17: 1298-1313.

Pintos, C., Redondo, V., Aguín, O., Ferreiroa, V., Mansilla, J.P. 2016. First report of *Pleurostoma richardsiae* causing grapevine trunk disease in Spain. Plant Disease, 100: 2168-2168.

Pintos, C., Redondo, V., Aguín, O., Mansilla, J.P. 2011. First report of cankers and dieback caused by *Neofusicoccum mediterraneum* and *Diplodia corticola* on grapevine in Spain. Plant Disease, 95: 1315-1315.

Pintos, C., Redondo, V., Costas, D., Aguín, O., Mansilla, P. 2018. Fungi associated with grapevine trunk diseases in nursery-produced *Vitis vinifera* plants. Phytopathologia Mediterranea, 57: 407-424.

PIWI International Wine Challenge. 2024. https://piwi-international.org/wine-challenge/piwi-international-wine-challenge-2024/ (acceso 03/04/2025).

Pouget, R. 1974. Influence des reserves glucidiques sur l'intensite de la chlorose ferrique chez la vigne. Connaissance de la Vigne et du Vin, 8: 305-314.

Puig i Vayreda, E. 2016. La cultura del vino. Oberta UOC Publishing S.L., Barcelona, España, 122 pp.

Purcell, A.H., Finlay, A.H., McLean, D.L. 1979. Pierce's disease bacterium: mechanism of transmission by leafhopper vectors. Science, 206: 839-841.

Rahman, M.U., Liu, X., Wang, X., Fan, B. 2024. Grapevine gray mold disease: infection, defense and management. Horticultural Research, 11: uhae182.

Ravaz, L. 1895. La maladie d'Oleron. Annales de l'Ecole nationale d'Agriculture de Montpellier, 9: 299-317.

Reglamento de ejecución (UE) 2019/2072 de la Comisión de 28 de noviembre de 2019 por el que se establecen condiciones uniformes para la ejecución del Reglamento (UE) 2016/2031 del Parlamento Europeo y del Consejo en lo que se refiere a las medidas de protección contra las plagas de los vegetales.

Reglamento de ejecución (UE) 2020/1201 de la Comisión de 14 de agosto de 2020 sobre medidas para evitar la introducción y la propagación dentro de la Unión de *Xylella fastidiosa* (Wells et al.).

Reglamento de ejecución (UE) 2024/2507 de la Comisión de 26 de septiembre de 2024 por el que se modifica y corrige el Reglamento de Ejecución (UE) 2020/1201 en lo que respecta a las medidas para evitar la introducción y propagación en la Unión de *Xylella fastidiosa* (Wells et al.) y se modifica el Reglamento de Ejecución (UE) 2020/1770 en lo que respecta a la lista de especies vegetales no exentas del requisito del código de trazabilidad para los pasaportes fitosanitarios.

Rodríguez-Beltrán, J., De La Fuente, J., León-Sampedro, R., MacLean, R.C., San Millán, Á. 2021. Beyond horizontal gene transfer: the role of plasmids in bacterial evolution. Nature Reviews Microbiology, 19: 347-359.

Rosado, R., del Campillo, M.C., Torrent, J. 2000. Long term effect of vivianite in preventing iron chlorosis in olives on calcareous soils. 10th International symposium on iron nutrition and interactions in plants (p. 29). Houston, Texas, EE.UU.

Roselló, M., Olmo, D., Álvarez, B., Urrutia, M.T., Landa, B.B., Marco-Noales, E. 2018. Detecciones de *Xylella fastidiosa* en España y análisis de las diferentes situaciones derivadas de las mismas. XIX Congreso de la Sociedad Española de Fitopatología (SEF), Toledo, España.

Rosenberg, C., Casse-Delbart, F., Dusha, I., David, M., Boucher, C. 1982. Megaplasmids in the plant-associated bacteria *Rhizobium meliloti* and *Pseudomonas solanacearum*. Journal of Bacteriology, 150: 402-406.

Rossi, V., Caffi, T. 2007. Effect of water on germination of *Plasmopara viticola* oospores. Plant Pathology, 56: 957-966.

Rossi, V., Caffi, T., Giosuè, S., Bugiani, R. 2008. A mechanistic model simulating primary infections of downy mildew in grapevine. Ecological Modelling, 212: 480-491.

Rossi, V., Caffi, T., Gobbin, D. 2013. Contribution of molecular studies to botanical epidemiology and disease modelling: Grapevine downy mildew as a case–study. European Journal of Plant Pathology, 135: 641-654.

Rossi, V., Caffi, T., Legler, S.E. 2010. Dynamics of ascospore maturation and discharge in *Erysiphe necator*, the causal agent of grape powdery mildew. Phytopathology, 100: 1321-1329.

Rossi, V., Sperandio, G., Caffi, T., Simonetto, A., Gianni, G. 2019. Critical success factors for the adoption of decision tools in IPM. Agronomy, 9: 710.

Ruggiero, M.A., Gordon, D.P., Orrell, T.M., Bailly, N., Bourgoin, T., Brusca, R.C., Cavalier-Smith, T., Guiry, M.D., Kirk, P.M. 2015. A higher level classification of all living organisms. PLoS ONE, 10: e0119248.

Rumbaugh, A.C., Sudarshana, M.R., Oberholster, A. 2021. Grapevine Red Blotch disease etiology and its impact on grapevine physiology and berry and wine composition. Horticulturae, 7: 552.

Russell, P.J. 1998. Genetic mapping in bacteria and bacteriophages. En: Genetics (pp. 224-264). The Benjamin-Cummings publishing company, Menlo Park, California, EE.UU.

Sabanadzovic, S., Abou-Ghanem, N., Castellano, M. A., Digiaro, M., Martelli, G.P. 2000. Grapevine fleck virus-like viruses in Vitis. Archives of Virology, 145: 553-565.

Sabaté, J., Laviña, A., Batlle, A. 2014. Incidence of Bois Noir phytoplasma in different viticulture regions of Spain and Stolbur isolates distribution in plants and vectors. European Journal of Plant Pathology, 139: 185-193.

Sáez de Ojer, JL. 2014. Claves para el control del oídio de la vid. Phytoma-España, 260: 36-41.

Salotti, I., Bove, F., Ji, T., Rossi, V. 2022. Information on disease resistance patterns of grape varieties may improve disease management. Frontiers in Plant Science, 13: 1017658.

Saponari, M., Boscia, D., Nigro, F., Martelli, G.P. 2013. Identification of DNA sequences related to *Xylella fastidiosa* in oleander, almond and olive trees exhibiting leaf scorch symptoms in Apulia (southern Italy). Journal of Plant Pathology, 95: 668.

Saucet, S.B., Van Ghelder, C., Abad, P., Duval, H., Esmenjaud, D. 2016. Resistance to root-knot nematodes *Meloidogyne* spp. in woody plants. New Phytologist, 211: 41-56.

Scholthof, K.B.G. 2004. Tobacco Mosaic Virus: A model system for plant biology. Annual Review of Phytopathology, 42: 13-34.

Schroth, M.N., McCain, A.H., Foott, J.H., Huisman, O.C. 1988. Reduction in yield and vigor of grapevine caused by crown gall disease. Plant Disease, 72: 241-246.

Sorribas, F.J., Verdejo-Lucas, S. 2011. Dinámica de poblaciones, epidemiología y umbrales de daño. En: Andrés-Yeves, M.F., Verdejo-Lucas, S. (eds.), Enfermedades causadas por nematodos fitoparásitos en España (pp. 97-114). Phytoma, Valencia, España.

Stewart, E.L., Wenner, N.G. 2004. Grapevine decline in Pennsylvania and New York. Wine East, 32: 12-21.

Strizyk, S. 1983. Modèle d'état potentiel d'infection: Application à *Plasmopara viticola*. Association de Coordination Technique Agricole, Maison Nationale des Eleveurs, 1-46.

Sundin, G.W. 2007. Genomic insights into the contribution of phytopathogenic bacterial plasmids to the evolutionary history of their hosts. Annual Review of Phytopathology, 45: 129-151.

Tagliavini, M., Abadía, J., Rombolà, A.D., Tsipouridis, C., Marangoni, B. 2000. Agronomic means for the control of iron deficiency chlorosis in deciduos fruit trees. Journal of Plant Nutrition, 23: 2007-2022.

Tagliavini, M., Rombolà, A.D. 2001. Iron deficiency and chlorosis in orchard and vineyard ecosystems. European Journal of Agronomy, 15: 71-92.

Taibi, O., Furiosi, M., León, M., González-Domínguez, E., Rossi, V., Berbegal, M. 2025. A qPCR assay for the quantification of the overwintering chasmothecia of *Erysiphe necator* in grapevine bark. Phytopathology, 115: 316-324.

Talavera-Rubia, M. 2023. Manual de Nematología Agricola. Introducción al análisis y al control nematológico para agricultores y técnicos de agrupaciones de defensa vegetal. Institut de Recerca: Formació Agrária, Conselleria D'agricultura I Pesca de Les Illes Balears, Palma de Mallorca, España, 23 pp.

Topalović, O., Hussain, M., Heuer, H. 2020. Plants and associated soil microbiota cooperatively suppress plant-parasitic nematodes. Frontiers in Microbiology, 11: 313.

Trudgill, D.L., Brown, D.J.F., McNamara, D.G. 1983. Methods and criteria for assessing the transmission of plant viruses by longidorid nematodes. Revue de Nematologie, 6: 133-141.

USDA Natural Resources Conservation Service. http://soils.usda.gov/sqi/soil_quality/soil_biology/soil_food_web.html (acceso 05/04/2025).

Úrbez-Torres, J.R. 2011. The status of *Botryosphaeriaceae* species infecting grapevines. Phytopathologia Mediterranea, 50: S5-S45.

Úrbez-Torres, J.R., Peduto, F., Smith, R.J., Gubler, W.D. 2013. Phomopsis Dieback: A grapevine trunk disease caused by *Phomopsis viticola* in California. Plant Disease, 97: 1571-1579.

Val, M.C., Silva, V., Rosa, A., Manso, J., Cortez, I. 2014. Eficacia del uso de diferentes fungicidas hasta pre–floración en el control de *Erysiphe necator*, en la Región del Duero. Enoviticultura, 29: 14-22.

Vercesi, A., Tornaghi, R., Sant, S., Burruano, S., Faoro, F. 1999. A cytological and ultrastructural study on the maturation and germination of oospores of *Plasmopara viticola* from overwintering vine leaves. Mycological Research, 103: 193-202.

Verdenal, T., Dienes-Nagy, Á., Spangenberg, J. E., Zufferey, V., Spring, J.L., Viret, O., Marin-Carbonne, J., van Leeuwen, C. 2021. Understanding and managing nitrogen nutrition in grapevine: a review. OENO One, 55: 1-43.

Vicent, A. 2018 Análisis de riesgos. En: Landa, B.B., Marco-Noales, E., López, M.M. (eds.), Enfermedades causadas por la bacteria *Xylella fastidiosa* (pp. 117-134). Cajamar Caja Rural, España.

Vidal, J.L. 2018. Plagas y enfermedades de la vid: Estrategias de control integrado. Mundi-Prensa, Madrid, España.

Villette, J., Cuéllar, T., Verdeil, J.L., Delrot, S., Gaillard, I. 2020. Grapevine potassium nutrition and fruit quality in the context of climate change. Frontiers in Plant Science, 11: 123.

Vizitiu, B., Dejeu, L. 2011. Crown gall (*Agrobacterium* spp.) and grapevine. Journal of Horticulture, Forestry and Biotechnology, 15: 130-138.

Wells, J.M., Raju, B.C., Hung, H.Y., Weisburg, W.G., Mandelco-Paul, L., Brenner, D.J. 1987. *Xylella fastidiosa* gen. nov., sp. nov.: Gram-negative, xylem-limited, fastidious plant bacteria related to *Xanthomonas* spp. International Journal of Systematic and Evolutionary Microbiology, 37: 136-143.

Wilcox, W.F., Gubler, W.D., Uyemoto, J.K. (eds.). 2015. Compendium of grape diseases, disorders, and pests (2ª ed.). The American Phytopathological Society. APS Press, Saint Paul, Minnesota, EE.UU.

Willems, A., Gillis, M., Kersters, K., van den Broecke, J. De Ley. 1987. The taxonomic position of *Xanthomonas ampelina*. EPPO Bulletin, 17: 237-240.

Yang, Y., Hu, X., Liu, P., Chen, L., Peng, H., Wang, Q., Zhang, Q. 2021. A new root-knot nematode, *Meloidogyne vitis* sp. nov. (Nematoda: Meloidogynidae), parasitizing grape in Yunnan. PLoS One, 16: e0245201.

Yuan, X., Morano, L., Bromley, R., Spring-Pearson, S., Stouthamer, R., Nunney, L. 2010. Multilocus sequence typing of *Xylella fastidiosa* causing Pierce's disease and oleander leaf scorch in the United States. Phytopathology, 100: 601-611.

Zambon, Y., Canel, A., Bertaccini, A., Contaldo, N. 2018. Molecular diversity of Phytoplasmas associated with Grapevine Yellows Disease in North-Eastern Italy. Phytopathology, 108: 206-214.

Zebec, V., Lisjak, M., Jović, J., Kujundžić, T., Rastija, D., Lončarić, Z. 2021. Vineyard fertilization management for iron deficiency and chlorosis prevention on carbonate soil. Horticulturae, 9: 285.